Biometrics

よくわかる 生体認証

一般社団法人 日本自動認識システム協会 [編]

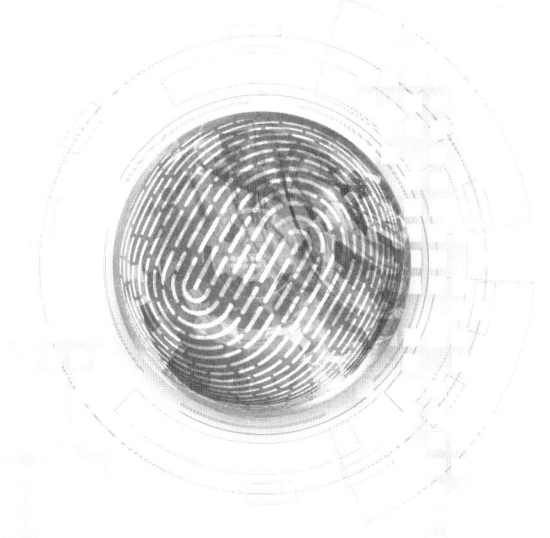

Ohmsha

ま え が き

　一般社団法人日本自動認識システム協会 (JAISA) は 2005 年 (平成 17 年) 9 月に『よくわかるバイオメトリクスの基礎』を刊行しましたが，その後の生体認証 (バイオメトリクス) 分野における技術革新は著しく，経済社会におけるその活用も急速に進展しています。そのため，今回全面改訂して本書を新たに刊行することとしました。

　生体認証技術 (身体的特徴や行動的特徴による個人識別技術) 活用の端緒は約 40 年前の犯罪捜査にさかのぼり，その後，重要施設管理への活用を経て，今日では出入国管理やスマートフォンでの応用にまで広がり，生活，ビジネス，行政の各分野において，特に「安全」「信頼」「使いやすさ」のニーズに応える経済社会の基盤技術として位置づけられるようになっています。

　このように生体認証技術の応用が大きく広がってきた要因は，指紋を先導技術として，顔，静脈，虹彩などと生体認証技術自体が進化・多様化し，「安全性」「信頼性」が高まるとともに，IC カードや二次元シンボル，インターネットとの接続など他の技術分野と連携することによって，生体認証技術の持つ「使いやすさ」が市場で評価されたことにあります。そのうえ，生体認証技術は今後さらに市場に広がる余地を残しており，一層の普及拡大が期待されています。その普及拡大の実現のためには，技術が関係者に正しく理解され，各用途に応じた最適な技術が選択されて，かつ最も効果的に活用されることが必要です。さらに生体認証技術は個人の生体的特徴を読み取るため，個人情報の適正な取り扱い方などに配慮することも，今後の健全な普及拡大を図るうえで必要です。

　本書はこのような観点から，生体認証技術を学ぶ初心者を対象として，基本的かつ重要な内容をできるだけ平易に解説しています。また，当協会で自動認識業界の人材育成を目的として実施している自動認識基本技

術者資格認定試験の学習書という観点からも編集されています。

　本書は当協会のバイオメトリクス部会の成果であり，末筆になりましたが，ご多用のところご執筆いただきました皆様に，ここに深く感謝申し上げます。

2019年4月

一般社団法人日本自動認識システム協会

専務理事　古村　浩志

本書の目的・学習の仕方

電子パスポート，金融ATM，スマートフォンのログインなど，生体認証が社会基盤における個人認証手段として重要な位置づけになっております。このため，本技術を導入するユーザおよびセキュリティを考慮した製品を開発する技術者は，最先端の技術を適切に把握する必要があります。

生体認証は元来，画像処理，信号処理をベースに研究開発されてきましたが，すでに実システムへ展開されているため，技術のみならず，セキュリティ技術の一環としての理解や，個人情報の扱い，つまり法律，プライバシーなど社会的観点での検討も必要です。

本書は，生体認証についての技術を学ぶ初心者，企業における技術者，大学学部学生などを対象とし，自学あるいは講習会テキストとしての利用を意識した内容となっています。また，一般社団法人日本自動認識システム協会（JAISA）の自動認識基本技術者資格認定試験の学習書としての活用も目的としています。

さらに深く学びたい方は章末の参考文献も学習することを推奨します。学習の仕方については，以下をお勧めします。

① 初心者の方：1章，2章，3章は生体認証技術の基本的な概念が書かれています。これらの章を最初に読まれた後，8章の応用事例を読まれると，生体認証技術とその製品の動向を理解できます。その後は興味のある章を選んで読めるように，各章独立した内容となっています。わからない言葉があれば10章を辞書代わりに利用することもできます。

② ある程度基本的なことを理解している技術者の方：4章，5章，6章，7章，9章を学習することにより，新しい知見を得ることがで

きます。

③　新しい動向を理解したい方：6章，7章，8章が有益な知見を与えると思います。また，関心のある分野の参考文献にあたり，さらに深く技術を把握されることをお勧めします。

　なお，本書は，2005年刊の『よくわかるバイオメトリクスの基礎』を改題・改訂したものです。改訂にあたっては，一般社団法人日本自動認識システム協会バイオメトリクス部会の中に編集委員会を設置し，本技術分野の第一線で活躍する専門家に改訂部分を執筆していただきました。最後に，改訂にあたって執筆いただいた方々ならびに本改訂版に転載させていただいた前書籍の執筆者の方々に感謝いたします。

2019年4月

よくわかる生体認証　編集委員会

　　　　委員長　瀬戸　洋一　（産業技術大学院大学）
　　　　委員　森原　隆　（株式会社富士通研究所）
　　　　　　　新崎　卓　（株式会社富士通研究所）
　　　　　　　島原　達也　（日本電気株式会社）
　　　　　　　日間賀　充寿　（株式会社日立製作所）
　　　　　　　溝口　正典　（東京理科大学）
　　　　　　　酒井　康夫　（一般社団法人
　　　　　　　　　　　　　日本自動認識システム協会）

執 筆 者 一 覧（順不同）

瀬戸	洋一	産業技術大学院大学
八木	康史	大阪大学
槇原	靖	大阪大学
村松	大吾	大阪大学
大木	哲史	静岡大学
溝口	正典	東京理科大学
山田	朝彦	産業技術総合研究所
本	潔志	NECプラットフォームズ株式会社
中村	敏男	株式会社OKIソフトウェア
川出	雅人	オムロン株式会社
越智	康雄	グローリー株式会社
坂本	静生	日本電気株式会社
島原	達也	日本電気株式会社
麻生川	稔	日本電気株式会社
蘇	雷明	日本電気株式会社
河合	智章	パナソニック株式会社
所	泰之	株式会社日立製作所
日間賀充寿		株式会社日立製作所
村上	秀一	株式会社日立製作所
新崎	卓	株式会社富士通研究所
福田	充昭	株式会社富士通研究所
森原	隆	株式会社富士通研究所
尼子	大介	三菱商事株式会社
丸山真佐彦		日本信号株式会社　※旧版発行時点での所属
酒井	康夫	一般社団法人日本自動認識システム協会

『よくわかる生体認証』
目　次

1章

バイオメトリック技術と本人認証

1.1 バイオメトリクスとは

「Biometrics」は，そのままバイオメトリクスと表記できるほど，一般的な言葉になっている。技術的な定義は，「Biometrics deals with identification of individuals based on their biological or behavioral characteristics（行動的あるいは身体的な特徴を用い個人を自動的に同定する技術）」である[1]。

名詞として用いる場合はバイオメトリクス（biometrics），形容詞として用いる場合はバイオメトリック（biometric）と表記するのが一般的である。

本書では「バイオメトリック認証」は生体認証で統一をとるが，本章では，指紋や静脈などのモダリティを示す場合はバイオメトリクス，認証だけでなく識別，追跡技術を意味する場合はバイオメトリック技術という表現を用いる。

認証や識別に利用されるバイオメトリクスは次の3つの性質を持っている[2],[3]。

1. **普遍性**（universality）：誰もが持っている特徴
2. **唯一性**（uniqueness）：万人不同，本人以外は同じ特徴を持たないこと
3. **永続性**（permanence）：終生不変，時間の経過とともに変化しないこと

1.2 バイオメトリック技術の歴史

バイオメトリクスを個人の識別に利用した歴史は古い。例えば，指紋については以下のような歴史がある[4],[5]。

指先の表皮紋様である指紋（fingerprint）は，「万人不同」「終生不変」という特徴を持つと経験的に理解されていた。このため，指紋は古くから個人同定の手段として用いられてきた。世の中に同一指紋を持つ人間が存在する可能性は870億分の1という。例えば，紀元前6000年頃から中国や古代アッシリアでは古くから指紋を使って個人認証を実施していた。また，日本でも昔から拇印の習慣がある。

英国人のガルトンは指紋を弓状紋（Arch），渦状紋（Loop），蹄状紋（Whorl）の3分類とし，指紋が終生不変であり，同一個体がないことを指摘した。その後，指紋が個人識別に本格的に利用されるようになったのは，インド人を容貌のみでは見分けることができず，指紋を用いた個人識別が提唱されたことに始まる。

1897年，インド政府は指紋法を採用し，1901年，英国本土でも犯罪者の登録方法として採用された。

　日本における個人識別は，1908年（明治41年）施行の刑法で再犯者を重く罰するために犯罪者の個人識別に指紋法を採用したことに始まる。警察庁でその活用が試みられ，1971年にはコンピュータによる指紋鑑定の研究開発を開始し，実用的な犯罪者管理システムAFIS（Automated Fingerprint Identification System）として稼動している。現在は，犯罪捜査のみならず，ネットワーク社会における本人の確認（本人認証）方式として，さまざまな製品開発が行われている。

1.3　本人認証とは

　認証とは，相手が意図した人であることを確認すること，なりすましを防ぐことであり，セキュリティを実現するうえで，必要不可欠な技術である。

　厳密に定義すると，認証すべき対象により3つのカテゴリーに分けられる[6]。

1. **本人認証**：計算機に接続しようとするユーザが，本物であることを証明する。文書の作成者だといわれる人物が本物であることを証明する。

2. **権限認証**：ある行為をしようとしているユーザが，その権限を有することを証明する。

3. **同一性認証**：受け取った情報が，たしかに送信者（あるいは作成者）が送信した（あるいは作成した）ものと同一であることを証明する。

もちろん，本章で扱う内容は「**1.　本人認証**」で定義されるものである。

本人認証について整理すると，**表1.1**に示すように3種類に分けることがで

表1.1　本人認証の実現方式

因子	考え方	例	リスク
所有 (I have)	本人しか持ち得ないものを持っているかどうか	部屋のカギ，ワンタイムパスワード，トークン	紛失，盗難
知識 (I know)	本人しか知り得ないことを知っているかどうか	パスワード	忘却，メモなどによる漏洩
身体的・行動的特徴 (I am)	本人しか持ち得ない身体的な特徴を有するかどうか	バイオメトリック認証（指紋，静脈，顔など）	本人拒否誤差，他人受入誤差

きる。

1. **本人の所有物による認証 (I have)**：磁気カードやICカードを用いる。携帯性や操作が容易などの長所がある反面，盗難や偽造の危険性がある。

2. **本人が持つ知識による認証 (I know)**：パスワードなどを用いる。直接盗まれることがない，簡易な手段で実現できるという長所がある反面，本人が忘れる，パスワードが盗まれるなどの危険性がある。

3. **本人の身体的・行動的特徴による認証 (I am)**：個体の持つ特徴を用いる。記憶，所持などが不要で利便性が高いが，認証のための特別な装置，高度な処理ソフトウェアを必要とする。

どの認証方式が優れているかは一概にはいえないが，個人を同定できる究極の方式として生体認証（バイオメトリック認証）技術が注目されている。

また，バイオメトリクスの応用において，「認証」には「識別（Identification）」と「検証（Verification）」の2つの意味が含まれる[2],[3]。

検証とは，提示された本人の特徴を示す情報と，利用者のPIN（Personal Identification Number）に対応したシステム内の登録情報との，1対1の対応関係を確認することである。確認の方法は，一般的に類似度（登録データと入力データの似ている度合い）が用いられる。両者の情報の差があらかじめ設定したしきい値以上であれば，本人であると特定（検証）する。狭義の認証は，この検証機能をいう場合が多い。

一方，識別とは，システムに提示された本人の特徴を示す情報と，あらかじめシステムの中に登録された情報を比較し，あらかじめ設定したしきい値以上のもっとも近いものを探すことをいう。

生体認証モデルについては3章で詳述する。

1.4　市場の推移

図1.1に示すように，バイオメトリック技術の市場の変遷は3つのフェーズに分けられる[7]。

1980年代初期の犯罪捜査において，計算機による指紋照合アルゴリズムがはじめて開発された。これはミニコンピュータベースのシステム上に開発された。デジタル画像処理技術が一般的になったのもこの時期であり，生体認証の第1

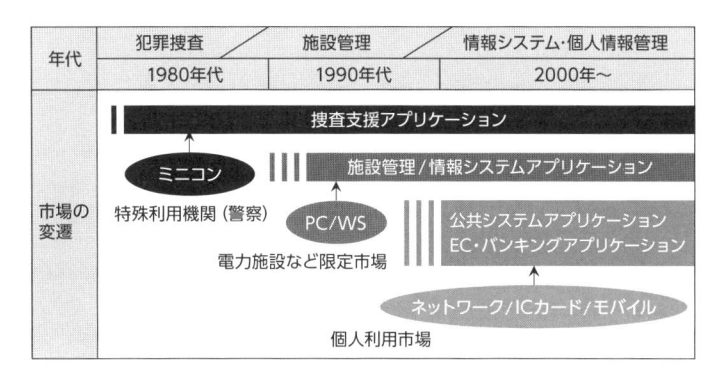

図1.1　生体認証技術・製品の推移

期に相当する。

　第2期に相当するのは1985年頃である。ワークステーションが市場に現れ，システム構築コストが第1期に比べ1桁から2桁低減した。このため，原子力発電施設など重要施設の入退室管理システムとして利用されるようになった。

　第3期に相当するのは，ネットワークなどの発達によりテレホンバンキングやインターネットショッピングに代表される非対面の商取引のニーズが具体的になった1995年以降である。システムはネットワークに接続されたPCやICカードで構築され，装置コストはさらに安くなっている。

　第1期，第2期はアクセス制御におけるパスワードの代替機能として，第3期はネットワーク環境下での本人認証機能としての位置づけで技術の開発が行われている。銀行ATMへの静脈認証，モバイル端末への指紋認証などの活用が例としてあげられる。モバイル端末における複数のパスワード認証を高いセキュリティで確保するFIDO（First IDentity Online）という新しい認証仕様も米マイクロソフトや米グーグルといった大手企業により開発されている[7]。

　図1.2には，生体認証装置の出荷台数（世界市場）と装置価格の動向を示す。10年で価格は100分の1，出荷台数は100倍になっている。1995年における出荷台数の増大は，情報システム市場の立ち上がりに伴い，装置市場からシステムインテグレーション市場にシフトしたことを示す。2003年以降，モバイル端末認証サービスなどの市場が立ち上がり，装置の低コスト化と出荷台数の増加がさらに進んでいる。

　マーケットの状況については9章で詳述する。

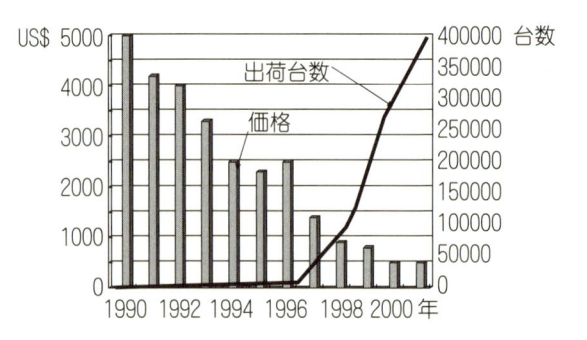

図1.2　生体認証製品の市場動向

1.5 ● いろいろなバイオメトリクス

　表1.2に代表的なバイオメトリクスとその特徴を示す。バイオメトリクスの特徴には，身体計測的な特徴と行動計測的な特徴の2種類がある。前者には，指紋，掌形，顔，虹彩などが相当し，後者には，声紋，署名が相当する。発声や筆記には随意的な要素があるために，声紋，署名は上記の身体計測的なバイオメトリクスと異なり，行動計測的な特徴と呼ばれる[8]~[25]。各バイオメトリッ

表1.2　生体認証技術の比較

情報		特徴量	特徴			コスト	慰留性	誤差〔%〕		データ量〔byte〕
			普遍	唯一	永続			拒否	受入	
身体	指紋	指紋の分岐点，端点	◎	◎	◎	L	慰留	1.0	0.01	250
	掌形	手のひらの大きさ，指の長さ	○	○	△	M	非	0.1	0.1	10
	顔	目鼻などの形，配置	○	△	△	M	準慰留	5	5	2000
	虹彩	虹彩の紋様	◎	◎	◎	H	非	10	10^{-6}	200
	静脈	手のひら，指の静脈のパターン	◎	◎	◎	M	非	1.0	0.01	500
行動	声紋	音声特徴	○	△	△	L	準慰留	10	10	1500
	署名	書き順，筆圧，スピード	◎	△	△	M	準慰留	1.0	0.01	1000

ク技術についての詳細は2章で紹介する。また，技術の詳細は特許庁でまとめた文献[26]を参照されたい。

1.5.1　身体計測的なバイオメトリクス

身体計測的なバイオメトリック技術について以下に説明する。

■ 指紋

人間の指紋には隆線とその間に形成された谷の紋様があり，その個人を特徴づける。指先の皮膚紋様は，弓状紋（Arch），蹄状紋（Whorl），渦状紋（Loop）に大別できる。紋様の山の部分を隆線（ridge），隆線の間を谷（valley）と呼ぶ。精度よく判別しようとすると，その紋様の詳細に着目し特徴を抽出する必要がある。特徴には，**図1.3**に示すように隆線の端点（ridge ending）や分岐点（bifurcation）がある。これらを特徴点（マニューシャ：Minutia）と呼ぶ[14]。

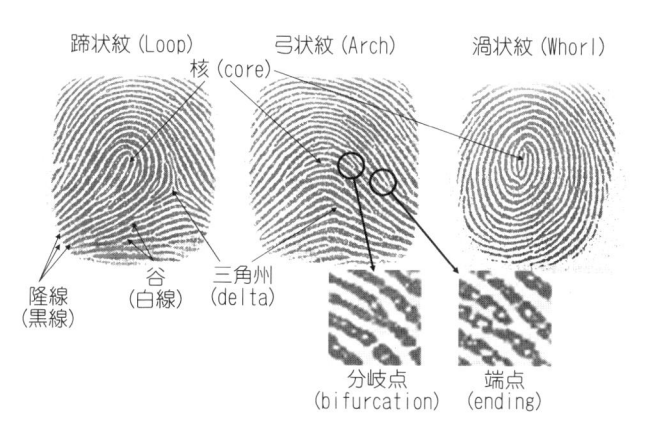

図1.3　指紋パターンの分類とマニューシャ

■ 顔

人間は顔によって相手を認識しており，バイオメトリクスの中では顔が人間にとってもっとも馴染みやすい技術といえる。登録情報としての顔画像と，認証時に撮影される提示情報としての顔画像とでは撮影条件が異なるため，単純な画像マッチングではなく，さまざまな特徴を抽出して照合する必要があり，画像処理で人間が行うのと同レベルの認証精度を実現するのは難しい。また，一卵性双生児の識別可能性，めがねや髪型が認証精度に及ぼす影響への対応が

7

不十分であり，なりすましなどに弱いという問題がある。また，顔認証システムにおいては，カメラの特性というより，照明条件，顔の角度など，撮影条件による認証精度の劣化が著しい[19],[20]。

❸　虹彩

　虹彩と網膜は混同されることが多い。黒目の内側で瞳孔より外側のドーナツ状の筋肉質部分を虹彩という。網膜はレンズに相当する水晶体の奥にある視神経の集まった部分である。

　人の目は，おおよそ妊娠6か月頃までに形成され，その時点で瞳の部分に孔があき，その開口部，すなわち，瞳孔から外側に向かってカオス状の皺が発生する。この皺の成長は生後2年ほどで止まり，それ以降は変化しない。同一人の左右の目でも異なり，一卵性双生児でも異なる。疾病への影響に関しては，虹彩が角膜のもとに存在することから，眼球内部の疾病の影響を受けないという長所がある。また，目の充血や，視覚障害の多くは視神経の問題であり，ほとんどの場合，虹彩認証精度は劣化しない。

❹　血管パターン

　血管パターンを用いた方式は，計測する部位に対し以下の3種類がある[3]。

1. **網膜血管**：直接観察できる血管パターンである。この網膜上の血管が形成するパターンは各人各様で個人識別に使える。網膜上の血管パターンを見るには，眼底撮影と同様に専用の装置が必要であり，微弱な赤外線で網膜の円周上を走査することにより，血管部分は温かく赤外線を吸収する性質を利用し血管パターンを撮影する。この血管パターンを一次元信号データとして処理し，特徴量とする。

   しかし，網膜の血管パターンは，糖尿病により変化するなど利用における問題がある。

2. **手の甲・手のひらの静脈**：手の甲あるいは手のひらに浮き出た血管の模様（静脈パターン）に着眼するものである。静脈分布のパターンは人および左右の手によって異なるといわれている。静脈のパターンにおける血管分岐点においての分岐角度や分岐点間の血管長を特徴量としている。血管パターンは赤外線CCDカメラによって撮影される。照合アルゴリズムは，分岐点における位置，方向などの特徴量を用いる点で，指紋認証におけるマニューシャ方式に類似している。

3. **指静脈**：指静脈パターン認証技術は，近赤外光を指に照射してその透過

光から得られる指の静脈画像を撮影し，指静脈画像から指静脈パターンを抽出して，あらかじめ登録された指静脈パターンデータと照合し個人を識別する技術である。近赤外線には，身体組織に対して透過性が高い一方，血液中のヘモグロビンには吸収されるという特徴があるため，近赤外光を指に照射すると，指の静脈が影となって画像に現れる[25]。この影が静脈パターンとなる。指静脈画像はカメラにより撮影され，指静脈画像に対して画像処理を施すことにより指静脈パターンが得られる。基本的には手の甲などと同じ原理で計測される。

指は10本あること，指紋などと連携した認証装置構成を実現できること，装置を小型にできることが他の類似の方式に比べてのメリットといえる[3],[23]。

5　耳介

人間の耳介は，集音と増幅機能を持つように，複雑に入り組んだ軟骨の凹凸によって形づくられている。この凹凸形状は個人差があり，形態学的にも解剖学的も万人不同であることが示されている。耳の大きさは，長さ，幅とも16歳以降は安定期に入り，40歳前後で少しづつ成長するが，終生不変とみなし得る範囲内である。しかし，親子，兄弟，姉妹，双子などの遺伝的側面からの万人不同性の検証はなお研究が必要である。

6　汗腺

指にある汗腺の分布は，各個人によって異なっている。指紋におけるマニューシャと同様，汗腺の位置を登録し，これにより認証を行う。ちなみに，犯罪捜査においては，マニューシャのほかに汗腺分布なども個人同定に用いられている[2]。

7　匂い

ボラタイル（volatiles）と呼ばれる化学製品が人物の匂いを区別できることを利用し，多くのセンサが開発され，現在，検証実験が行われている。英国のLeeds大学で研究開発中の方式は30 chemical elements（化学元素）を認識し個人識別を行うことができる[2]。

8　DNA

人間のDNAは，約30億個の塩基配列からなり，人体の設計図ともいわれている。人間一人ひとりが少しずつ違うようにDNAの塩基配列も人により異なり，終生不変である。犯罪捜査における個人識別を中心に利用されている。

DNAパターンによる本人認証は，検証するための処理時間がかかり，また，処理（試薬や装置）が高価であることが問題である[24]。

1.5.2 行動計測的なバイオメトリクス

■1 声紋

音声信号の周波数成分から声紋データを抽出し，事前に登録した同じ言葉の声紋データと照合することで話者認証を行う。音声の個人差を用いて，誰の声であるかを自動的に判定することを声紋認識（Voice Verification）あるいは話者認識（Speaker Recognition）という[25]。

■2 署名

筆順，筆圧，運筆速度，ペンを上げたときの運動など，動的な筆跡を用いて識別する動的署名が一般的である[2]。手書き文字に対して，筆者が誰であるかを客観的に判断する試みは，筆跡計測として国内外でかなり古くから存在している。信号処理などの技術による自動化（機械化）認識の試みは，1960年代半ば以降である。

署名認証には静的署名認証と動的署名認証の2つがある。静的署名認証はオフライン署名認証，動的署名認証はオンライン署名認証とも呼ばれる。オフライン署名認証は，すでに書かれた純正署名（本物の署名）データと新しく提出された署名データを比較判定するもので，一般には二次元座標値の類似性で個人認証を行う方式である。一方，オンライン署名認証は，タブレットなどの座標入力装置上に筆記された署名を利用する個人認証方式である。ペン先の座標，筆圧などを一定間隔でサンプリングして得られる時系列情報を署名の運筆情報としてとらえ，あらかじめ登録した基準となる署名データと入力署名の運筆情報を照合することにより本人の書いた署名か否かを判定する。

■3 キーストローク

キーを打つパターンやリズムも各個人で異なっている。キーストローク（keystroke）認証技術は，キーストロークの持続時間，キーストローク中の回数，タイピングエラーの頻度，強制キーストロークなど，個人のタイピングの特徴に基づいている。キーストロークを登録するために，キーを打つリズムのテンプレートができあがるまで，繰り返しキーを打つ必要がある[2]。

■4 手指動作

手指動を用いた個人認証の方法である。手指の形状および動作はカメラによ

り撮影する。「じゃんけん」は手指の動作にそれぞれ個人固有の特徴が含まれており，これに着目して，この手指動作情報を特徴量として用いている。動作であるから，静止物と違い能動的であり，行動パターンの変更も可能という特長を持つ。

1.6　これからのバイオメトリック技術のポイント

■ セキュリティ装置としてのバイオメトリクス

生体認証はパスワードやカードなどの本人認証技術と異なり，画像処理などにより特徴量空間における類似度でもって本人性を統計的に判別するため，その精度は100%ではない。このため，誤認識の発生を前提にシステム構築する必要がある。したがって，画像（信号）処理装置として本人認証精度を追求するだけでなく，トータルシステムとしての構築コストと安全性を考慮したセキュリティ技術の観点からバイオメトリクス認証技術を展開する必要がある。例えば，ISO/IEC 19790，ISO 15408に準拠したセキュリティ評価をクリアする必要も出てくる[6],[27]。

■ 暗号との連携

ユビキタスネットワーキングにおいては，バイオメトリック技術は，人をサイバー空間とリアル空間に結びつけるインタフェース技術の位置づけで非常に重要となるため，個人情報の扱いに配慮する必要があり，単に精度だけで論じるのは意味を持たない[6]。

PKI（Public Key Infrastructure）とは，公開鍵暗号技術をベースに構築する社会的な認証基盤をいう。生体認証とPKIは非常に密接な関係にあり，次の利用が考えられる[16],[28]。

- 実印に相当する秘密鍵や証明書の管理媒体の所有者認証
- 管理されたバイオメトリクス自身の真正性の証明
- バイオメトリクス自身を電子認証の基盤とするPKIの構築

バイオメトリクスを以上のような電子認証基盤に展開する場合，バイオメトリクスは究極の個人情報であるため，個人情報の管理においてプライバシー保護に関する運用基準が必要である。

11

❸ マルチモーダル生体認証技術

マルチモーダル生体認証（マルチモーダルバイオメトリック認証）技術とは，指紋，署名，顔，声紋などのバイオメトリクスを2つ以上用い，各バイオメトリクスの照合結果を用いて，融合判定により総合的に個人の識別を行うものである。複数のバイオメトリクスを用いるため，単体のバイオメトリクスに比べて，本人拒否率や他人受入率などの精度の改善が可能である。そのため，従来単体では精度が不足し実用が困難であったバイオメトリクスを組み合わせて，本人認証システムを構築できる[31]。本技術については3章で詳述する。

❹ 脆弱性の明確化

ゼラチンなどを用いて人工指を作成し，指紋認証装置に対し偽造指紋がなりすましできるか否かが実験室で検証された。ある種の偽造指紋に対し，見分ける能力が低いという結果になった[27]。

指紋に限らずバイオメトリクスは非接触獲得が可能であり，センサで生体か偽造かを低コストで実現することは難しく，脆弱性（vulnerability）の問題，つまり偽造（forgery，counterfeit）の問題がある。脆弱性の情報は信頼できる機関での管理が重要であり，脆弱性のガイドラインの策定も重要である[30]。

❺ プライバシーとしてのバイオメトリクス

バイオメトリックデータに関するプライバシー問題は，バイオメトリクス（生体情報）が身体的な情報であるがゆえに生じる[3],[30]。

つまり，

1. **取替えのきかない情報である**：身体的な情報のため，例えば指を切り落としてしまった場合，代わりの指をつけるわけにはいかない。また，指紋を盗まれた場合，代わりの指紋を生成することはできない。

2. **本人の同意なく収拾が可能なものが多い**：一般にバイオメトリクスが身体の表面に露出しているため，カメラで本人の同意なく顔のデータをとるなどのことが可能である。

3. **データから本人を特定できる**：バイオメトリクスは個人と直接リンクした情報であるため，生体情報から逆に本人を特定することができる。

4. **本人の副次的な情報が抽出できる**：バイオメトリクスによっては，例えば網膜の血管パターンなどから糖尿病などの病歴を知ることができる。また，皮膚の色から人種が把握できる。

表1.3は，プライバシーの観点からバイオメトリック技術を比較したもので

表1.3　プライバシーの観点からの生体認証技術の比較

	取り替え不能	不同意収集	本人追跡	副次情報
指　　紋	○	×	△	○
掌　　形	△	○	○	○
顔	×	×	×	×
虹　　彩	△	△	○	○
声　　紋	×	×	△	○
署　　名	△	○	×	○
静　　脈	○	○	○	○
Ｄ　Ｎ　Ａ	×	×	×	×
網　　膜	△	○	○	×

ある。精度に注目した優劣とは異なる見方ができる。

　プライバシーに関しては7章で詳述する。

6　キャンセラブルバイオメトリクス

　図1.4に示すように，システムに保管されたバイオメトリックデータが盗難にあったり，また，Aというシステムで登録されたバイオメトリックデータがBというシステムで登録者の許可なく流用される，つまりクロスリファレンス（cross-reference）を許さないシステムの構築が必要である。

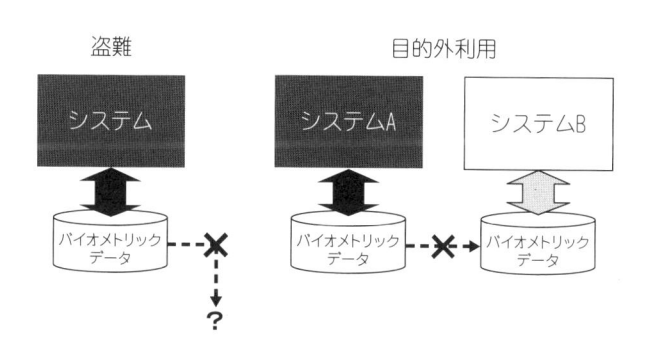

図1.4　バイオメトリックデータの不正利用

　このための研究開発としては，**図1.5**に示すキャンセラブルバイオメトリク

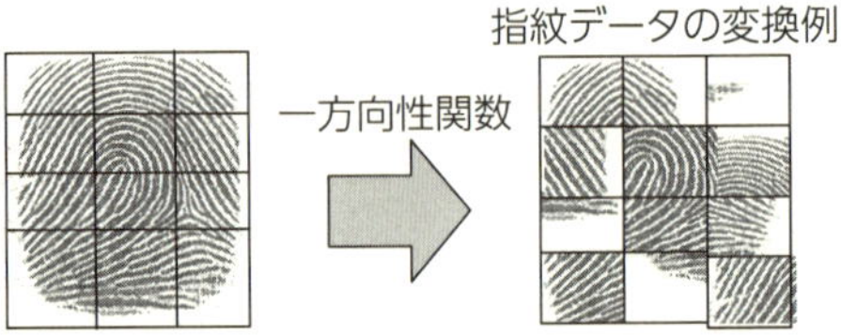

図1.5　キャンセラブルバイオメトリクスの概要

スと呼ばれる技術が開発されている[3],[33]。例えば，データ入力時に一方向性関数でデータを変換し，システム内では変換されたデータを用いるという技術である。つまり，そのシステム固有のデータを作るということである。データは他のシステムでは正常に動かないし，もし盗難にあった場合は，別の一方向性関数でデータを生成すればよい。

参考文献

[1] Ed. By Anil. Jain, Ruud Bolle and Sharath Pankanti：Biometrics - Personal Identification in Networked Society, Kluwer Academic Publishers (1999)

[2] 瀬戸洋一：サイバーセキュリティにおける生体認証技術，共立出版 (2002)

[3] 瀬戸洋一：バイオメトリックセキュリティ入門，ソフト・リサーチ・センター (2004)

[4] 勾阪馨：個人識別—法医学の最前線から，中央公論社 (1998)

[5] 星野幸夫：指紋応用技術 (1)/(2)/(3)，画像電子学会誌，2002年1月号/3月号/5月号

[6] 瀬戸洋一 編著：ユビキタス時代の情報セキュリティ技術，日本工業出版 (2003)

[7] 瀬戸洋一：バイオメトリックスを用いた本人認証技術，計測と制御，Vol.37, No.6, pp.395-401 (1998)

[8] ミニ特集　個人識別技術，計測と制御，Vol.25, No.8 (1986)

[9] 特集　ここまできたバイオメトリクスによる本人認証システム，情報処理，Vol.40, No.11 (1999)

[10] 小特集　バイオメトリクス，映像情報メディア学会誌，Vol.58, No.6 (2004)

[11] Ruud M. Bolle, Jonathan H. Connell, Sharath Pankanti, Nalini K. Ratha, Andrew W. Senior：Guide to Biometrics, Springer (2004)

［12］David D. Zhang：Automated Biometrics - Technologies and Systems，Kluwer Academic Publishers（2000）

［13］John D. Woodward Jr.，Nicholas M. Orlans，Peter T. Higgins：Biometrics - Identity Assurance in the Information Age，McGraw-Hill（2002）

［14］Nalini Ratha，Ruud Bolle：Automatic Fingerprint Recognition Systems，Springer（2004）

［15］David Maltoni，Dario Maio，Anil K. Jain，Salil Prabhakar：Handbook of Fingerprint Recognition，Springer（2003）

［16］瀬戸洋一 編著：ユビキタス時代のバイオメトリクスセキュリティ，日本工業出版（2003）

［17］中山靖司 他：バイオメトリックスによる個人認証技術の現状と課題，IMES Discussion Paper，No.99-J-43（1999）

［18］Special Issue Biometrics，IEICE Trans. Inf & Syst，Vol.84-D，No.7（2001）

［19］金子正秀：顔による個人認証の最前線，映像情報メディア学会誌，Vol.55，No.2，pp.180-184（2001）

［20］赤松茂：コンピュータによる顔の認識—サーベイ—，信学論A，Vol.J80-A，No.8，pp.1215-1230（1997）

［21］顔認証システム　用途広がる「顔パス」，日経ビジネス，2004年1月12日号，pp.80-82

［22］清水孝一：光による生体透視—光CTと生体機能イメージングの可能性—，病態生理，Vol.11，No.8，pp.620-629（1992）

［23］三浦直人，長坂晃朗，宮武孝文：線追跡の反復試行に基づく指静脈パターンの抽出と個人認証への応用，信学論D-II，Vol.J86-D-II，No.5，pp.678-687（2003）

［24］辻井重男，笠原正雄：情報セキュリティ，昭晃堂（2003）

［25］古井貞熙：音声による本人認証，情報処理，Vol.40，No.11，pp.1088-1091（1999）

［26］特許庁：平成16年度標準技術集「バイオメトリック照合の入力・認識」URL：http://www.jpo.go.jp/shiryou/s_sonota/hyoujun_gijutsu.htm（2005）

［27］一般社団法人　日本自動認識システム協会：生体情報による個人識別技術（バイオメトリクス）を利用した社会基盤構築に関する標準化，平成17年3月12日（2005）

[28] 磯部義明, 瀬戸洋一, 小松尚久：ディジタル署名により完全性を保証した生体認証モデルの提案とプロトシステムの開発, 画像電子学会誌, Vol.33, No.2, pp.161-170 (2004)

[29] 松本勉：C5-1 個人認証・意思確認に係る最新課題と技術展望, RSA カンファレンス 2005 ジャパン (2005.5.13)

[30] 独立行政法人　情報処理推進機構：各国バイオメトリクスセキュリティ動向の調査 (2003)

[31] Kenta Takahashi, Masahiro Mimura, Yoichi Seto：Development of Biometric Protection Profile for Ubiquitous Communicators, Asian Biometrics Workshop (2004)

[32] Kenta Takahashi, Masahiro Mimura, Yoshiaki Isobe, Yoichi Seto：A secure and user-friendly multi-modal biometric system, SPIE, Vol.5404, pp.12-19 (2004)

[33] N.K. Ratha, J.H. Connell, R.M. Bolle：Enhancing Security and privacy in biometrics-based authentication systems, IBM Systems Journal, Vol.40, No.3, pp.614-634 (2001)

生体認証技術は日本が発祥の地？

英国の宣教師であり医師でもあるヘンリー・フォールズ（Henry Faulds, 1843～1930）は，スコットランド生まれのイギリス人です。1874年（明治7年）に来日して築地に住み，翌年に築地病院を開設しました。また，盲人教育にも尽力し，指紋の研究家としても世界的に知られています。

指紋の研究を始めるきっかけとなったのは，大森貝塚から出土された先史時代の土器に，指の模様，つまり指紋がついていたのを発見したことに始まります。彼は，その理由を皮膚の特殊性によるものとみて研究に着手しました。以来，彼は指紋の研究に情熱を傾けました。

1880年（明治13年）には，イギリスの医学雑誌「ネイチャー」に日本から研究論文を発表しました。それ以前にもインドなどで指紋を用いた個人識別は行われていましたが，指紋技術に関する論文は，世界最初のものといわれています。

論文では，犯罪者の個人識別や，指紋の遺伝にも触れられています。フォールズの死後，研究実績およびこれをもとにした日本の警察における犯罪捜査システムへの貢献により，築地のフォールズの住居跡に記念碑が建てられました。碑には，〈1880年（明治13年）10月，ヘンリー・フォールズは英国の科学雑誌「ネーテュア」に日本から指紋認証について発表した。1911年（明治44年）4月1日に我が国の警察においてはじめて指紋法が制定された。これらの功績をたたえこの碑を建立した〉という旨の記述があります。

科学的論文発表ではフォールズが最初であり，指紋の研究は日本が発祥の地といっても過言ではないと思います。生体認証技術開発に関わる研究者・技術者は是非一度ご覧になるのもよろしいと思います。（瀬戸洋一）

2章

生体認証技術

表2.1に示すように，生体認証には身体的な特徴を用いるものと行動的な特徴を用いるものの2種類がある。前者には，指紋，掌形，顔，虹彩などが相当し，後者には，声紋，署名が相当する。発声や筆記には随意的な要素があるため，声紋，署名は前者の生体計測的な身体的特徴を用いる生体認証と異なり，行動計測的な特徴を用いる生体認証に分類される。以下にこれらの詳細を紹介する。

表2.1　生体認証の種類

	身体的特徴	行動的特徴
接触	指紋，掌紋	動的署名，キーストローク
	掌形	
	静脈 （網膜，手のひら，手の甲，指）	じゃんけん
	顔，耳介，虹彩，匂い	
非接触		声紋

2.1　指紋

　生体認証技術の中で，指紋認証技術は一番歴史が古く，簡単に使用することができるもののひとつである。指紋は「万人不同，終生不変」といわれ，身体情報の中で，比較的簡単に個人を特定できるものとして活用されてきた。他人と同じ指紋は存在せず，自分の10本の指の指紋でさえ同じものがないため，個人を特定することができる。この特性のため，当初は犯罪者捜査に指紋が使用されていた。多数の指紋データから合致すると思われる指紋を効率よく見つけ出すために，照合技術の進歩が加速された。特に自動照合の技術が確立され，大規模な指紋データを使用した評価が行われたことにより，今日の個人認証の基礎ができあがった。

　当初指紋認証は，指紋の照合という行為が，犯罪者捜査に使われたこともあり，指紋を取るというマイナスイメージが強かったのだが，最近ではスマートフォンやPC（Personal Computer）に搭載され，気軽な個人認証技術のひとつに

なってきている。指紋は人間の指先にあるため，手をよく使う仕事をしている人や，皮膚に荒れがある人は指紋登録や指紋照合がしにくい。しかし，照合技術の進歩やセンサ技術の進歩により，指紋自体を登録できない人や，指紋照合ができない人は減ってきている。それでも依然，指紋登録や指紋照合ができない人がいることも事実である。

2.1.1　指紋の種類

❶　指紋の構造

　人間が何かをつまむときに滑らずに持つことができるのは，指先に刻まれた指紋があるからである。指先を見ると複雑に入り組んだ紋様が見える。この紋様が指紋である。指紋は皮膚の盛り上がった部分が織り成す模様として見ることができる。この盛り上がった部分を隆線（ridge）と呼ぶ。

　この隆線には始まりと終わりがあるものがあり，この始まりあるいは終わりの部分を端点（ridge ending）と呼ぶ。また，隆線の中には2つに分岐して別の隆線になるものもある。この分岐しているところを分岐点（ridge bifurcation）と呼ぶ。

　図2.1に示すこれら端点や分岐点を総称して，特徴点（Minutia）と呼んでいる。指紋を照合するときに，隆線のパターンを直接比較して行う方法と，特徴点の位置関係に着目して照合を行う方法とがある。いずれにしても，自動的に指紋を照合する技術は，指紋の隆線のパターンを検出して行われる。

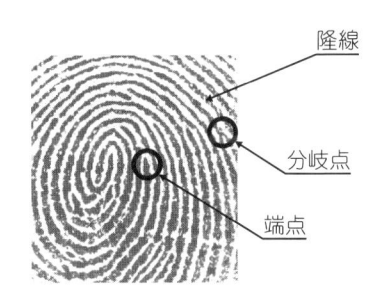

隆線

分岐点

端点

図2.1　指紋の構造

❷　指紋の種類

　隆線が織り成す紋様には，いくつかの特徴的なパターンがあることがわかっ

ている。これらの特徴的なパターンをいくつかに分類してみると，おおまかに**図2.2**にあげるような3種類に分類することができるが，すべての指紋がこれらの3種類に分類されるわけではなく，当然これらの分類に入らないような指紋も存在している。

蹄状紋　　　　　　渦状紋　　　　　　弓状紋

図2.2　指紋の種類

1. **蹄状紋**：指先の真ん中あたりに，馬蹄形をした隆線が形づくられている指紋である。半分程度の人がこの形状の指紋を持っているといわれている。
2. **渦状紋**：指先の腹の部分が渦巻き，あるいは円形，楕円形をした隆線で構成されている指紋である。蹄状紋に次いで，この形状の指紋を持っている人が多いといわれている。
3. **弓状紋**：指の腹の部分が左右へのびた弓の形状をした隆線で形づくられている指紋である。数パーセントの人がこの紋様を持っているといわれている。

　指紋認証に使用される指紋データは，人間の目で見たような指紋の形がそのまま使われるわけではない。特に，特徴点を使用して指紋認証を行う方式だと，抽出された指紋データから元の指紋画像を作り出すことはできない。このことは指紋を採取されるという心理的な抵抗感を緩和することに寄与しているといってよい。

‖ 2.1.2　センサの種類

　指紋を自動照合するには，指先の紋様を装置に取り込む必要がある。指紋を取り込む「目」に当たる部分がセンサとなる。通常，センサは指紋の隆線と谷を電気的，あるいは光学的に検出，分離することにより紋様を読み出す。
　センサは方式で大別すると，光学方式と半導体方式に分けることができる。

また，形状で分けると，面センサとスイープセンサに分けることができる。近年では，照合技術やセンサ技術の向上により利便性の劣るスイープセンサは減少しつつある。

❶　面型静電容量センサの構造

図2.3に示すように，指紋を形づくっている隆線構造を検出するために，微小な検出器を面上に並べて，指先全部の指紋を一度に取れるようにした指紋センサである。指先をこの面型のセンサ上におくと，隆線と谷でセンサ面に触れる部分と触れない部分がでてくる。このときに，微小検出器は指の皮膚との間，あるいは空気層との間でコンデンサを形成することになり，隆線と谷の部分で蓄積される電荷容量に差が出てくる。この容量の差を検出して，隆線の形状を読み込む方式である。

半導体の生産方法でセンサを生産できるので，比較的安価なセンサといわれているが，指先全部をセンサ面に入れられるだけの大きさが必要なため，一般の半導体と比べて高価になってしまうのはいかんともしがたいところである。

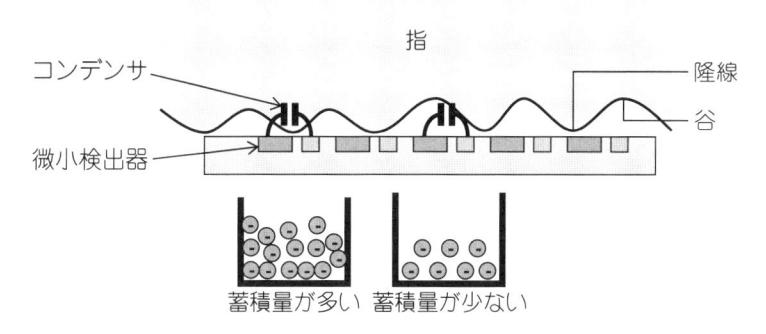

図2.3　面型静電容量センサの構造

❷　スイープセンサの構造

図2.4に示すように，スイープ型のセンサは，指先全部を一度に検出するセンサを備えてはおらず，人間がセンサ面上に指をあて，滑らせることによって指紋形状を検出する方式のセンサである。センサの大きさとしては，横方向が指の幅で，縦方向が数ラインあれば指紋検出が行えるので，小さなものを作ることができる。このため，モバイル機器のようにセンサを実装するのにあまり

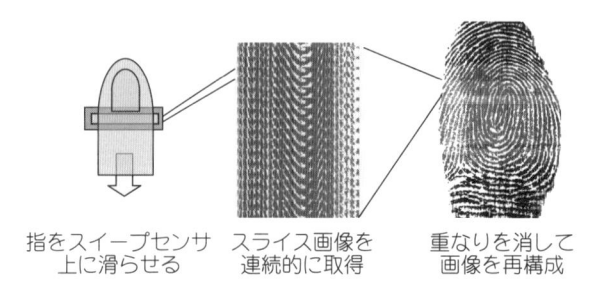

指をスイープセンサ　スライス画像を　重なりを消して
上に滑らせる　　　連続的に取得　　画像を再構成

図2.4　スイープセンサの指紋画像再構成原理

場所がないところに使用することができる。

　検出方式としては，前述の静電容量方式，感熱方式，光学方式などがある。

　一般的に，数ラインで構成されたセンサ素子のデータを一度に取り込むので，帯状の画像が取得できる。この帯状の画像を連続的に取得して合成することにより，指紋画像を再構成することができる。

3　プリズム型センサの構造

　図2.5に示すようにプリズムの原理を応用して指紋を検出するセンサである。プリズム面に置かれた指先にプリズムを通して光を当て，反対側で反射光を検出する。この反射光の光量に違いが現れるため，隆線の紋様を読み取ることができる。プリズム面に置かれた指先は，隆線部分がガラス面に密着する。これ

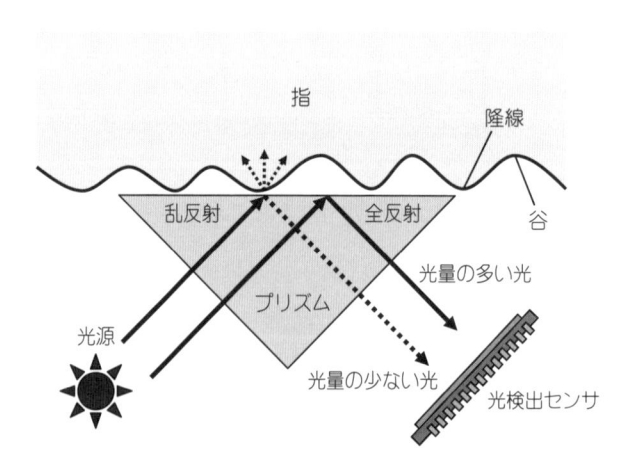

図2.5　プリズム型センサの構造

に対して谷の部分はガラス面に密着できず，空気層ができる。このため，入力された光は，密着された隆線部分では乱反射し，光検出センサに光量が少ない光でしか届かない。

これに対して，密着していない谷の部分ではほぼ全反射となり，光検出センサに光量の多い光が届く。この光の量の違いにより，隆線構造を検出することができる。構造的にある程度の大きさが必要なため，極端な小型化は難しいといわれている。

❹　指内散乱光方式センサの構造

図2.6に示すように光を使用した検出方法であるが，プリズム型のように光を指に向けて照射するのではなく，指の横あるいは，斜め下から指先に光を当て，指の中を通って出てくる光の強弱によって指紋構造を検出する方式である。センサ面に触れている隆線の部分では指内を通った光量の多い光がセンサまで届く。

これに対して，谷の部分では，空気層が谷とセンサ面にあるので，そこで光が散乱され，センサには光量の少ない光しか届かない。この光の強弱によって指紋の紋様を検出する。指内を光が通るので，静電型のセンサに比べ乾燥した指や，汗の多い指でも紋様を読み取ることができる。

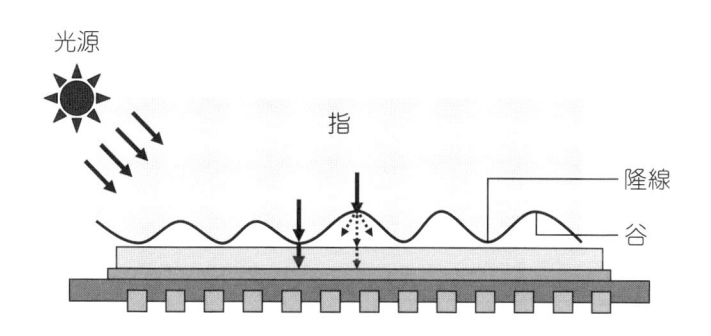

図2.6　指内散乱光方式センサの構造

その他，近年ではLES filmと呼ばれる発光するフィルムを用いた方式や超音波を利用した方式など新しい手法を用いたセンサ技術も開発され，利用用途の拡大に貢献している。

2.1.3 認証アルゴリズム

1 指紋認証システム

指紋認証を行う場合には，まず指紋登録が必要となる。登録に際しては，指紋データのほかにその人の個人情報を同時に登録する場合もある。システムにより，指紋だけで認証するのか，個人コードを入力してそのコードの指紋と認証するのかによって，登録するデータは変わってくる。指紋データはけがなどがある場合を考慮して，一般的に左右1指ずつを登録する。それぞれにつき，何回か指紋を読み取らせ，相互認証して問題のない指紋データを登録する。この登録指紋のデータの質が低いと，運用時に認証エラーが起こりやすくなる。

図2.7に示すように，登録指紋データをどこに保持しておくかによりシステム構成が変わってくる。サーバやPC上にデータを保存し，認証する場合と，指紋認証装置内部に指紋データを保持し，装置内で認証する場合とがある。認証の際には，指紋センサに1回だけ指紋を入力する。このとき，登録時と同じように指を置くことで認証動作が行われ，あるしきい値以上の一致度がある場合，認証成功となる。

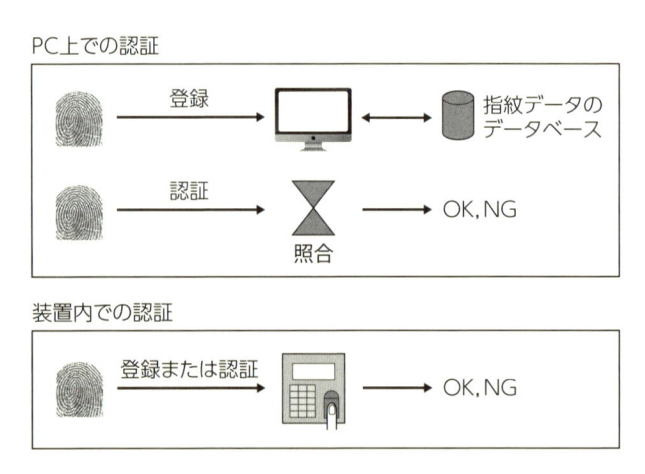

図2.7　指紋認証システム

2 アルゴリズム

指紋認証は大きく3つのカテゴリーに分類され，それぞれで求められる要求

が異なるため，利用されるアルゴリズムも大きく異なる。

1. **本人認証（1対1照合）**：提示した指紋と登録済の指紋と一致か不一致かを判定する。銀行等の本人確認や，PCやスマートフォン等へのログインが該当する。基本的なアルゴリズムとしては，**図2.8**のようなマニューシャマッチング方式かパターンマッチング方式が利用される。マニューシャマッチング方式は，指紋隆線パターンの端点，分岐点を特徴量（マニューシャ）とした照合方式で，比較的指紋面積が大きく広範囲な特徴点がとれるケースで高精度な方式として利用されている。一方，パターンマッチング方式は，隆線パターン自体を特徴量とした照合方式で，センサ面積が狭いスマートフォン等で，広く利用されている。

登録指紋　　　　　認証用指紋
マニューシャの位置関係で比較

図2.8　アルゴリズム（マニューシャマッチング）

2. **本人照会（1対N照合）**：提示した指紋を高速にデータベースから探索する。国民IDシステムでの重複チェックや犯罪捜査での身元照会が該当する。マニューシャマッチング方式をそのまま適用するには，計算コストがかかりすぎ，非効率なため，**図2.9**のようなマクロ照合と呼ばれる大まかな特徴量を利用した高速なフィルタリングを前段で実施する。このフィルタリング処理により，マニューシャマッチを省略することで，数百万から数億のデータベースからも効率的な探索が可能となる。近年では，マクロ照合も多段化が進み，より複雑化してきている。これらの技術により，大規模データベースへの照会の効率化が進んでいる。

3. **遺留照会**：採取した遺留指紋を高精度にデータベースから探索する。遺留指紋は基本的に1指分しかなく，しかも全体ではなく一部片鱗のみと，情報が非常に限定的である。加えて，ノイズやかすれなど全体的に画像品

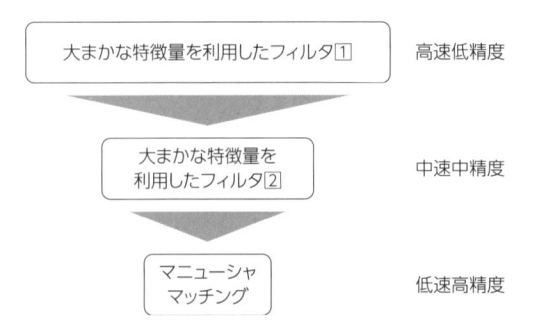

大まかな特徴量を利用したフィルタ①	高速低精度
大まかな特徴量を利用したフィルタ②	中速中精度
マニューシャマッチング	低速高精度

図2.9　高速多段照合フロー概要

質自体も低いため，通常の指紋照合技術のみでは照合が難しい。そこで，遺留指紋には，**図2.10**のようなノイズ除去や不鮮明な隆線を鮮明化する技術が重要となる[1]。また，遺留指紋は力のかかり方が通常の指紋とは異なり，歪みが大きくなる傾向にある。そのため，マニューシャマッチング方式においても，より歪みを考慮した照合アルゴリズムが必要になる。

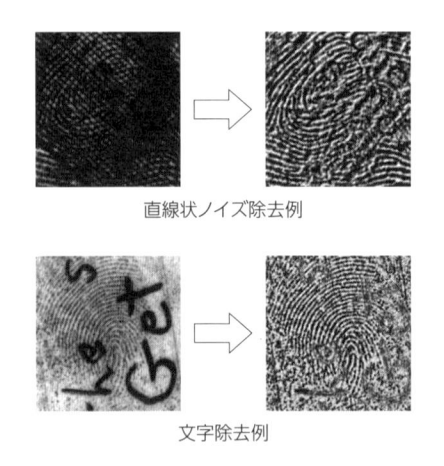

直線状ノイズ除去例

文字除去例

図2.10　遺留指紋画像処理例

3　指紋認証のロジック

図2.11に示すように指紋認証システムでは，指紋登録と認証という2つの動作に大きく分けられる。マニューシャマッチング方式を例にとり，おおまか

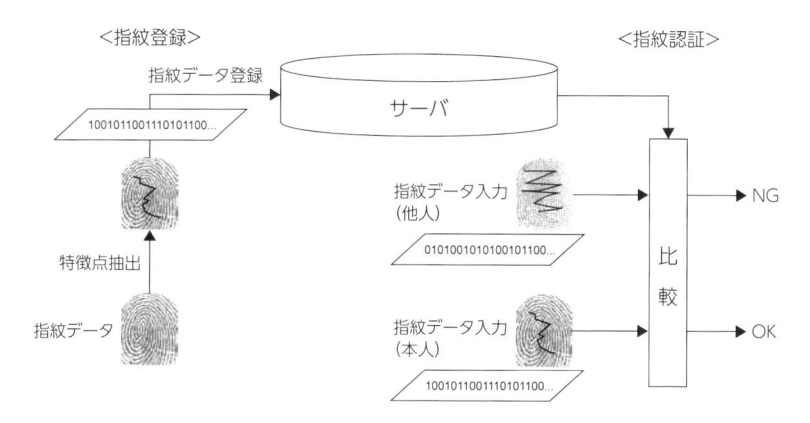

図2.11　指紋認証のロジック

な流れを説明する。

1. **指紋データ登録**：指紋データと個人データを合わせてデータベースに登録する。指紋データの登録は通常，次のようになる。

(ⅰ) **指紋画像入力**　指先をセンサ面に置いて指紋画像を読み込む。登録する指紋データの品質が悪いと，認証精度も低くなるので，通常，登録時には指紋画像を画面に表示して，登録者へのフィードバックを行うやり方が用いられる。これにより，認証時におけるセンサへの指の置き方の目安にもなる。

(ⅱ) **特徴点抽出**　入力された指紋画像から，特徴点を抽出する。隆線画像は，指の押しつけ方，環境の影響による乾燥度合いなどにより太さがまちまちになる。このままでは，特徴点の抽出が難しいので，隆線の芯線化を行う。こうして得られた隆線の骨格から，端点や分岐点といった特徴点を検出する。これらの特徴点同士の相関関係を数値化して指紋データとする。この指紋データをテンプレートデータと呼ぶこともある。

(ⅲ) **確認認証**　画像入力，特徴点抽出は登録指紋データの品質を上げるために，通常複数回（3回程度）行われ，個別にテンプレートデータが作成される。この複数個のテンプレートデータを相互に照合し，問題なく照合できた場合に指紋データとして登録を行う。登録されるデータは品質がよいものを目視確認して手動で，あるいは自動的に選択して行う。

(ⅳ) **データベース登録**　確認のための照合が行われた指紋データは，別に

入力された個人情報と併せて，指紋データベースに登録される。この
データベースは，サーバ上あるいは，機器内に置かれる。

2. **指紋認証**：指紋認証は大きく3つのフローからなる。

（i）**指紋画像入力** 指先を指紋センサに乗せ，指紋画像を読み込む。この
とき，指紋登録と違い，一般的には指紋画像を表示しない。

（ii）**特徴点抽出** 入力された指紋画像を芯線化して，特徴点を抽出する。
抽出された特徴点の相関関係を数値化して照合指紋データを作成する。

（iii）**マッチングと判定** 作成された照合指紋データとデータベースに登録
されている指紋データとを比較する。このとき，指紋だけの入力の場合
は，データベースに登録されている指紋データすべてと照合される。

また，IDが入力されているなど指紋データが特定されている場合は，
その指紋データだけと照合が行われる。

指紋データとしては，登録されているものと，入力された指紋の照合指紋
データが完全に一致するわけではなく，相対位置関係の一致度がスコアとして
算出される。このスコアがある値（しきい値）以上の場合，登録指紋データと
入力指紋が一致していると判断される。

2.1.4 指紋の応用

図2.12に示すように，指紋認証は簡単な個人認証の手段であるが，指紋
データの扱いには相当の注意が必要となる。IDや暗証番号は一度決めても変
更することができる。漏洩したり，他人に知られたりしたら変更すれば済む。
しかし，指紋は変更できないからそうはいかない。また，人の異動が頻繁にあ
るところでは，認証可能な人を削除したり，新規に登録したり，データベース
の管理も相当な手間が必要となる。集中的に指紋データベースを管理するメ
リットもあるが，個人情報保護との関係で，各個人が自分のデータを管理する
要求が高まっている。そのひとつの解決策として，ICカードとの連携が考え
られている。

近年になり非接触ICカードの普及が進み，カード内情報の安全性も確保さ
れてきていることから，指紋データをICカード内に保存する方法が提案，実
装されている。自分の指紋データをICカード内に入れることで，指紋データ
の管理を自分自身が行え，また，管理者にとって指紋データをメンテナンスし
たり，漏洩対策を施したりしなくて済むメリットがある。また，指紋スキャン，

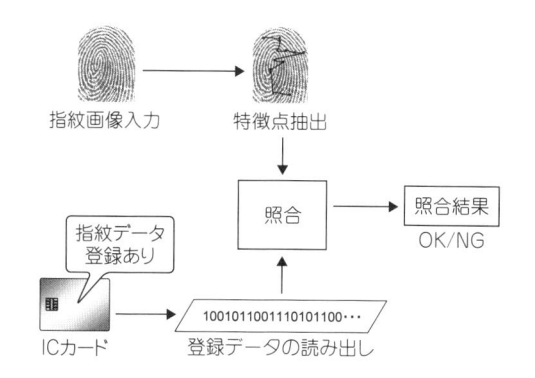

図2.12　ICカードとの連携

特徴抽出，照合までカード内で完結するクレジットカードも登場し始めている。店舗側が新たな認証端末を導入する必要がなくなり，クレジット決済への生体認証導入の加速化が期待されている。

　最後に，指紋認証については参考となる書籍[2],[3]も出版されているので，詳しく知りたい方は本書のほかにそちらも参考にしていただきたい。

2.2　顔

　我々は人と出会ったとき，視覚により相手の顔を見ることによって誰であるかを識別している。誰であるかだけでなく，「生まれ」「欧米系」「20代」「女性」「美人」「笑顔」「眠そう」「好み」など顔から視覚的に得られる情報は，人と人の円滑なコミュニケーションに大いに役立っている。これと同じように機械が視覚により人の顔を識別し，さらに顔から得られる情報を理解できるようになれば，より人と機械の円滑なコミュニケーションができるであろう。

　近年，急速な画像認識技術（特にディープラーニングに代表される機械学習技術）の進展と，コンピュータの高性能化（特に大きなメモリを持ち，高い並列処理が可能なGPGPUの普及）に伴い，セキュリティやデジタル画像機器，エンタテイメントなどの市場において顔認証技術の実環境下での利用が広がってきた。この顔認証技術の特徴，流れ，アルゴリズム事例，課題，今後の動向，応用事例などについて述べる。

2.2.1　顔認証の特徴

　顔認証の最大の特徴は，非接触性・非拘束性にある。これを応用することにより，手軽でユーザビリティに優れたセキュリティを実現することができる。

- 長所
 - (ⅰ)　顔を見て判断することは，ふだんから人間が自然に行っている方法であり，もっとも人間に近い認証方法であるといえる。
 - (ⅱ)　距離が離れていても，歩きながらでも認識可能（非接触・非拘束）なので，心理的抵抗が少ない。
 - (ⅲ)　（何も身につけずに）本人が意識することなく認証することができる（出入口を通っただけで，通路を通っただけで，端末の前に立っただけで，席に座っただけで，など）。
 - (ⅳ)　顔で認証されることは，「顔パス」という言葉に代表されるように，一種のステータスである。
 - (ⅴ)　顔画像や映像が記録できる，または記録されるかもしれないということから，不正や犯罪に対する心理的抑止効果がある。また，不正や犯罪の発生時における早期解決に役立つ。
 - (ⅵ)　同じカメラを活用し，顔認証以外の認識を兼用して行うことができる（視線，人数カウント，性別，年齢など）。

- 短所
 - (ⅰ)　虹彩などに比べると認識率は低い。ただし，この点は改善されつつあり，環境により大きく影響を受けるものの，一般的な環境では0.1％以下のエラー率を達成できるようになってきた。
 - (ⅱ)　双子などの厳密な識別は難しい。
 - (ⅲ)　カメラから入力した画像の画像処理を行うため，大きな照明変化・大きな顔の向き・大きな表情変化・サングラスやマスク，撮像機器や撮像条件の変化などに弱い。
 - (ⅳ)　顔は少しずつ変化する。特に幼児は成長につれての変化が大きい。このような経年変化につれて，登録時と認証時の年月差の拡大に伴い認識率が少しずつ低下する。ただし，成人した以降については，認識率の低下は小さい。
 - (ⅴ)　公共の場所では，個人情報やプライバシーの保護が問題になる可能性が

ある。

なお，ディープラーニングなど機械学習技術が急速に進展しており，個人情報やプライバシーの保護以外に関する短所は徐々に克服されつつある。

2.2.2　顔認証技術の流れ

1991年に固有顔が発表されて以来，顔認証はパターン認識・コンピュータビジョン関連のさまざまな研究者の間で盛んに研究され，国内外のさまざまな企業から実用化されている。国内では，NEC，オムロン，東芝，松下，グローリー工業などが製品を発売，あるいは論文などを発表している。また，海外においても，IDEMIA，Neurotechnologyなど古くからの企業だけでなく，Yituなど中国ベンチャー企業からも，さまざまな顔認証技術が発表されている。顔認証技術の研究開発の歴史は文献[4]に，中でもディープラーニングに基づく手法は文献[5]にまとめられている。ディープラーニングそのものについては文献[6]に詳しく説明されている。

顔認証技術の流れを**図2.13**に示す[7]。

1. **顔検出**：まず画像の中から顔領域を高速に探索し，その顔領域の位置を検出する。
2. **顔特徴点検出**：次に顔領域内の目や口の端点など，基準となる特徴点を検出する。それにより，正確に顔の特徴を取り出せるよう画像位置補正が可能になる。

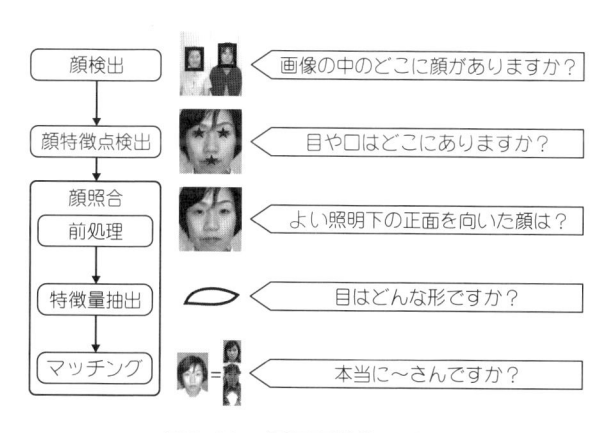

図2.13　顔認証技術の流れ

3. **前処理**：顔の位置や回転・向き，照明変化や眼鏡の影響などさまざまな変動要因をできる限り除外する。

4. **特徴量抽出**：顔を見分けるための特徴を顔から抽出する。過去にはさまざまな方法が試行錯誤されてきたが，現代的なアルゴリズムでは，**図2.14**に示すように，ディープラーニングによる方法が主流である[7]。神経細胞を模した処理単位を層状に積み重ねた構造をなしており，図中左から顔画像を入力すると，画像上の狭い領域における単純な特徴から，だんだんと広い範囲の複雑な特徴が抽出されていく。**図2.15**は顔認証に用いられるネットワークアーキテクチャの例である。それぞれAlexnet，VGGNet，GoogleleNet，ResNet，SENetであり，一般物体認識分野で開発されたものが顔認証にも応用されている。

5. **マッチング**：特徴群より，入力された顔が登録者であるか，または登録者の中にいないかを識別する。代表的な方法として，最近傍法，線形判別分析，SVM（サポートベクタマシン）などがある。

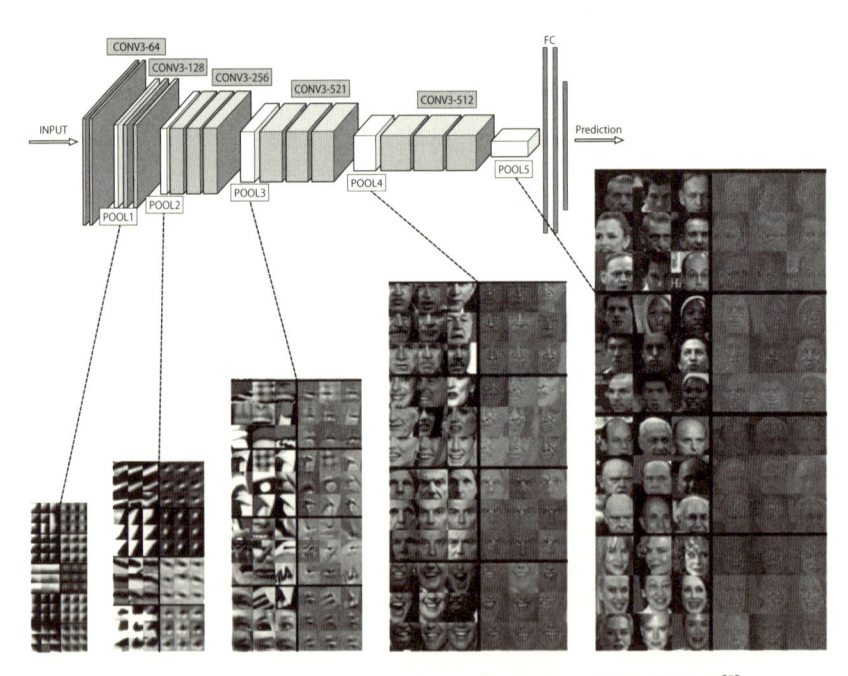

図2.14　ディープラーニングに基づく顔認証技術の模式図[5]

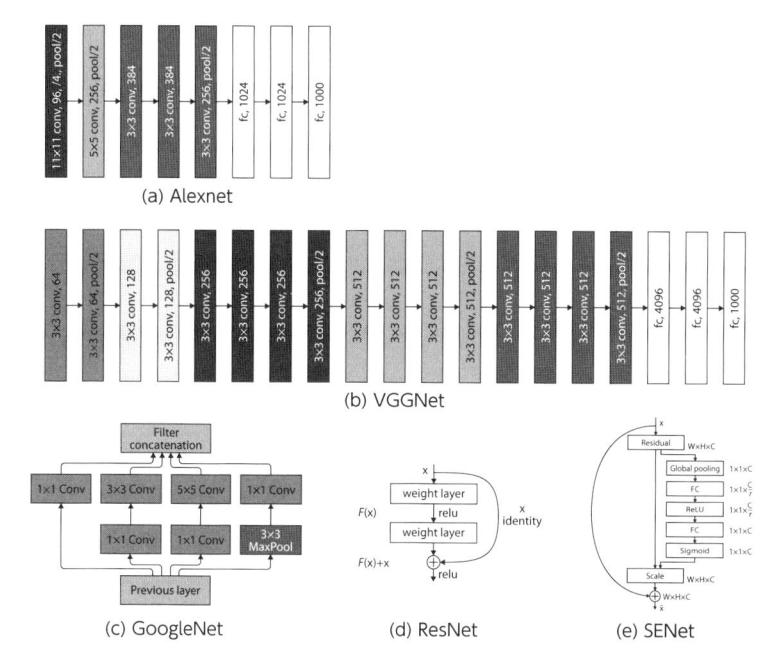

図2.15　ディープラーニングで用いられるネットワークアーキテクチャ例 (Alexnet, VGGNet, GoogleNet, ResNet, SENet)[5]

2.2.3　顔認証技術の課題

大きく分けて以下の2つの課題がある。

■1 登録時と認証時の変化と多様性に関する課題

顔画像の登録時と認証時にその特徴量が変化することや，顔や撮影環境の多様性により，顔認証が難しくなる。

1. **顔自身の課題**
  ・**顔の多様性**：人種・性別・年代の多様性
  　　　　　　　　　個人差　肌・瞳・髪・眉の色の多様性
  　　　　　　　　　　　　　器官の形状・位置の多様性
  　　　　　　　　　　　　　髪型・肌のテクスチャ（皺，シミなど）の多様性
  ・**顔の動きの変化**：顔の向き・傾きの変化
  　　　　　　　　　　視線の変化

表情変化（器官の動き，皮膚の動き）

- **顔への付加物**：帽子，カツラ，メガネ・サングラス，マスク，化粧
- **その他**：ケガ，病気など

2. **環境の変化の課題**

- 撮影位置・方向の変化
- 撮影される顔の大きさの変化
- 照明の変化（明るさ，照明の位置，複数の照明があるときにはそれらの組み合わせ多様性など）
- 背景の変化（複雑背景など）
- 光学系の変化（ひずみなど）
- ノイズの課題（撮像素子によるノイズ，圧縮によるブロックノイズ）

2 アプリケーションやハードウェアへの実装に関する課題

ニーズに応じたアプリケーションにおける課題や，ハードウェアへの実装時の課題には以下のようなものがある。

（ⅰ）登録枚数の少なさや，登録時の偏った環境による課題

（ⅱ）大規模データベースからの認証の課題

（ⅲ）速度の課題（計算量の少ない特徴抽出，識別器など）

（ⅳ）サイズの課題（ROM（Read Only Memory）サイズ，RAM（Random Access Memory）サイズ，DB（Data Base）サイズなど）

‖ 2.2.4 顔認証技術の今後の動向

ユーザビリティに優れる顔認証技術は，認証精度の大幅な向上に支えられて大きく広がろうとしている。今後は大きく2つの方向に進化すると考えられる。

1 リソースを最大限使った高精度な顔認証

ディープラーニングの研究開発進展に歩調を合わせて，より高い認識精度を求め，コンピュータのリソースを最大限活かして非常に多くの特徴量を詳細に識別することにより，顔向きや照明変化により強い高精度な顔認証が研究・開発されつつある。入出国審査や犯罪捜査などでも応用が進みつつあり，以前にも増して精度向上への期待が寄せられている。

2 さまざまな機器に組み込まれる小型・高速な組み込み顔認証

その人に最適な機能・インタフェース・情報を提供するようなユーザビリティの向上を求めて，身の回りのさまざまな機器に顔認証が搭載されて，ユー

ザを認識することが今後求められてくる。そのためには，さまざまな機器に組み込める小型・高速性と，人の自然な行動のもとでも認識可能な耐環境性，それから世界中の老若男女63億人が誰でも利用できるという多様性が必要になる。限られたリソース・速度の中であっても，ディープラーニング技術を適用することで，最大限の精度を実現する小型・高速化の実装技術も進展しており，実用化へと向かっている。

2.2.5　顔認証技術の応用事例

図2.16のように，セキュリティやデジタル画像機器，エンタテイメントなどの市場において，顔認証技術の実環境下での利用が大きく広がりつつある。その応用事例を以下に紹介する。

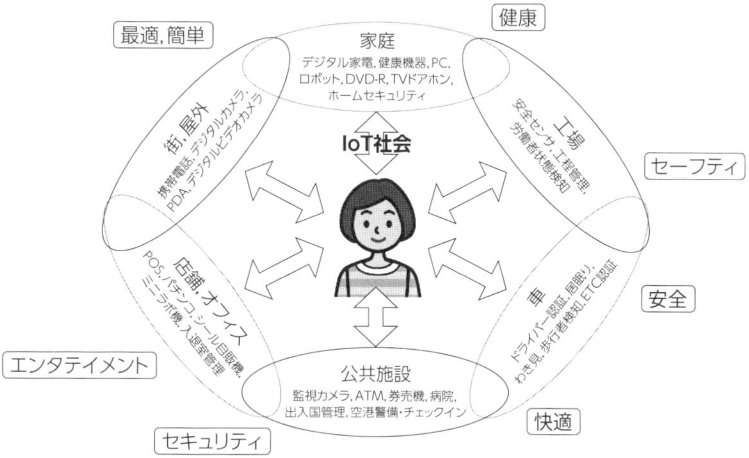

図2.16　IoT社会における顔認証技術の応用

1　セキュリティ機器での応用事例

1. **ユーザが顔を合わせるタイプ（Cooperative）**
   - **入退室管理システム：**オフィスやビルなどにおいて，登録されている人であれば顔を見せるだけでドアの電子錠が開くという便利なシステム。**図2.17**のような静止型と，**図2.18**のようなウォークスルー型がある。
   - **ICカード個人認証：**ICカードに顔特徴量データを挿入し，使用時に所

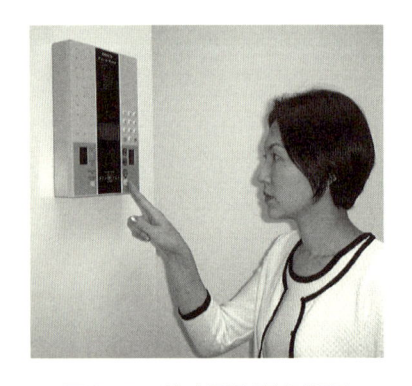

図2.17 静止型入退室管理 **図2.18 ウォークスルー型**
**　　　システム** **　　　入退室管理システム**

有者かどうか確認するため，パスワード＋本人の顔で確認するシステム。
- **e-Passport**（航空会社の搭乗手続き，入出国管理など）：電子パスポート（IC旅券）には顔画像データが含まれていることから，空港における出入国審査および搭乗手続きに，顔認証技術を活用し厳格な審査の実現を目指すとともに，簡素で迅速な手続きでの「円滑な受け入れ」や「利便性の向上」を図ることを目指している。日本でも自国民を対象に，自動化顔認証ゲートの運用が始まっている。
- **PCログイン**：PCのログイン時に，顔を見せるだけでIDやパスワードの入力を省略できるシステム。さらに，離席時に他人がのぞき込んだり使おうとしたりすると画面をロックする機能もある。

2. **ユーザの無意識下で認証する監視顔認証 (Non-Cooperative)**
   - **監視顔認証**：国際的なテロ事件の続発を受けて，いくつかの国では空港等の重要施設において入国時に監視カメラなどで国際犯罪者の顔を探索することが開始されているといわれている。
   - **老人福祉施設などにおける監視顔認証**：老人福祉施設や老人保健施設などの出口で，出て行く人の顔を認証し，徘徊癖のある人が出て行くとき，介護者に通報を行い安全に付き添うことをサポートするシステム。

- **街頭などにおける監視顔認証**：中国では，街頭の防犯カメラの映像から顔認証を行い，犯罪者の可能性のある顔画像をオペレータに提示するシステムが稼働しているといわれている。

❷　デジタル画像機器での応用事例

1.　顔探索

- **デジタルカメラやスマートフォン撮影画像からの顔探索**：デジタルカメラやスマートフォンの普及に伴い，PCなどのストレージに静止画像が蓄積されやすくなっており，多数の中から特定の画像を探し出す要求が高くなってきている。「娘と一緒に昨年9月頃撮影した写真」など，顔をキーワードに静止画像を探索できるようになった。

- **動画**：DVD（Digital Versatile Disc）やHDD（Hard Disk Drive）などのレコーダの普及や，デジタルカメラやスマートフォンによる動画撮影の普及に伴い，動画像の中から特定の映像を探索するニーズが高まっている。

  動画像の中から顔画像をキーワードに，特定の人物の写っている映像を検索する機能が実現されている。

2.　**スマートフォンによる顔認証**：スマートフォンには電話帳やメールだけでなく画像・映像や財布，定期券など，多機能化により多くの個人情報が搭載されてきている。それらを守るのは従来4桁のパスワードだけであった。近年はスマートフォンにはカメラが搭載されており，それを利用して顔認証を行うことで，ハードウェアの追加の必要なく，手軽にセキュリティを向上させることができる（**図2.19**）。

図2.19　スマートフォン向け顔認証

1. **ロボットの視覚：**さまざまな家庭用ロボットが市販されるようになって
   きた。視覚機能もより高度になり，持ち主や家族を顔で見分けることがで
   きるロボットも発売されている。
2. **顔で遊ぶコンテンツサービス：**カメラつき携帯電話の普及に伴い，顔画
   像を撮影して遊ぶコンテンツが流行している。人相占いや，有名人の誰に
   似ているかをチェックする，お化粧アドバイスをしてくれるなどのコンテ
   ンツサービスもある。

2.3 静脈

　静脈による本人認証技術は，執務室の入退室管理システムやPCのログイン
管理，マンション入口での本人確認などさまざまな用途で利用されている。もっ
とも身近な事例では，ATMへの適用があげられ，近年では多くの金融機関で
静脈認証システムが採用されている。またコンビニエンスストアなどに設置さ
れるキオスク端末への導入も進み，静脈認証技術は我々の日常にすっかり溶け
込んだ存在になったといえるだろう。

　一口に静脈認証技術とはいっても指の静脈，手のひらの静脈，手の甲の静脈
といろいろな部位を利用した技術および製品が存在する。また，静脈画像の取
得方法も，光の透過による方法や反射による方法，また，静脈の認証アルゴリ
ズムも，血管パターンの分岐点の位置や方向などの特徴を利用する方法や血管
パターンそのものをマッチングする方法がある。

　また，網膜による本人認証技術も血管のパターンを利用するという点で類似
の技術といえる。

　指の静脈，手のひらの静脈，手の甲の静脈，網膜の比較を**表2.2**に示す。

2.3.1　静脈認証の概要

　近赤外線には，身体組織に対して透過性が高い一方，血液中のヘモグロビン
には吸収されるという特徴（還元ヘモグロビン）があるため，近赤外光を指や
手のひら，手の甲に照射すると，それぞれの静脈が影となって画像に現れる。
この影が静脈パターンである。

表2.2　血管パターン認証比較表

	指の静脈	手のひらの静脈	手の甲の静脈	網膜
部位	指	手のひら	手の甲	網膜
光源	近赤外線	近赤外線	近赤外線	近赤外線
画像取得方式	透過光	反射光	反射光	反射光
認証方式	パターンマッチング	パターンマッチング	分岐特性比較およびパターンマッチング	パターンマッチング

2章

人の静脈パターンは千差万別であり，個人差が大きく，身体内部の情報であるため外観からは識別されにくいことから，個人の識別に利用できることが示唆されている[8]。また，静脈は，成長によってその大きさは変化してもパターン自体は変化しないといわれており，同じような容姿の双子でも静脈パターンは異なることが実験から得られた。静脈認証では，入力された静脈画像に対して画像処理を施し，静脈パターンを抽出して個人の識別に利用している。

2.3.2　指の静脈

指静脈認証技術は，日立製作所および日立エンジニアリングが開発した技術である。

■1　指静脈認証技術の概要

指静脈画像は，光源となる近赤外光を指に照射し，その透過光から得られる画像をカメラで撮影することによって取得できる（図2.20参照）。

撮影された指静脈画像の画質が高ければ高いほど血管パターンが正しく抽出できるため，良質の指静脈画像を撮影する指静脈装置が必要となる。

図2.21に指静脈認証処理の概要図を示す。図左側の静脈画像処理部では，指の上側に設置された光源（LED：Light Emitting Diode，発光ダイオード）から

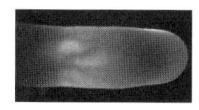

指の透過画像

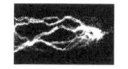

指の透過画像
静脈パターン

図2.20　指静脈画像と指静脈パターン

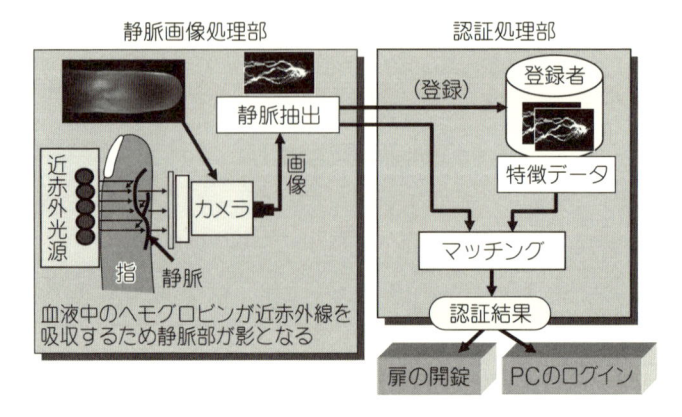

図2.21　指静脈認証処理の概要図

近赤外光を指に照射し，指の下側に設置されたカメラで撮影する様子が描写されている。その結果，指の手のひら側の静脈が影となって指静脈画像として取得され，この画像から指静脈パターンが抽出されるのがわかる。

　また，図右側の認証処理部では，データベースに登録済の指静脈パターン（特徴データ）と抽出した指静脈パターンとを照合（マッチング）して，その認証結果により扉の開錠やPCのログインが可能となることを示している。

② 指静脈認証処理の処理フロー

指静脈認証処理の基本的な流れを**図2.22**で説明する。

(ⅰ)　指静脈画像の入力処理を実施する。指静脈認証端末（**図2.23**参照）の開口部から指を挿入し，装置奥に設置されているボタンを押すことにより，指静脈画像が撮影される。

(ⅱ)　入力された指静脈画像から指の輪郭を検出する処理を実施し，入力画像のどの位置に指があるかを識別する。

(ⅲ)　検出した輪郭を利用して指静脈画像の角度を補正する。本処理によりユーザの指挿入角度のバラツキを補正することができるため，仮にユーザがラフな指の挿入を行っても，認証することが可能となる。

(ⅳ)　角度を補正された指静脈画像に対して，特殊な画像処理を実施することにより，高速に指の静脈パターンを抽出する。

(ⅴ)　あらかじめデータベースやICカードなどに登録してある指静脈パターンと，入力画像から抽出した指静脈パターンとの照合処理を実施する。照

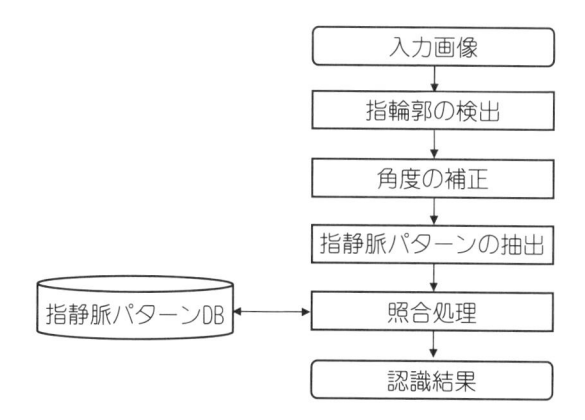

図2.22　指静脈認証処理の流れ

　合処理では登録済の指静脈パターンと抽出した指静脈パターンのパターンマッチング処理を行い，どの程度類似しているかを示す類似度（照合値）を算出する。

(vi)　算出した類似度と本人判定しきい値を比較し，本人か他人かを判定する。本人判定しきい値は，多数の評価データを使った事前の精度評価テストから導出した最適な数値を用いている。

以上の処理を実施することにより，指の静脈を利用した本人認証処理が実現できる。

3　特徴

指静脈認証技術の特徴を次に示す。

- 外部から見えにくい身体内部情報を用いているため，他の生体認証（指紋，顔，虹彩など）に比べて偽造することが困難で，信頼性が高い。
- 透過光から得られる指の静脈画像を使用しているため，ほこり，汚れなどによる影響が少ない。
- 指先の接触部分が少なく，利用者の心理的抵抗感が少ない。
- 指の静脈パターンはサイズが小さく，ICカードへも容易に記録できる。
- 認証速度が速い。
- 認証精度が高い。
- 他の生体認証（例えば，指紋）は人によって利用できない場合があるが，指静脈認証はほとんどの人が利用できる。

図2.23にデスクトップ型指静脈認証端末の例を示す。この指静脈認証端末は，デスクトップでPCにUSB接続して利用するように設計されており，単体では主にWindowsへのログインなどロジカルアクセスコントロールに用いられる。また，指静脈データベースを管理するサーバソフトウェアを用いることにより，入退室管理システムや勤怠管理システム，オフィスで共用する複合機や窓口端末，店頭でのPoSシステムへのアクセスなどを一元管理することが可能になる。

図2.23　デスクトップ型指静脈認証端末

指静脈を登録・認証する際，ユーザは指静脈認証装置の開口部に，認証したい指を手のひらが下に向くようにして挿入する。認証装置の天井部分には近赤外光を発するLEDが埋め込まれており，指置台(写真の黒色部分)に提示された指を上部から照射する。指を挟んでLEDの反対側(指の腹側)にはイメージセンサが設置されており，指を通過してくる近赤外光によって得られる濃淡画像(グレースケール画像)から指静脈パターンを抽出する構成になっている。

図2.24に示す装置は携帯型指静脈認証装置である。この装置は，金融機関が提供する法人向け金融決済サービスでの利用を想定しており，インターネットバンキングの送金手続きの承認および否認防止に静脈認証を用いるというユースケースで用いられている。

装置内部には充電式バッテリーを内蔵しており，インターネットバンキング

図2.24　携帯型指静脈認証装置

の取引画面を表示するPCとの接続にはUSBのほかBluetoothによる無線接続をサポートしている。また，デスクトップ型指静脈端末にみられる天井部分を除去し，代わりに近赤外LEDアレイを指置台の左右に設置することにより，小型化を実現し，携帯性を高めている。この装置はPKIシステムにおける電子署名をサポートしており，装置側面に設置されたスロットにSIMカードを挿入することにより，任意の文書（例えば振込依頼）に署名を付加することができる。指先の位置に設置された小型の画面は，ブラウザの内容と署名しようとしている文書の内容が一致することを確認するためのもので，いわゆるman-in-the-browser攻撃に対して有効な対策となる。

　画像の取得後は，従来と同様に指静脈画像から静脈パターンを抽出し，パターンマッチング処理により照合を行うことで本人認証を実現している。

2.3.3　手のひらの静脈

　手のひら静脈認証技術は，衛生的かつ心理的な抵抗感が低く，高い個人識別性能を持つ生体認証技術として，富士通が開発した。非接触型方式の実現により，公共の場や医療業務など，衛生的に要求の高い場面への適用が可能となった。また，小型化などにより，PCやそのアプリケーションへのログインなどの用途が急速に拡大している[12]。

　また，心理面でも，見ず知らずの人が触った後に装置に触れることへ抵抗感を持つ方にも十分配慮できるようになった。

1　概要

　手のひら静脈認証は，手と手首の境から指の付け根までの広い範囲の血管パ

ターンを用いる。指や手の甲と比べて，認証する面積が広く，かつ静脈が複雑にからみ合っているため，人を識別する豊富な情報量がある（**図2.25**）。

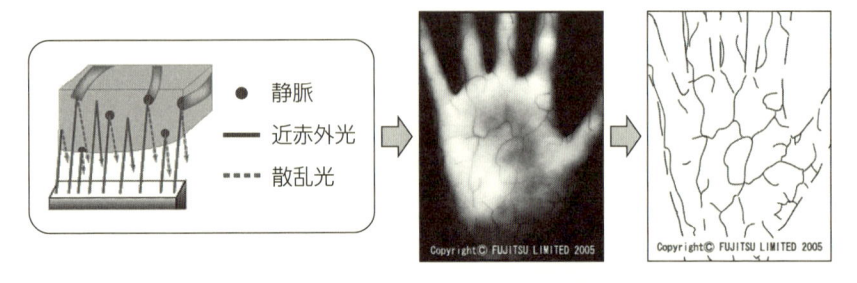

図2.25　手のひら静脈認証の原理

また，手のひらには血管パターンを撮像するときに障害となる毛がなく，肌の色の影響も少ないため，世界中の多くの人に対応できるという特長を持っている。さらに，手のひらは手の内側であるため，寒冷地などでも冷えにくく，冷えても指などの末端部に比べて先に温まるため，寒さによる血流の変化の影響が少ない部位でもある。このため，より高い精度で，安定して，個人を識別することが可能である。手のひら静脈認証の特長は以下のように整理できる。

- 一卵性双生児の手のひら，あるいは同一人物の左右の手のひらを識別可能な高い認証精度
- 生体内部の静脈の情報の利用により，第三者による悪意を持った採取や偽造，改ざんが困難という高い安全性
- 温度や湿度などの変化に影響されにくい高い安定性
- 非接触で採取でき，衛生的であるための高い受容性
- 近赤外光の照明機能と撮影機能とを同一筐体に内蔵可能な反射型撮影方式を採用し小型化が可能

これらの特長を活かし，装置の小型化と操作性を含めたアルゴリズムの改良が進められている。

2008年には，ドイツのBundesamt für Sicherheit in der Informationstechnik（BSI）（Federal Office for Information Security）から，一部の政府・金融調達基準となっているITセキュリティのための国際標準規格コモンクライテリア（ISO15408）のEAL2の認定を受けた。本規格の認証取得は，生体認証装置と

しては世界で3番目，静脈認証装置としては世界で初めてであった。

❷　方式

　非接触型の手のひら静脈認証では，手のひら静脈センサの上方に手を開いてかざすだけでよい（**図2.26**）。手のひら静脈センサから手のひら全体に一様に近赤外光を照射し，ソフトウェアの処理により手のひらの多少の傾き，位置ずれ，高さの変動を補正することで，安定した認証を可能としている。

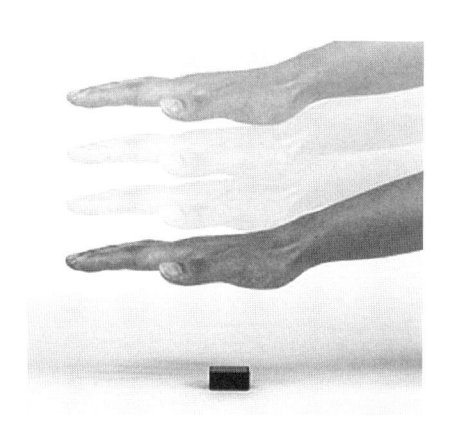

図2.26　自然な動作で認証

❸　センサおよびシステム

　手のひら静脈認証技術は，実用化当初から継続的に改良が進められている。センサは，金融などで使用する高性能センサを当初の縦横70mm，厚さ27mmから，縦横29mm，厚さ13mmまで，体積比12分の1に小型化してきた（**図2.27**）。

　性能面では，アルゴリズムの改良により，誤って他人を受け入れる他人受入

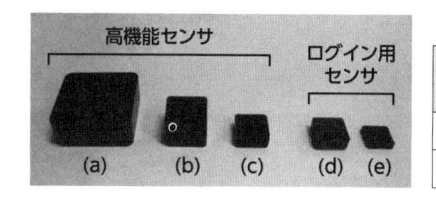

センサ	サイズ（縦×横×高さ） 〔mm〕
(a)：2004年	70×70×27
(c)：2017年	29×29×13

図2.27　手のひら静脈センサの小型化

率を当初の1,000万分の8から1,000万分の1まで向上させ，ID入力を行わずに本人を特定する機能は5,000人（1万手）までを実現した。

　手のひら静脈センサ（図2.27 (c)）を内蔵し，OS，ミドルウェア，タッチパネルディスプレイを箱形の小型端末に実装している製品[13]もある。この製品は，手のひら静脈データを統合管理・運用できるPCログイン向け手のひら静脈認証ソフトウェア，および業務システム向け手のひら静脈認証統合管理ソフトウェアを活用した手のひら静脈認証サーバとの連携を可能としている。APIを使って業務システムやオフィス機器と連携するアプリケーションを開発することで，さまざまな業務において手のひらによる認証を容易に実現することができる。

　手のひら静脈認証を採用した入退室管理装置（**図2.28**）は，前述の製品に，入退室装置向けに必要なLAN，RS-232C，RS-485，DIDO（データインプット／データアウトプット）などのインタフェースや，NFC（近距離無線通信）などを組み込んだものである。この装置では，単体で1万手（両手登録で5,000人）の手のひら静脈データを格納することができ，そのデータの中から個人を識別することが可能となっている。さらに，認証サーバと連携した場合は，1万手以上の利用が可能となっている。

　また，PCログイン用センサではさらに小型化が進み，2012年にタブレット内蔵可能なセンサ（図2.27 (e)）が開発され，2014年にはこれを搭載したタブレットPCが製品化されている。その後，法人向け市場では，重量1kg以下のウルトラ・モバイル機種をはじめとした多様な機種に手のひら静脈認証センサ

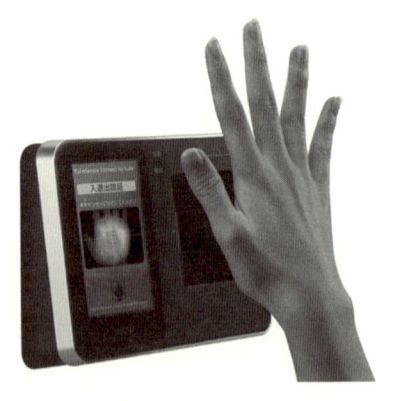

図2.28　手のひら静脈認証を採用した入退室管理装置[14]

の搭載を進めるとともに，BIOS認証への対応なども提供されている。

　さらに，この技術を応用したスライド式静脈認証技術を使ったセンサも開発された。幅8mmを実現したこのセンサは，10インチクラスのタブレットPCへの内蔵を可能としている。この技術は2017年に実際に10インチのタブレットPCに搭載され，生命保険会社の保険営業端末に採用されている。

4　適用事例と適用規模

　手のひら静脈認証技術は，2004年に世界で初めて，金融機関での本人確認用としてATM向けに実用化した後，情報システムへのログインや入退室管理，患者や受験生の本人確認などの用途でグローバルに展開を進めている。2018年1月現在で累計100万台の出荷，60か国，7,300万人に利用されている（**図2.29**）[15]。

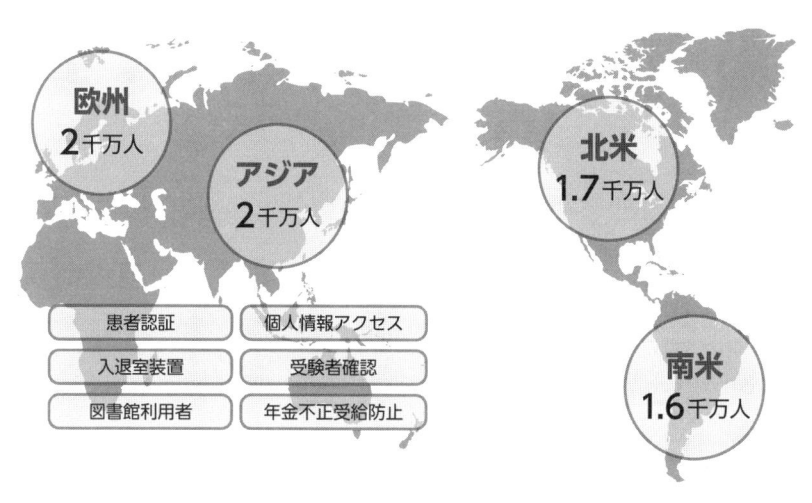

図2.29　手のひら静脈認証の利用実績

2.3.4　網膜

1　網膜認証の概要

　網膜認証は，虹彩認証に先駆けて実用化された目の生体認証であり，手のひらや指の静脈による認証と同様に血管パターンを利用した個人認証である。

　網膜は眼球の構成要素のひとつで，眼球壁の最も内側に位置している。網膜はカメラのフィルムに例えられるように目に入射した光を画像として取得する

機能を持っている。網膜上には網膜血管があり、複雑なパターンを形成している。この血管パターンにより識別を行うのが網膜認証である。

網膜は、人間の一生の中で変化することがなく、そのパターンは同一人物でも左右の目で異なり、個人性が強いといわれている。

目は高い反射的特徴を持っているため、網膜パターンを瞳孔から光学的に非接触で測定することができる。また、外表面的な特徴と異なり身体内部の情報であるため、スキャン時に安定的であるうえに、偽造や盗用に対して強固であるといえる。ただし、他の生体認証と同様、測定箇所の病害の影響を受ける。網膜認証においては、白内障などがそれにあたる。

網膜の血管パターンによる個人識別の研究は1930年代から開始され、1984年にアメリカ EyeDentify Inc.（アイデンティファイ社）によって網膜照合個人識別機（網膜識別機）が開発・製品化された。**図2.30**に EyeDentify Inc.の網膜識別機を示す。

ここでは、この網膜識別機の機能を解説することによって、網膜認証方式を説明する。

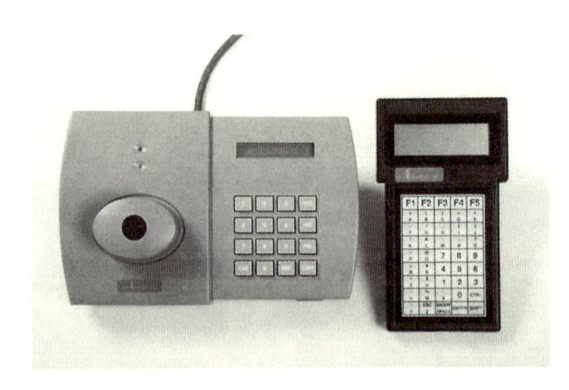

図2.30　網膜照合個人識別装置とデバイスプログラマ

２　網膜による本人識別

被認証者は、網膜識別機のファインダをのぞきこみ、あらかじめ点灯している緑の光点を見つめながら、スキャンボタンを押す（**図2.31**）。すると、人体の健康に害を及ぼさない微弱な赤外線（890nm付近）が、**図2.32**に示すように網膜のスキャン範囲を走査する。血管部分は赤外線を強く吸収するので、その

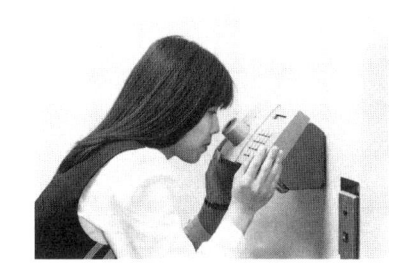

**図2.31　網膜パターンの
スキャン方法**

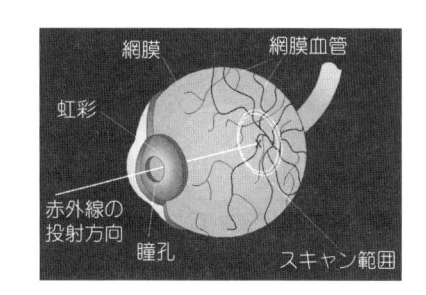

**図2.32　網膜パターンの
スキャン範囲**

反射光は網膜のパターンを反映したものとなる。

　反射光のアナログ画像信号をデジタル化し，これを個人データとして蓄積することによって個人識別システムとしての機能を持つことになる。

　登録時にはより正確な再現性を期すために複数回の測定を行い，その平均値が登録データとなる。こうして登録されたデータと，実際の識別時の測定データの一致がしきい値以上に達していることで個人を認証する。

③　網膜認証の導入例

　網膜認証は，高いセキュリティを必要とする施設に導入されている。例えば，アメリカ中央情報局（CIA），連邦捜査局（FBI）とNASAなどはすべて，網膜のスキャンの導入実績がある。また，刑務所の入退管理などにも採用された実績がある。

2.4 　虹彩

2.4.1　虹彩とは

　虹彩とは，眼球内にある保護された内部器官で，瞳孔の周りにある，瞳孔を取り巻く円盤状の薄い膜のことである。**図2.33**に示すように，瞳孔を通して目の中に入る光を調整する筋肉から構成される。カメラに例えると絞りの機能を行っている部分がこの虹彩である。虹彩は妊娠6か月頃に生成され，生後約2歳まで成長を続け，その後，生涯変わらないといわれている。

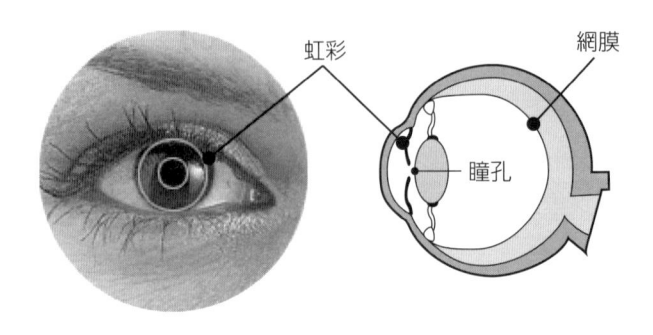

図2.33　虹彩

　虹彩の模様は，遺伝子の影響を受けず生成されるため，同一人物でも，左右別々の模様を持ち，家族，一卵性双生児でも全く別の模様を持っている。虹彩は，周囲の光に合わせて瞳孔を開いたり閉じたりするため，環境によって虹彩の面積は変わり，また年齢によっても瞳孔の開き具合は変わってくる。そのため，常に同じパターンではないのではないか？との疑問もあるが，虹彩の模様は相似的に変化するため，その模様は変わることがなく，年齢や周囲の環境に左右されず同じ模様になる。

　疾病による虹彩認証への影響については，虹彩は目の表面（角膜の下）に位置することから影響を受けにくく，目の充血などでも影響を受けない。また，高齢者での発生が高い白内障は水晶体が曇る疾病で，虹彩への影響はない。

１　虹彩認証の歴史

　虹彩の模様については古くから注目されていたが，1987年眼科医Leonard FlomとAran Safirが虹彩パターンは人によって違うという概念の特許を取得した（フロム特許）。また，この特許をもとに1994年，ケンブリッジ大学のJohn Daugman博士が，虹彩のパターンを数学的な根拠に基づきコード化を行う特許を取得（ドーグマン特許）[16],[17]した。

　現在，虹彩認証機器を製造販売するメーカは世界に何社かあり，多くは前述の特許技術を使用しているが，一部は独自の技術を用いている。虹彩認証の精度のよさはドーグマン特許のアルゴリズムに寄与する部分もあることから，各社の虹彩認証機器から一様な結果が出るとは限らない。

２　虹彩認証の概要

　虹彩認証とは，前述の虹彩という身体情報をビデオカメラで撮影し，登録さ

れているデータと比較することで，本人を判定する方法である。主な特徴としては，

- 認証精度が非常に高い
- 完全に非接触で認証を行うことができる
- 虹彩は生涯変わることがなく，外部の影響を受けにくいことから一度登録したデータを長年使用することができる
- 虹彩の模様が複雑で，本人と他人の分布がはっきりしているため，1対Nの認証に適した方法である

以下，虹彩認証の方法について順を追って説明する。

1. **目画像の取得**：人間の目は約24mmの大きさで，この小さな組織に虹彩は位置しており，虹彩画像をいかにきれいに，簡単に取得するかが虹彩認証の重要な技術となっている。また，完全非接触なため人間の動きやぶれ，身長差による撮像範囲の調整など虹彩認証特有の技術が必要となる。

　　虹彩認証の機器には大きく分けて，自動取得型と誘導型の2つの方式があり，自動取得型はある範囲内に入りカメラを見ていればカメラが自動的に虹彩を撮影する方法である。誘導型は鏡に写った自分の目を見ながら音声誘導に合わせて自分で距離を調整する方法で，慣れが必要となる場合がある。それぞれ機器のコストや，サイズに違いがあるため，アプリケーションに応じて選定される。両方式とも撮像の基本原理は同じである。

2. **目画像からの虹彩コードの生成**：図2.34に示すように，得られた画像から虹彩の位置を検出し，虹彩エリアの特定を行う。これは虹彩と白目の境の検出および虹彩と瞳孔の境を検出し，虹彩エリアを特定するものである。虹彩エリアには，上瞼，下瞼，睫などで虹彩部分が隠れてしまう場合

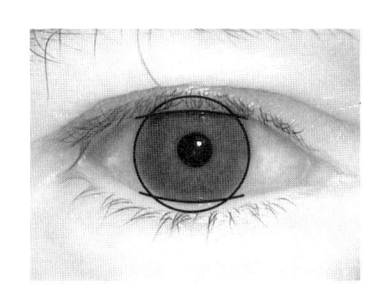

図2.34　目画像

があるが，コード生成前に除去を行い（睫と考えられる部分はコード化領域から除外する）虹彩コード（アイリスコード）を生成する。虹彩コードは8つの帯状に虹彩エリアを分割し，瞳孔の中心を原点とした極座標を設定し，特殊なフィルタを用いて各帯状のエリア内の濃淡を抽出する。この抽出された特徴点から256バイトの虹彩データが生成される。

3. **本人照合**：取得された虹彩コードと登録された虹彩コードを用いて本人を照合する。本人を照合する際，2つのデータのハミング距離を算出し，そのハミング距離からしきい値に基づいて本人，他人という判断を行う。**図2.35**は，虹彩認証の本人，他人のデータのばらつきを示した図で，左側が本人の虹彩コードを比較した分布，右側は他人の虹彩コードを比較した分布である。ハミング距離は排他的理論和であるため，他人同士が全く違う虹彩を持っており，0.5を中心に分布する。本人データは理論的には0を中心に分布するが，実際は取得条件の違いなどにより，0.1を中心に分布する。これらの分布は2項分布に一致することが確認されており，他人受け入れは，計算上120万分の1となっている。

4. **照合の特徴**：虹彩は非常に複雑な模様があり，本人と他人の分布が交わらないことからしきい値を設定する必要がなく，ROC（Receiver Operat-

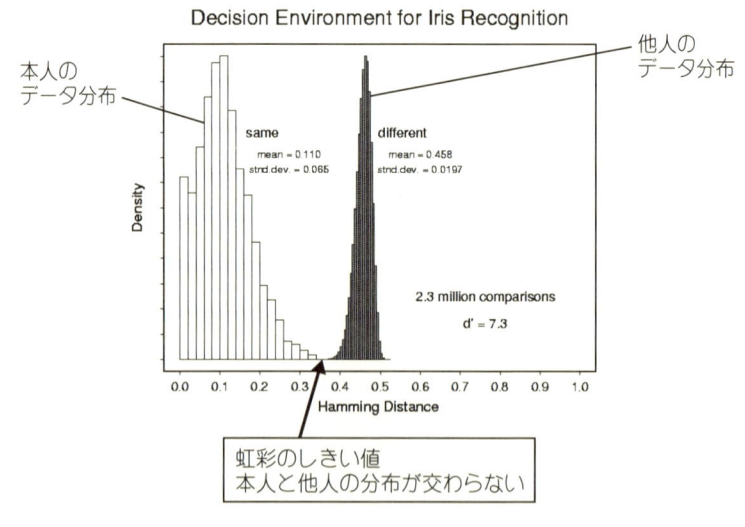

図2.35 虹彩データの分布

ing Characteristic) 曲線を描く必要がない。そのため，大規模のデータベースから1人を特定するのに適した認証方法であり，1対N認証に適した認証方法であるということができる。大規模になった場合でも虹彩だけで認証を行うことが可能で，カードやテンキーとの連動が不要となる。本人拒否率は，虹彩カメラの誘導（うまく目を合わせる方法）により結果が異なる。虹彩の場合は完全な非接触であるため，体の動きや身長差による画像の取得，カメラとの立ち位置などによって変わってしまう場合がある。

❸ 今後の展望

図2.36に示すように，虹彩は完全非接触で認証精度が高いという点から，入国審査，空港のSPT（Simplifying Passenger Travel）などで使用されたこともある。電子パスポートに登録できるモダリティのひとつにもなっており，今後の展開が期待される。

また，**図2.37**に示すように，日本市場では，マンションの共同玄関に設置されるケースもあり，荷物を持ったまま簡単に認識できるうえ，セキュリティが高い点が顧客からも受け入れられている。認識結果をもとにエレベータと連動するシステムも導入されており，簡単に非接触で使えることに加えてセキュリティの高いことが要求されるエリアへの展開が増加していくと考えられる。

最後に，虹彩認証については参考となる書籍[18]も出版されているので，詳しく知りたい方は本書のほかにそちらも参考にしていただきたい。

2.36　虹彩のSPTへの応用　　**図2.37　虹彩のマンション玄関への応用**

2.5 ● 耳介

2.5.1 耳介認証の概要

　耳介とは，主に医学の分野で用いられる言葉で，側頭部両脇から突き出した扇状の構造物であり，人体の耳の外側から見える部分を示す。耳介の形状から個人を認証する耳介認証の研究が進められている[19]~[21]。

　人間の耳介は，その長さや幅の成長においては，耳長は16～17歳，耳幅は10歳前後で男女とも成長が止まり，40歳前後まで少しずつ成長することが報告されている。この点で，身長の変化および加齢に対して，形状の変化が少ないといえる。また，耳介は，その複雑に入り組んだ凹凸形状に個人性があるといわれている。この耳介の形状を用いて個人認証を行うのが耳介認証である。

　耳介は，弾性軟骨と少量の脂肪および結合組織から構成されて，皮膚の皮下組織がほとんどなくすぐに耳介（弾性）軟骨となっている部分と，耳たぶ（耳垂）のように脂肪組織により作られ全く軟骨のない部分によって，複雑な凹凸形状を形成している。

　耳介はその形状から，軟骨が隆起した扇状の耳翼部分と，陥没している耳甲介とに大別され，耳翼部分はさらに耳輪，耳垂，耳珠などから構成されている。

　耳介は，人間同士の会話に適した音の選別を有効にするためか，5kHz程度の帯域に共振性を持つ。耳翼の部分で音を反射し，耳甲介腔で外耳道に音波を送り込み，この過程で人に固有な音色を付加していると考えられる。

　耳介はその形状において，軟骨の隆起および陥没状態，軟骨の張り出し状態，軟骨の輪郭形状，軟骨間の接続状態および頭部との接続状態などに強い個人性を持っている。また一方，個人性の弱い，非個人性を持つ部分があり，この非個人性の部分を明確にして，これを基準にすることによって，耳介比較（識別）を行うことができる。

2.5.2 耳介を構成する軟骨形状の個人性，非個人性

　耳翼は，**図2.38**の耳輪，上下対耳輪脚，対耳輪および対耳珠を支柱として，耳輪および耳垂で張られた凹凸の著しい金管楽器の吹き出し口のように広く開いた部分のことで，耳介の耳甲介艇，耳甲介腔を含む窪み形状の部分を除いた

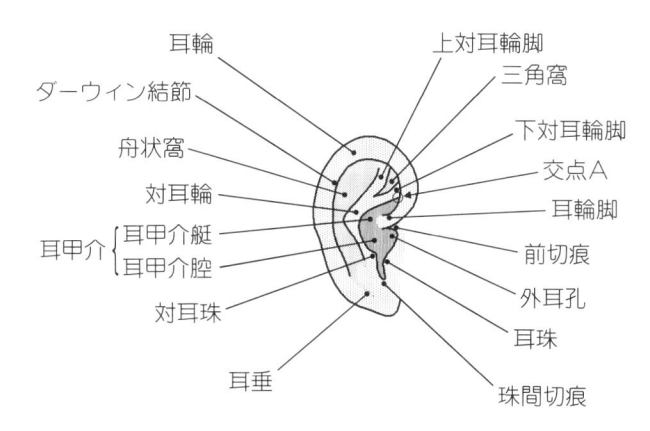

図2.38　耳介要素の名称

部分である。耳翼を構成する軟骨の個々の形状およびそれらの接続状態が，強い個人性を形成していると考えられている。耳甲介の輪郭は，これらの軟骨の接続状態が反映されており，識別には重要である。

　耳輪は耳翼を構成し，対耳輪脚へのかぶさり方が耳輪を肥厚に見せたりして舟状窩の形を決める。上対耳輪脚は耳翼を支え，耳翼を頭部側に折りたたむように見せ，耳幅の大小に関わる特徴がある。また，耳輪尾（耳輪下部の軟骨）は耳垂の張り出しを左右する特徴がみられる。**図2.39**の交点Aは下対耳輪脚輪郭線と耳輪内縁との交点が作る部分で鋭角を形成する。この部分は比較的個人性が弱い。個人性が弱い部分と形状を比較する際の基準とし，耳介要素の肥厚さ，屈曲の程度，屈曲の場所，張り出し，要素間の接続状態といった形状特徴を比較することによって，精度の高い耳介認証を行うことができると考えられている。

　最後に，耳介認証については参考となる書籍[18]も出版されているので，詳しく知りたい方は本書のほかにそちらも参考にしていただきたい。

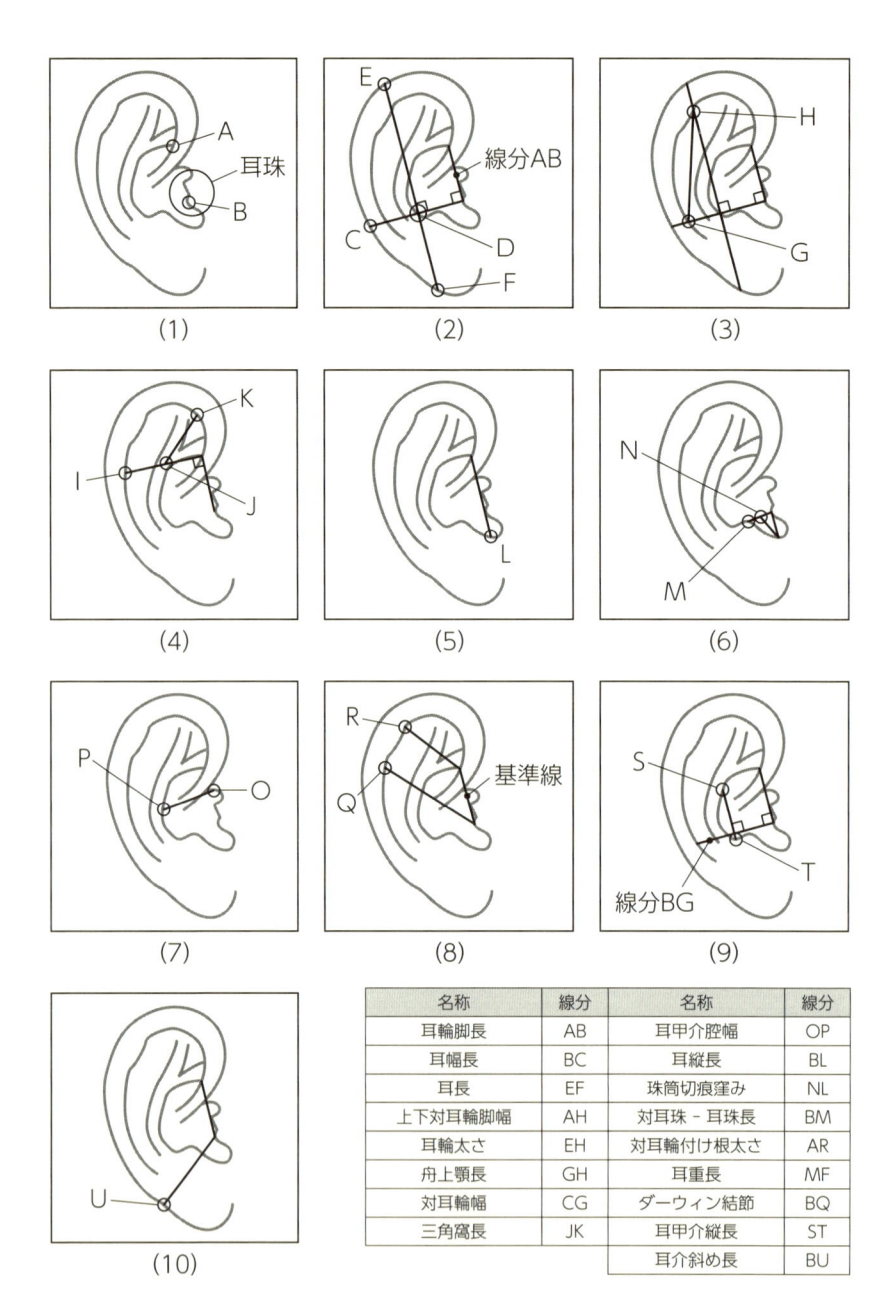

名称	線分	名称	線分
耳輪脚長	AB	耳甲介腔幅	OP
耳幅長	BC	耳縦長	BL
耳長	EF	珠筒切痕窪み	NL
上下対耳輪脚幅	AH	対耳珠 – 耳珠長	BM
耳輪太さ	EH	対耳輪付け根太さ	AR
舟上顎長	GH	耳重長	MF
対耳輪幅	CG	ダーウィン結節	BQ
三角窩長	JK	耳甲介縦長	ST
		耳介斜め長	BU

図2.39　耳介要素長計測のための特徴点

2.6 ● 署名

2.6.1　署名認証の概要

　生体認証には，指紋，顔などの身体的特徴を利用したものと，行動的特徴を利用したものがある。署名認証は，音声認証と並ぶ行動的特徴を利用した生体認証のひとつである。

　署名による認証とは，文字どおり，ある人が手で書いた署名が，その人が書いたものであることを証明する，つまり筆者証明を行うことにより，本人証明を行うことである。「手書き認証」を，手書き文字，あるいは文章の筆者を推定することまで含めた一般的な概念としてとらえると，これはいわゆる筆跡鑑定や古文書鑑定という目的で，昔から関心を寄せられ研究もなされてきている。

　計算機の普及が進むことにより，判定の自動化に向けた研究が活発になり，1980年代以降，計算機ソフトでの手書き署名認証の特徴抽出手法の研究が顕著になった。文字を特定するかしないか，すでに書かれている文字の静的形状のみを扱うのか，実際に書くときの動的な動作全体を扱うかなど，種々のアプローチが試みられてきた。

2.6.2　静的署名と動的署名

　署名認証の方式として，静的認証と動的認証がある。静的署名は小切手のサインとカウンタサインの1対1の比較認証を行うときに用いられる。つまり，すでに書かれた署名から得られる情報，筆跡などの形態情報を使用するものである。これに対し，動的署名は，筆順，筆圧，運筆速度などの署名をしているときの筆記運動の情報を利用するものである。

　また，署名を利用しない筆者証明の代表的なものとして，筆跡鑑定がある。一般的に筆跡鑑定は，遺言状の筆者証明の例にみるように，必ずしも参照できる筆跡が豊富にあるとは限らず，また，同一文字の参照筆跡がない状態でも，筆者を特定または，特定筆者がこの遺言状を書いていないことを証明する技術である。当然ここでは，静的照合が行われる。

　これに対し，署名による認証は，個人が自然に署名をした場合，非常に再現性が高く筆跡には個人差があるという前提に基づき，証明対象者のいくつかの

署名をあらかじめ登録しておき，そのデータと証明対象者が新たに書いた署名とを照合することにより，筆者を証明する。つまり，筆者照合により筆者を証明する。こちらは，静的照合と動的照合のそれぞれが利用される。

　現在，手書きによる本人認証は，動的証明方式を用いたものが製品として存在している。動的署名認証方式は，筆跡運動の計測を必要とする。計測データは，一般的に二次元座標と筆跡の時系列情報を計測する。本人認証は，この時系列情報を比較照合することによりその同一性を判定する。

　動的署名照合には，時系列情報を採集する道具（ハードウェア）が必要となる。現在実用化されている製品では署名取り込み装置として，以下の装置が利用されている。

1. **タブレット（図2.40）**：市販されているタブレットは，電子ペンとの組み合わせで使用され，縦軸情報，横軸情報，筆圧検出，ペンの傾き情報まで取得できるようになっている。

2. **電子ペン**：タブレットと一緒に使用される電子ペンは，電磁誘導タイプのものである。このほかに，ペン独自で使用され，ペン先から伝わる圧力を計測する感圧タイプのものがある。

3. **その他**：PDA（Personal Digital Assistants：携帯情報端末）などで利用されるタッチパネル，ノートPCなどに実装されているタッチパッドなどがある。

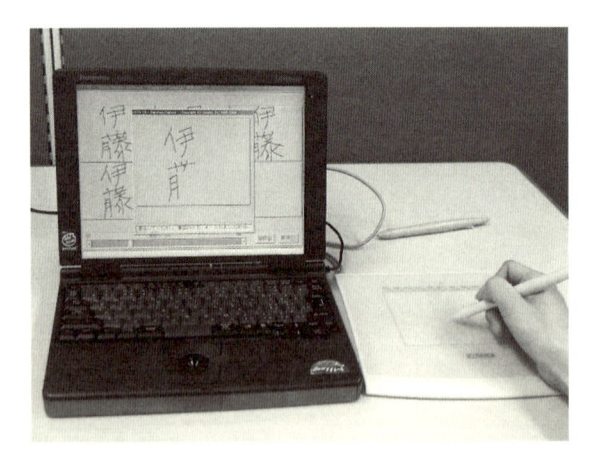

図2.40　タブレットを利用した署名認証

2.6.3　署名認証の長所・短所

パスワードやカードといった，本人しか知り得ない・本人しか所有していないものによる本人認証は，他人に盗まれたり，なくしたりすることにより，他人に悪用される危険性を持っている。生体認証は，盗難，紛失，忘失などの心配が比較的小さい。つまり，他人による代行が困難であるといえる。

また，生物学的情報を用いる生体認証は，本人の意思により変化させることはできないが，行動情報を利用する署名認証は，署名そのものを自分自身で定義することができる。このことは，認証用の登録署名そのものを変更できるということになり，万一，登録署名が盗まれた場合にも，変更・再登録によってセキュリティが守られることとなる。

短所としては，登録署名に対し，登録署名者本人が認証されたくない場合，故意に違う署名の書き方をすることが可能であるということである。また，ケガなどによる外的要因により自然に署名できなくなる場合も想定される。

2.6.4　動的署名認証アルゴリズム

署名は，指紋，虹彩などの他の生体認証と異なり，微妙に変化するため，全く同一の署名を行うことは困難であるという特徴を持っている。

そのために，行動特性を用いる認証においては常にこの変動量を意識しなければならない。この変動量を考慮する方法として，複数回の署名の練習をしてもらい，変動の幅を調べ，基準となる登録署名のテンプレートを作成する。また，筆者が本人であるか，本人でないかを判定するしきい値も決めておく。そして認証時，入力された署名の筆記運動情報から特徴情報を引き出し，登録署名のテンプレートと比較照合することにより筆者判定を行う。

照合方法としては，DPマッチングの手法が広く用いられている。この手法を利用することにより登録署名のテンプレートと入力された署名の特徴情報の相違度を導き出すことができる。この相違度とあらかじめ決めておいたしきい値とを比較し，相違度がしきい値より小さい場合は本人署名であると判定し，大きい場合は偽署名であると判定する。

特徴情報を抽出するためのデータは，利用する装置により異なるが，いずれの装置を利用した場合でも，時系列XY座標，時系列筆圧，時系列の筆の傾きなどのデータ，もしくはその組み合わせを利用している（**図2.41**）。

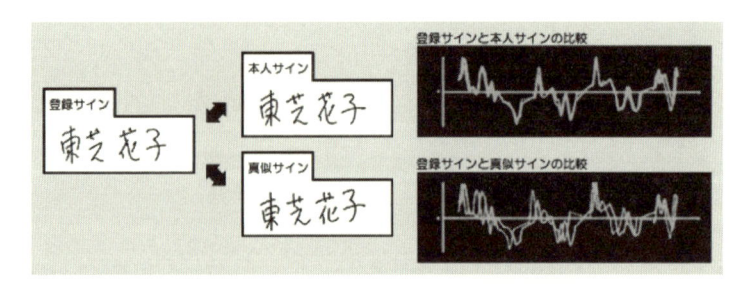

図2.41　登録署名と入力署名の比較

2.6.5　認証精度

本人認証システムを提供する側が問われる質問に，以下の2つがある。

（i）　本当に他人が真似できないのか

（ii）　本人は絶対に拒否されないのか

署名については，1番目は，偽署名を真筆署名として判定してしまう他人受入率（FAR：False Acceptance Rate），2番目は，真筆署名を偽署名と判定してしまう本人拒否率（FRR：False Rejection Rate）で評価することができる。

本人拒否率と他人受入率はトレードオフの関係にあり，この2つの値が等しくなる値ERR（Equal Error Rate）が小さいほど，精度がよいとされている。

署名認証でのこれらの値のしきい値は，一般的に，本人拒否率約1％以下，他人受入率約0.5％以下になっている。この値は，他の生体認証と比較して見劣りする数字かもしれない。しかし，署名という日常的な行為は，抵抗感の少なさを期待することができ，本人認証システムを構築するうえでは，PDA（Personal Digital Assistants）のタッチペン入力などの既存のハードウェアを利用することができるといった利点がある。また，高いセキュリティを求める場合には他の生体認証やIDカード，パスワードなどと組み合わせて利用することも考えられる。

2.6.6　適用分野と課題

適用分野としては，PCのセキュリティ分野，すでに署名が用いられている分野，現在経験による目視で本人認証を行っている分野への導入も考えられる。

PCのセキュリティ分野では，端末へのローカルログイン，ファイルの保護，

アプリケーションなどの起動制御へ適用された例がある。多くのPDAやスマートフォンはタッチパネルを有しており、手書き認証を行うための入力装置として使用できるということもあって、いち早く商品化が開始された。

　PDAでは、手書き署名認証とは別に、手書き文字認識という技術も利用された。手書き文字認識とは、パターン認識問題の面で多分に共通部分を持っている。手書き署名認証は、個人が書く署名に個人差があることを利用して個々を区別する技術、一方、手書き文字認識は、複数の人が書くある文字が同一文字であることを利用して個々を区別する技術であるということができる。動的文字認識機能は、タッチパネルを持つPDAにはすべてといっていいほど実装された機能である。ここで培われた技術との融合もこれからの課題である。

　個々人のデスクトップで動的署名認証を行う場合は、当然入力装置が必要となる。利用できる入力装置は、タブレット、圧力感知ペンなどがある。ここでの課題は、その入力装置コストおよびデスク周りの場所の占有問題である。圧力感知ペンは、場所の占有問題はクリアしているように思われる。タブレットに関しては、その用途が個人のローカルログイン、ファイルの保護、アプリケーション起動制御だけに限定されるとすると場所占有に対するコストは高くなる。場所占有に関しては、ハードウェア面からみるとタブレットの小型化、キーボードとの一体化などの努力が必要であり、ソフトウェア面からは入力装置としてのタブレットの利便性を追求し、汎用の入力装置へ引き上げることだと考えられる。

　また、適用分野に関係なく手書き署名が持つ課題がある。

　1つ目は、利き腕のケガなどによる通常行っている署名ができないという問題がある。この問題に対しては、手書き署名だけでは現在解決できるところまでには至っていない。システムとしての代替の認証が必要となる。

　2つ目は、行動特性を利用する生体認証が持つ課題で、故意に認証されないようにすることが可能であるということである。これは、本人が本人であることを証明したい分野での適用では特に問題はないと思われるが、本人であることを承認することが本人に不利に働くようなシステムにおいては、本人が意図的に偽署名をすることが可能であることを意味している。

　署名による本人の認証の歴史は古く、古来より本人認証の手段として使用されてきた。伝統的であり、なおかつ日常的なこの署名による本人認証は、動的署名照合技術により高い精度で行うことができるようになっている。

最後に，署名認証については参考となる文献[22]~[24]もあるので，詳しく知りたい方は本書のほかにそちらも参考にしていただきたい。

2.7 ● 声紋

2.7.1 声紋認証技術の概要

指紋認証や顔認証を行う場合，指紋や顔写真を取られるのは心理的に抵抗を感じるという人がいることは事実である。声紋認証には，このような心理的な抵抗が少ないという特徴がある。また，既存の電話設備を用いて遠隔地の認証ができるという特徴もある。

一方，声紋認証は虹彩による認証などに比較して認証精度が劣る点は否定できない。そのため，音声の使いやすさを活かしながら，他の手段と組み合わせることでシステム全体の認証精度を高めるというシステム設計が重要となる。

声紋認証の研究は，1962年にベル研究所のKerstaが，サウンドスペクトログラム（声紋）による話者認識の可能性を発表したことにさかのぼる。当時は，声紋を研究者が見て判断するものだったが，その後のコンピュータによる音声処理技術の目覚ましい発展に伴って，自動的に声紋認証を行う研究が活発にされるようになってきた。1990年代にはアメリカや日本で実用化が始まった。電話やインターネットを使った電子商取引の本格化が予想される21世紀に入って，声紋認証はますます注目される技術となっている。

声紋認証には，サウンドスペクトログラムあるいはこれと等価な音声特徴を用いる。**図2.42**にサウンドスペクトログラムの例を示す。横軸が時間，縦軸は周波数を示している。サウンドスペクトログラムの色の濃い部分は，そこに音声信号の成分が集中していることを示している。色が淡い部分は，音声信号の成分が存在しないことを示している。サウンドスペクトログラムのパターンは個人によって異なる。これは，サウンドスペクトログラムが個人ごとの発声器官（声道）の形や大きさの違い，さらには調音の違いを明確に表すためである。調音とは，母音や子音を発声する場合に，発声器官内での狭めの位置を変えることや，その狭めの位置の時間的な変化のパターンをいう。調音は，その個人の体格や，方言などの言語環境に大きく影響を受けている。声紋認証では，

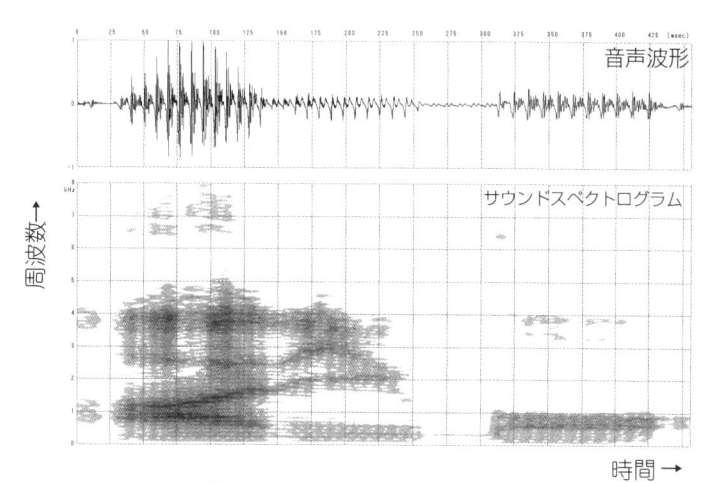

（a）話者Aのサウンドスペクトログラム

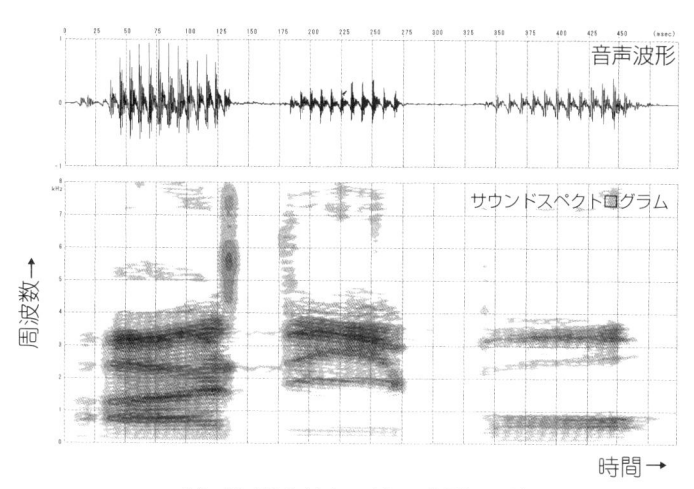

（b）話者Bのサウンドスペクトログラム

図2.42　サウンドスペクトログラムの例

個人ごとの調音の違い，すなわち，サウンドスペクトログラムの違いを利用しているのである。

2.7.2　声紋認証システムの構成

　図2.43に声紋認証システムの構成を示す。まず，マイクロホンから入力された音声は，音声分析部で周波数分析され，サウンドスペクトログラムあるいはそれと等価な情報に変換される。分析手法としては，高速フーリエ変換（FFT：Fast Fourier Transform），ケプストラム分析（Cepstrum）などが用いられる。また，音声分析部では，音声や音声収録系に含まれる種々の変動を正規化する処理が行われる。

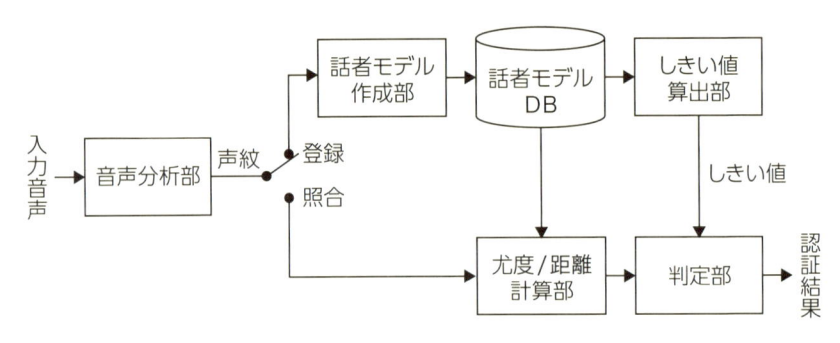

図2.43　声紋認証のシステム構成

　登録時には，音声分析部の出力は話者モデル作成部に送られる。話者モデル作成部では，照合時に必要となる話者モデルを作成する。照合にDP法（Dynamic Programming：動的計画法）を用いる場合は，テンプレートと呼ばれる話者モデル，VQ法（Vector Quantization：ベクトル量子化）を用いる場合は，コードブックと呼ばれる話者モデル，また，HMM法（Hidden Markov Model：隠れマルコフモデル）やGMM法（Gaussian Mixture Model：混合ガウス分布モデル）などの統計的手法を用いる場合は，複数の多次元正規分布のパラメータが話者モデルとして作成される。作成された話者モデルは話者モデルDB（データベース）に格納される。また，話者モデル作成時に，照合結果の判定時に必要となるしきい値を算出する。話者モデル作成時にしきい値を算出できない場合は，あらかじめ決められたしきい値を用いることもある。

　一方，照合時には，音声分析部の出力は尤度／距離計算部に送られる。尤度／距離計算部では，入力音声の分析結果を話者モデルDBから読み出された話者

モデルに照合し，入力音声と話者モデルの尤度（あるいは距離）を計算する。尤度とは「もっともらしさ」という意味で，類似度と同じ意味合いを持つ尺度である。ここでは，不特定話者の話者モデルあるいは入力音声に類似する他話者の話者モデルとの尤度（あるいは距離）を用いて本人モデルと入力音声の尤度（あるいは距離）を正規化することがある。これにより求める尤度（あるいは距離）の値の入力音声ごとのバラツキを抑えることができ，認証精度を高めることができる。

判定部では，計算された尤度（あるいは距離）とあらかじめ設定されているしきい値を比較し，尤度がしきい値よりも大きい場合（あるいは距離がしきい値よりも小さい場合）に，入力音声が本人のものであるとして受理し，そうでない場合は，他人のものであるとして棄却する。

2.7.3　声紋認証方式の分類

声紋認証方式には，次の3方式がある。

1　テキスト従属方式 (Text Dependent)

テキスト従属方式は，発話内容（テキスト）があらかじめ決められている方式である。パスワード方式，キーワード方式あるいはキーフレーズ方式と呼ばれることもある。

一般には，DP法やHMM法などを用いた単語音声認識の技術が用いられる。DP法はHMM法に比べて実装は簡単である。HMM法は，一般にDP法に比べて精度が高いが，話者モデルの作成（登録）に多くの発声が必要で，実際の場面では利用できない場合がある。そのため利用のごく初期では不特定話者認識による単語認識により，話者がそのパスワードを知っているかだけをチェックし，数回使ううちにその単語の発声が複数回得られるため，その発声によりHMM法の話者モデルを作成するという発声内容照合法（Verbal Information Verification）が提案されている。

テキスト従属方式では，発話内容を知っているか，かつその音声がその話者の声質であるかの二重のチェックが行われることになる。氏名や電話番号など比較的短い音声で認証が可能となるが，テキストが詐称者に知られた場合には，話者の声質だけのチェックになるため強度が低下することになる。

2　テキスト独立方式 (Text Independent)

テキスト独立方式は，発話内容を特に限定しない音声を用いる方式である。

フリーワード方式，自由発話方式などと呼ばれることもある。

VQ法（Vector Quantization：ベクトル量子化），エルゴーディックHMM（Ergodic Hidden Markov Model）法，あるいはGMM（Gaussian Mixture Model）法などが用いられる。VQ法はGMM法よりも実装は簡単だが，一般にエルゴーディックHMM法やGMM法よりも認証精度は劣る。エルゴーディックHMM法はGMM法よりも多くの登録発声が必要であるため，実際はGMM法が使われることが多いようである。テキスト独立方式では，話者の声質だけがチェックされるために，十分な認証精度を得るためには比較的長い音声が必要である。最低でも，話者モデルの登録に20秒以上，照合には5秒以上の音声が必要とされ，長い音声を得るのが難しいアプリケーションでの適用には向かない。しかしながら，最近の音声対話技術を用いた電子商取引システムなどでは，全体で十分な音声が得られる場合があり，適用可能である。また，特に声紋認証というフェーズを設けずに声紋認証を行うことも可能という特徴もある。

❸ テキスト指定方式 (Text Prompted)

テキスト指定方式は，システムが発話内容を指定する方式である。自由なテキストを指定する方式と，あらかじめ決められたテキストの番号を指定する方式がある。テープレコーダなどに録音された音声による詐称を防ぐのに有効で，システムの信頼性を上げることができる。自由なテキストを指定する方式は，話者認識技術と不特定話者音声認識技術を組み合わせることで実現される。

さらに，上記の3方式を組み合わせることにより認証精度をさらに向上させることが可能である。

2.7.4　声紋認証構築に関する注意点

声紋認証に必要なハードウェアは，音声認識に必要なものと共通である。以下，声紋認証システムを構築する場合のハードウェア選定や注意事項について述べる。

音声を入力するためにマイクロホンが必要となる。電話を用いる場合は電話機の受話器がそれにあたる。マイクロホンで，音声をきれいに取れないと，その後段でいくら処理をしても重要な音声情報を取り出すことができなくなることがある。さまざまなマイクロホンが販売されているが，最もよいのが頭部に装着するヘッドセットマイクロホンあるいはヘッドウォーンマイクロホンである。この種のマイクを使用する場合に注意する点は，マイクロホンのユニット

を口の正面にセットせずに，口角（唇の端）の正面にセットすることである。口の正面に持ってくると，発声時の息がマイクユニットにかかり思わぬ雑音を発生させ，認証精度を低下させることがある。

　マイクロホンで収録した音声をコンピュータに取り込むためにはサウンドカードが必要である。残念ながらPC用のサウンドカードには品質のよくないものがあり，選定には注意が必要である。特にノートPCのサウンド回路や，デスクトップ機の場合でもサウンド回路がマザーボード上に載っているものには注意が必要である。

　電話を使う場合は，CTI（Computer Telephony Integration）用の電話回線インタフェースボードを用いる。その品質は比較的高く安定している。

　最近のPCに用いられているマイクロプロセッサは非常に高速なものが多く，声紋認証処理に十分な処理能力を持っている。さらに，高速に信号処理演算命令を実行できるものもあり，声紋認証処理に最適である。

　携帯機器などに用いるマイクロプロセッサやDSP（Digital Signal Processor）などでは，処理能力やメモリに制限があり，声紋認証の実現に問題がある場合がある。このような場合，通信ラインを経由してサーバ機と接続し，サーバ側で認証処理を行うことが考えられる。

　電子商取引などでは，端末（クライアント）を通信ライン経由でサーバに接続する。この場合，端末側で認証を行うのはきわめて危険である。すなわち，いつでも認証信号をサーバに出力するように端末を改造される可能性があるからである。

　このような問題を回避するためには，話者モデルや認証処理をすべてサーバ側に置く必要がある。この場合，通信ライン上の盗聴に十分注意しなければならず，音声信号の暗号化が必須である。

▌2.7.5　声紋認証の課題

　声紋認証の1番目の課題は，音声認識と同じで，雑音である。背後の他人の話し声，電話のベルの音など周辺環境からの雑音と，発話者自身が出すリップノイズや「えー」「あー」などの不要語などの雑音がある。照合時に音声に雑音が混入する場合では，本人の棄却（false rejection）が起こるが，他人の受理（false acceptance）が起こることはまれである。

　対策として，周辺環境からの雑音が混入しないように指向性マイクロホンや

接話マイクロホンを用いるのが一般的である。また，一度雑音により棄却されてももう一度入力しなおすことで，雑音の影響を回避できることもある。同じ発声を複数回入力するようにして，照合度合いが高い発声を採用することで認証精度を改善することができる。

テキスト従属方式では，登録時の雑音の混入は致命的になることがある。照合時に正しく入力されてもいつも棄却される。また，他人を受理する誤りが増える傾向にある。そのため，登録直後に照合テストを行い，話者モデルに雑音が混入していないかをチェックする必要がある。また，複数回の発声により登録を行うことで，雑音の影響を低減することができる。

声紋認証の2番目の課題は，音声の経時変化である。指紋や虹彩に比較して，音声は時間とともに変化しやすい性質を持っている。1日のうちでも朝と夜では声は違っている。また，かぜをひいた場合に音声がかすれたり鼻声になったりするが，これも認証精度に影響する。これに対応するためには，時間や日を変えた複数の音声を登録して話者モデルを作成する必要がある。

声紋認証のもうひとつの課題は新技術を利用した詐称の問題である。テープレコーダなどで録音した音声を用いた詐称を回避するために，テキスト指定方式が提案されている。また，複数回同じ言葉を発話させ，発話間の尤度を測定する方法が提案されている。同じ録音音声を複数回再生するときわめて高い尤度が得られるために，これを検出することができる。以前に照合した入力音声を保存しておき，その後の入力音声に照合して酷似していないかをチェックする方法も有効である。さらに，プロンプトに対して発話がすぐに返ってくるか，音声対話が自然に成り立つかなどを判定する方式が提案されている。

新技術を用いた詐称として，コーパスベースの音声合成技術により話者の個人性を再現できる音声合成が可能となっている。これに対しては，録音音声に対する対策のうち，テキスト指定方式以外の対策が有効である。また，双子の音声は酷似しているため，これを判別するには，テキスト従属方式で個人ごとにパスワードを変える方法しかない。しかし，パスワードがわかってしまっている場合は対策が困難で，他の生体認証方式と組み合わせる必要がある。

最後に，声紋認証については参考となる書籍[25]~[27]も出版されているので，詳しく知りたい方は本書のほかにそちらも参考にしていただきたい。

2.8 ● DNA

　人間のDNA（デオキシリボ核酸）は，約30億個の塩基配列からなり，人体の設計図ともいわれている。人間の一人ひとりが少しずつ違うように，このDNAの塩基配列も人によって異なる部分がある。その部分の情報を利用することで個人認証を行うことができるというのがDNA認証の考え方である[28],[29]。

　人間の体は約50～60兆の細胞でできており，細胞の核には23対の染色体が含まれる（一対は2本なので，合計46本の染色体）。染色体は，二重らせん構造のDNAがタンパク質とともに複雑に畳み込まれてできている。**図2.44**に示すように各DNAは塩基と糖，リン酸から構成されており，二重らせん構造となっている。

　塩基配列の要素となる塩基には，A（アミン），G（グアニン），C（シトシン），およびT（チミン）の4種類があり，これらの塩基は糖と結合し，さらに糖はリン酸と結合し一本の長い分子となる。2つの分子がらせん型の列構造で連なっている。塩基配列とは，この塩基の並び順のことを指す。DNAの塩基配列は，同一人物であれば，どの細胞から取り出しても同じ並び順であり，終生不変とされている。

　また，その他のDNAの特性として，「無機質で安定である」「水溶性なので容易にインクなどに溶かし込むことができる」などがあげられる。

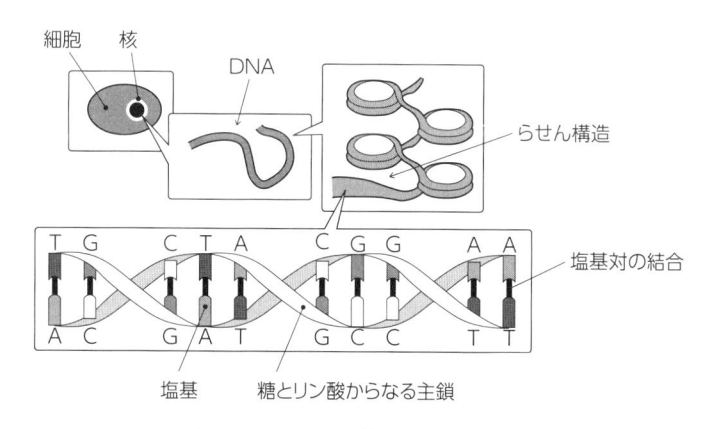

図2.44　DNAの構造

2.8.1 DNA個人認証の特徴

DNAの塩基配列は4種の塩基からなるデジタル情報であり，しかも情報量が豊富であることから，他の生体認証と比較していくつかの特徴を持っている。

1. **認識精度が高い**：指紋のようにDNA以外のアナログ情報に基づく生体認証方式では，10^{-3}〜10^{-7}の認証精度（他人受入率）となっているが，DNA情報をIDとした場合，現状の抽出技術で同値確率10^{-23}程度にすることができ，識別精度が高いといえる。

2. **照合アルゴリズムが不要**：DNAの塩基配列はデジタル情報なので，照合はデジタル情報同士の直接的な比較となる。他の生体認証と違い，アナログ情報からの特徴点抽出やパターンマッチングなどの処理を必要としない。

3. **親子関係を推定することができる**：人間の細胞中の染色体は，父親と母親からそれぞれ23本ずつ受け継いだ染色体で構成されている。したがって，各染色体に含まれるDNAの塩基配列を調べることによって，親子関係を推定することができる。これは，あらかじめ本人のDNA情報を取得していない場合でも，血縁関係者のDNAの塩基配列を調べることによって，本人認証（もしくは本人でないことの証明）を行える可能性があることも示している。

4. **塩基配列の情報の抽出・分析に時間と費用を要する**：一般的なDNA情報生成方法（口腔を綿棒で軽くこすり，口腔内粘膜の細胞からDNAを抽出し，DNA情報を生成する）は，最新の設備でも3時間以上かかるといわれている。また，DNA情報を生成するには高価な試薬を必要とする。このため，DNAを利用した認証は，特別な用途に限られているのが現状であるが，今後技術開発が進展することでさまざまな分野への適用が期待されている。

2.8.2 DNA認証マーク

ブランド商品やプレミアムグッズの真贋識別に実用化されているのがDNA認証マークである（**図2.45**）。

この認証マークの印刷インクには，当人のIDとなるDNAの一部が溶解されており，いわゆるDNA入りインクを使った特殊印刷が行われている。当人のDNAはユニークなものであり，細胞を盗まれない限り認証マークの複製は困

図2.45　シドニーオリンピック公認グッズとして識別用に使用された DNA認証マークと赤外線レーザスキャナ

難である。

　真贋の判定は，マークのインクに溶解されているDNA断片を解析し，当初のIDが再生できるか否かで行われる。なお，補助的確認手段として，インクに特別な波長に対して発光する蛍光剤を混入し，手持ちの赤外線レーザスキャナを使って正規の認証マークであることを見分ける。

　このインクの製法を秘密にすることにより，事前にある程度のチェックはできることになる。

　また，インクそのものをインビジブルとし，商品のどこにマークが刷り込んであるかを秘密にしておく方法もとられている。これによってなお真贋判定の安全性を高めている。

　図2.45はシドニーオリンピックで公認グッズに貼付し使用されたDNA認証マークである。

　同様にして美術作品，有名選手のホームランボールやバットおよびユニホームなどの値打ち物にも，偽造品や模造品が出回ったとき真贋判定できるよう，DNA認証マークの適用が商用に供されている。また，サインペンのインクに直接DNAを溶解し，フットボールの有名選手のサイン会に使われたケースも報告されている。

2.8.3　法医学分野におけるDNA鑑定

■1　犯罪捜査への適用

　法医学部門における本人（もしくは，本人でない）鑑定の作業にDNAが多く用いられるようになってきている。犯罪捜査では現場に残した本人の血液（白

血球のように細胞を有していること），唾液（同），精液，毛根のついた毛，細胞そのものなどから容易にDNAが抽出できるので，本人との結びつきを判定することができる。これもDNAによる生体本人認証といえる。最近の法廷の判例では，DNA鑑定が証拠として採用されている。

❷ 身元不明人のDNA鑑定

近年，犯罪捜査以外においても，より正確な本人鑑定のためにDNAを用いた方法が盛んに使われている。

オーストリアの山岳ケーブルの火災事故では，焼死体の骨からDNAを抽出し，本人鑑定が行われた。照合する相手は両親や兄弟で，1〜2親等におけるDNAの関係は，親子関係のアルゴリズムである程度推定でき，信頼度も高いからである。

2001年にニューヨークで起こったアメリカ同時多発テロ事件でも，DNAを用いた身元鑑定が行われた。

また，2004年末のスマトラ沖地震の際には，被害者の身元確認のため，日本からもDNA鑑定の専門家チームが被災地に派遣された。

津久井湖で発見された顔面の原形をとどめていない遺体が，7か月前に丹沢の道志川で濁流に流された青年と同一人物であることを，母親と兄から採取したDNAの照合により判定した事例もある。

日本では，警察庁が，事件現場に犯人が残した血液や体液などのDNA型情報のデータベースの運用を2004年12月17日より開始し，2005年4月には「裁判所の令状を得て容疑者から採取したDNAについて，指紋と同じようにデータベース化に踏み切る方針を明らかにした」と報じられている。

アメリカでは，DNAデータベース・システム（CODIS：Combined DNA Index System）の構築が1998年から始まり，現在1700万人分のデータが蓄積されている[30]。

近年，NGS（次世代シークエンサ）を用いてDNAの塩基配列を解読し，一塩基多型情報を得て，ヒトの疾病解析に利用することが行われている。この技術を応用して，DNA鑑定に必要な情報を取り出す手法が研究されている。これによって，従来の方法よりも，より多くの情報が取り出せることがわかり，鑑定能力の向上が期待されるが，解析時間およびコストが現在の方法に比べて長く高価なことが課題である。これとは別に，DNAの一塩基多型の情報を用い，目の色，皮膚の色，髪の毛の色を高い精度で予測できるようになってきた。さ

らに，所属する民族を類推して，顔の形状を推定するサービスを提供する会社も登場した[31]。DNAの一塩基多型の情報を用いて，各人の家系を検索できるサイト[32]がある。近年，このサイトに犯罪者のDNA情報を入力し，犯罪者の血縁関係にある可能性の高い人を割り出し，逮捕に至ったケースが話題になった。現在，登録者数が増えているとのことから，犯罪捜査において有力なツールとなる可能性があると思われる。

❸　高速DNA解析装置

　アメリカでは，DNAの生体サンプル数が，DNA情報を解析する能力を上回ってしまったために，処理しきれないサンプル（バックログ）が溜まってしまい問題となった。これを解決するために，DNAの生体サンプルを得る場所（警察署）で，「科学者ではない人が，簡単にかつ高速に処理できる（Rapid DNA）装置」の開発プロジェクトが，2010年より始まった。2019年より，警察署で「Rapid DNA装置」を用いた，パイロットプロジェクトが開始される予定である。

2.8.4　DNA認証の課題

❶　身体情報の採取・分析時間およびコスト

　細胞からDNAを抽出・解析しDNA情報を生成する時間およびコストが当面の方式上のネックとなっている。リアルタイム計測がリーズナブルなコストで可能な端末装置の実用化にはいくつかの大きなブレークスルーが必要で，今後数年は要すると思われる。

❷　プライバシー保護

　本節で説明したDNA情報は，遺伝子以外の塩基配列を利用するもので，本人の病因や構造には無関係な情報である。しかし，親子関係が想定できるなどプライバシー情報であることは間違いないので，指紋などの他の生体情報以上に個人情報としての配慮が必要である。

　また，他の身体情報と同様，DNA情報は，毛根つきの毛髪などにより容易に他人の情報を盗むことができる。このため，実際のDNA情報は，生のID情報に個人が管理する秘密乱数を加えるなどして操作したものを使う必要がある。

2.9 歩容

2.9.1 概要

　歩容（または，歩様）は，動物が地面の上を移動する際の手足の動き，すなわち，歩行のパターンを表す用語であり，生体運動学や制御工学の分野で古くから研究対象とされてきた。特に，四足歩行の動物の典型例として，馬の歩容が古くから研究されており，速さが増すにつれて，常足（Walk）・早足（Trot）・駆足（Canter/Gallop）と変化し，四足の着地のタイミングが変化する。一方で，二足歩行であるヒトの歩容は，基本的には左右の足を順に前に出して歩くことから，四足歩行の動物と比較するとその変化は限定的である。

　しかしながら，二足歩行であるヒトの歩容には，依然として多様な情報が含まれることが知られている。例えば，遠方にいる家族や友人をその歩き姿で識別できた経験は，多くの人が持つのではないだろうか。実際に，精神生理学の分野は，歩容から知人を認識する実験や人物の性別を識別する実験が行われている。また，点光源を人体の関節部につけて表示するキネマティクス情報から，個人識別や感情の属性推定が可能であるということも報告されている。

　このような歩き方の個性に基づく個人認証を歩容認証[33]~[35]と呼び，行動的生体情報のひとつとして見なされている。歩容認証は，顔認証が利用できないような遠方からの撮影・後方からの撮影や，顔をヘルメットや目出し帽で隠した場合にも利用できることから，防犯カメラ映像に基づく新たな個人識別法として，犯罪捜査等への利用の期待も高まっている。実際に，世界各国の科学捜査において，歩容認証の鑑定利用の実績もある。

　本節では，歩容認証の流れを概説するとともに，歩容における個人内変動について論じたうえで，歩容の特徴表現の手法としてモデルベースとアピアランスベースの代表的なものを紹介する。また歩容認証において用いられる公開歩行映像データベースやその精度評価の一例に触れ，今後の展望を述べる。

2.9.2 歩容認証の流れと特徴表現

■ 歩容認証の流れ

　歩容認証は，他の画像に基づく生体認証と同様，画像認識に基づく技術であ

る。その特徴表現としては，人体を関節体モデルで表現して，関節角系列や体の部位の大きさを歩容および体型のパラメータとして抽出するモデルベースの表現と，モデル当てはめを行わずに画像そのものを直接利用するアピアランスベースの表現に大別される。以下，**図2.46**に基づいて，歩容認証の流れを説明する。

1. **入力画像の取得**：多くの場合は，単一のカメラにより入力映像を取得する。高いセキュリティレベルを要する場所においては，人物の三次元的な歩容解析を目的として，複数台の同期カメラや距離センサによって入力映像を取得することもある。

2. **前処理**：人物検出や人物追跡技術を用いて，対象人物の概説矩形系列を取得する。加えて，アピアランスベースの手法を用いる場合には，背景差分，グラフカット，セマンティックセグメンテーション等の技術により，対象人物の領域（シルエット）を抽出する。

3. **特徴抽出**：モデルベースの手法の場合は，人体モデル当てはめを行い，歩容パラメータを抽出する。アピアランスベースの手法の場合は，原画像やシルエット映像に対する時間または空間，もしくはその両方に対する解析を行い，歩容特徴を抽出する。近年，高い性能を発揮している深層学習による手法の場合は，この特徴抽出と次の識別のステップを併せて処理することもある。

4. **識別**：照合する登録データと入力データの特徴の組が与えられると，その特徴間で類似度もしくは相違度を計算する。特徴の各要素を並べた特徴ベクトルを定義し，そのベクトル要素の差の絶対値の和として計算されるL1ノルムや，差の自乗和として計算されるL2ノルムが相違度として用いられる。さらに，各種パターン認識技術を適用して，より識別に適した相違度を算出する方法も提案されている。例えば，識別に適した低次元空間

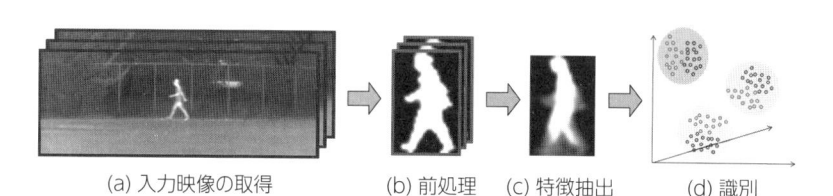

(a) 入力映像の取得　　(b) 前処理　(c) 特徴抽出　　(d) 識別

図2.46　歩容認証の流れ（シルエットを用いた手法の場合）

である判別空間を考え，元の特徴ベクトルをその判別空間に射影したうえで相違度を計算する判別分析法がある。また，同一人物と別人物の認識境界を，汎化性能がより高くなるように求めるサポートベクターマシンがある。このようにして算出された相違度に基づいて，本人認証や個人識別を行う。

2.9.3　歩容認証の個人内変動

他の生体情報と同様，歩容にも個人内変動が存在し，認証を困難にする原因となっている。特に，歩容認証の入力として，防犯カメラによる犯行現場映像といったものも考えられることから，制約なく無意識に歩く人物を対象とすることが想定される。そのため，防犯カメラの取りつけ角度や対象人物の歩行方向変化による観測方向変化への対応は，歩容認証にとっても最もチャレンジングで重要な問題となっている。

また，特にアピアランスベースの手法を用いる場合に大きな問題となるのが，シルエットに影響を与える，服装変化や荷物変化である。さらに，人はその時々の状況に合わせて歩行速度を変えることから，歩行速度の変化による歩容の変化も重要な問題である。そのほかにも，靴や地面の状態の違いによる歩容変化や，成長や加齢に伴う歩容の経時変化など，さまざまな個人内変動要因が存在する。

これらの個人内変動に対しては，後述の特徴表現の工夫や，学習データに対象となる個人内変動を含めることで識別器の頑健性を向上させることにより対応する必要がある。

2.9.4　歩容認証の特徴表現

■1　モデルベースの手法

モデルベースの手法においては，人体を関節体として近似して，膝・肘・腰・肩といった関節点を考え，隣接する関節点の腕・脚・胴体といった体の部位をリンクで表現するモデルを用いることが一般的である。歩行画像列に対して人体モデルを当てはめることで，リンクの大きさといった体型パラメータや，関節角の系列といった動的パラメータを特徴として抽出する。

人体モデルの例としては，腰・膝・足下の関節点を質点として振り子によって表現したモデルや，関節角の動きをフーリエ記述子によって表現したモデル

が提案されている。また，人体のリンクの大きさを考慮した方法として，シルエットを体の各部位が占める領域に分けて，各々に楕円を当てはめ，その楕円をリンクとして見なすモデルや，下肢を台形リンクで表現したモデルがある。これらはいずれも二次元モデルの当てはめであるのに対して，人体のリンクを三次元の楕円体により近似するモデルも提案されている。さらに，人体のリンクにバネ構造を導入して弾性体として表現するモデル（**図2.47**）[36] も提案されている。

　これらモデルベースの特徴表現は，服装変化や荷物変化による影響を受けにくいという利点がある一方で，人物モデル当てはめの誤差や当てはめに要する計算コスト等の問題がある。

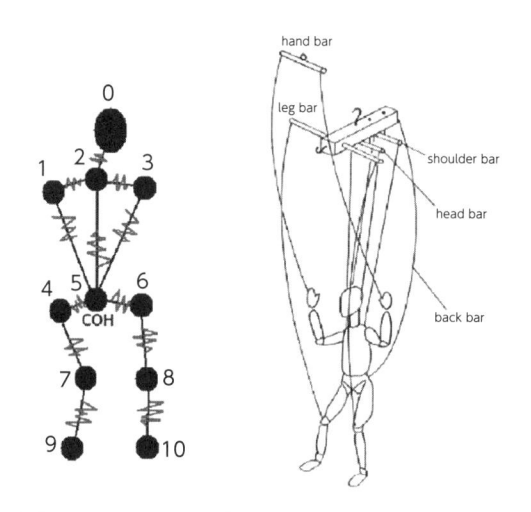

図2.47　リンクに弾性体を導入した人体モデル

(Copyright 2013 IEEE. Reprinted, with permission from [36])

❷　アピアランスベースの手法

　アピアランスベースの手法の初期研究では，人物と背景の境界面に対する時空間解析や，オプティカルフローの空間分布の解析をもとにした特徴が用いられていた。それ以降，服装の色やテクスチャによる影響を受けないよう，人物のシルエットを用いた特徴表現が主流となった。例えば，シルエット時系列そのものを特徴とする方法や，シルエット時系列をパラメトリック固有空間に

よって表現する方法が提案されている。また，シルエット輪郭の時系列をフーリエ記述子によって表現する方法や，シルエット中心から各輪郭点までの距離系列を特徴とする方法が提案されている。

　上記はいずれも時系列情報を直接照合する手法であるのに対して，時系列情報に対して統計処理を施した特徴表現も提案されている（**図2.48**）。最も代表的な特徴が，シルエット画像列を一歩行周期で時間方向に平均化した歩容エネルギー画像（GEI：Gait Energy Image，または平均シルエットと呼ばれる）である。これらはきわめて単純な表現方法ではあるものの，その実装の容易さ，計算コストの低さ，認証精度の高さなどの点で，歩容認証の研究において幅広く用いられている。また，その派生系として，動きシルエット画像（MSI：Motion Silhouette Image），形状変動に基づく（SVB：Shape Variation-based）フリーズパターン（Frieze Pattern），フーリエ解析に基づく周波数領域特徴（FDF：Fre-

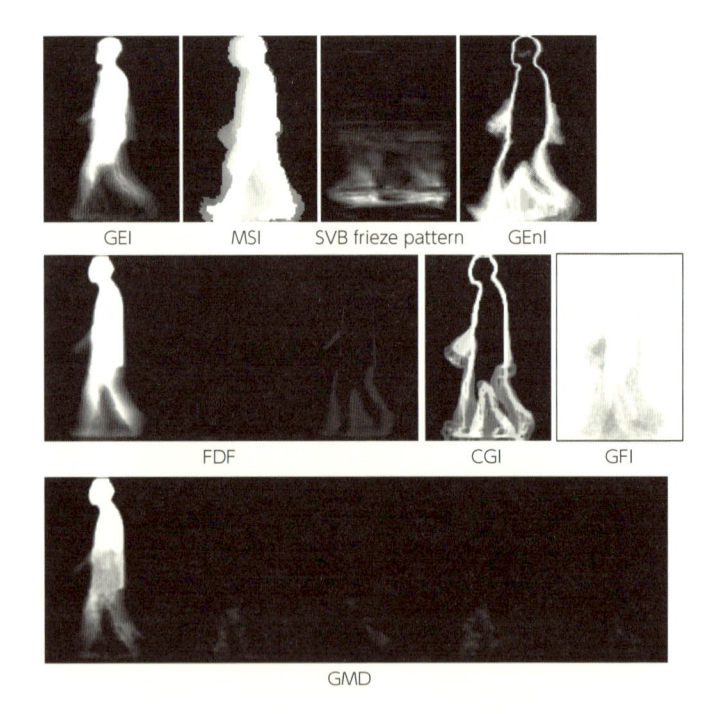

図2.48　アピアランスベースの歩容特徴の例

(Copyright 2015 John Wiley and Sons. Reprinted, with permission from [35])

quency-domain Feature），シルエット輪郭に歩容位相の情報を付加したクロノ歩容画像（CGI：Chrono-gait Image），輪郭の動きを累積表現した歩容フロー画像（GFI：Gait Flow Image），静的成分と方向別の動き成分を累積表現した歩容動き記述子（GMD：Gait Motion Descriptor）等が提案されている。また，GEIに対する変換処理を施す手法も提案されており，動き成分を強調する歩容エントロピー画像（GEnI：Gait Entropy Image），動きの少ない部分をマスクしたGEI等が提案されている。

これらのアピアランスベースに基づく特徴表現は，計算コストが低く，幅広く用いられている一方，観測方向や服装変化等の個人内変動による影響を受けやすいという問題点もある。

2.9.5　歩行映像データベース

歩行映像データベースは，学習や精度評価の面で重要な役割を果たす。歩行映像データベースに必要な要素としては，被験者数の多さや個人内変動の多様性があげられる。**表2.3**に主要な歩行映像データベースの一覧を示す。基本的には静止画として扱われる顔や指紋等の生体情報と比較すると，動画を対象とする歩行映像データベースの収集には手間がかかる。そのため，2000年代までは，100人程度の比較的小規模なデータベースしか存在しなかった。しかしながら，2010年以降は，被験者数が60,000人を超える大規模なデータベースも公開されており，大量の学習データを必要とする機械学習手法の利用も十分視野に入ってきている。実際に，これらの大規模データベースを深層学習の学習データに用いた歩容認証手法により，観測方向が同じ場合と最も観測方向が異なる場合（90度の観測方向差）とで，本人認証における等価誤り率がそれぞれ1.1％と4.6％，約5,000人の登録者に対する個人識別における1位認証率がそれぞれ89.5％と17.3％であると報告されている。

2.9.6　おわりに

本節では，行動的生体特徴のひとつである歩容を取り上げ，その認証の流れ，個人内変動，特徴表現，歩行映像データベースについて解説した。大規模データベースが利用可能となったことで，歩容認証の分野においても深層学習に基づく手法の研究開発が加速している。一方では，複数人物が行き交う雑踏シーンにおいて，自動的に個々人を検出・追跡して，相互隠蔽を検出して適切に処

表2.3 歩行映像データベース

名称	被験者数	シーケンス数	共変量	視点数	屋内（I）/屋外（O）
CMU MoBo	25	600	Y	6	I (Treadmill)
Georgia Tech	15	268	Y	-	O
	18	20	Y	-	-
HID-UMD	25	100	N	1	O
	55	222	Y	2	O
SOTON Small Database	12	-	Y	3	I
SOTON Large Database	115	2,128	Y	2	I/O
SOTON Multimodal	>300	>5,000	Y	12	I
SOTON Temporal	25	2,280	Y	12	I
USF HumanID	122	1,870	Y	2	O
CASIA A	20	240	Y	3	I
CASIA B	124	1,240	Y	11	I
CASIA C	153	1,530	Y	1	O
OU-ISIR, Treadmill A	34	612	Y	1	I (Treadmill)
OU-ISIR, Treadmill B	68	2,764	Y	1	I (Treadmill)
OU-ISIR, Treadmill C	200	200	Y	25	I (Treadmill)
OU-ISIR, Treadmill D	185	370	N	1	I (Treadmill)
OU-ISIR, LP	4,007	7,842	N	2	I
OU-ISIR, LP-Age	63,846	63,846	Y	1	I
OU-ISIR, LP-Bag	62,528	178,018	Y	1	I
OU-ISIR, MVLP	10,307	277,358	N	14	I
TUM-IITKGP	35	850	Y	1	O
TUM-GAID	305	3,370	Y	1	O
WOSG	155	684	Y	8	O

理しつつ歩容認証を行うといった，実シーンへの応用はまだ進んでいない面がある。そのため，今後は，研究されている深層学習によるセマンティックセグメンテーションやインスタンスセグメンテーション等をこれら前段処理に活用することで，カメラ渡りの人物追跡や指名手配犯の自動検出など，実シーンへの適用を拡大していくことが期待される。

2.10 ● その他の生体認証

これまで取り上げた代表的な生体認証以外にもさまざまな生体認証が研究されている。本節では，そのいくつかを紹介する。

2.10.1　汗腺

指の先には指紋を構成する隆線（平行線状の凹凸構造）があり，その隆線上には，汗を分泌する汗腺（汗腺口）が並んでいる。指紋におけるマニューシャと同じように，汗腺の配置パターンにより個人識別を行うのが汗腺認証である[37]。

汗腺からの発汗と脂分が混ざり，指が触れた場所や物に指紋や汗腺の配置パターンが残る。犯罪捜査においては，マニューシャと同様に汗腺の分布も本人同定に用いられている。

2.10.2　キーストローク

PCなどのキーボードを打つパターン，テンポには個人の癖（個人性）があるといわれている[38]。キーを押している時間，次のキータイプまでの間隔，タイピングエラー頻度などのさまざまなキータイプ動作を測定対象として，個人識別を行うものである。既存のキーボードが入力装置となるため，特別なハードウェアを必要としない。キーストロークの登録には，繰り返しキーを打つ必要がある。

キーストローク認証方式としては，パスワードなどのあらかじめ定められた入力に対して，ニューラルネットワークを利用したパターン認識によりキーストロークを分析するもの，任意のテキスト入力からシステムが継続的に統計量を求め，タイプ結果を分析するものがある。

2.10.3　匂い

ボラタイル（volatiles）と呼ばれる化学製品が人物の匂いを区別できることを利用し，多くのセンサが開発され実証実験が行われている。スロバキアとスペインの研究チームによる研究では，体臭による個人識別に85％の確率で成功した。体臭の化学パターンは，疾病や食事，あるいは消臭剤や香水といった要素による影響を受けないという[39]。

参考文献

◆2.1節

[1]溝口正典，原雅範：指紋掌紋の照合技術，NEC技報，Vol.63，No3，pp.18-21（2010）

[2]瀬戸洋一：サイバーセキュリティにおける生体認証技術，共立出版（2002）

[3]画像電子学会 編，星野幸夫 監修：指紋認証技術，東京電機大学出版局（2005）

◆2.2節

[4]M. Sharif, F. Naz, M. Yasmin, M.A. Shahid, A. Rehman：Face Recognition: A Survey, Journal of Engineering Science and Technology Review, Vol.10, No.2, pp.166-177（2017）

[5]M. Wang, W. Deng：Deep Face Recognition: A Survey, arXiv:1804.06655v5（2018）

[6]I. Goodfellow, Y. Bengio, A. Courville 著，岩澤有祐，鈴木雅大，中山浩太郎，松尾豊 監訳：深層学習，KADOKAWA（2018）

[7]日本顔学会 編：顔の百科事典，丸善出版（2015）

◆2.3節

[8]清水孝一：光による生体透視―光CTと生体機能イメージングの可能性―，病態生理，Vol.11，No.8，pp.620-629（1992）

[9]三浦直人，長坂晃朗，宮武孝文：線追跡の反復試行に基づく指静脈パターンの抽出と個人認証への応用，信学論，Vol. J86-D-II，No.5，pp.678-687（2003）

[10]Kim Bowers 著，石渡功（伯東株式会社）訳：Automated Positive Identification via Retinal Recognition, Eyedentify Inc.

[11]Western Calorina University AIDC Biometric Web Site
URL：http://et.wcu.edu/aidc/BioWebPages/Biometrics_Home.html

[12]森原隆：安全性と利便性を両立する静脈認証技術，情報処理，Vol.51，No.12，pp.1555-1561（2010）

[13]富士通：オールインワン型の手のひら静脈認証装置「PalmSecure Connect」を新発売
URL：http://pr.fujitsu.com/jp/news/2018/02/13-2.html

[14] 富士通フロンテック：入退室向け手のひら静脈認証装置「PalmSecure Connect for Gate」を新発売
URL：http://www.fujitsu.com/jp/group/frontech/resources/news/press-releases/2018/0418.html

[15] 富士通フロンテック：手のひら静脈認証センサー「PalmSecure」が累計販売台数100万台を達成
URL：http://www.fujitsu.com/jp/group/frontech/resources/news/press-releases/2018/0531.html

◆ 2.4節

[16] J. Daugman 他：Biometrics - Personal Identification in Networked Society, pp.103-121, Kluwer Academic Publishers（1999）

[17] J. Daugman：虹彩解析に基づく生体測定学的人物識別システム，特表平08-504979，1996年5月28日

[18] バイオメトリクスセキュリティコンソーシアム 編：バイオメトリックセキュリティ・ハンドブック，オーム社（2006）

◆ 2.5節

[19] 積山薫：視覚と聴覚の接点，日本音響学会誌，Vol.54，No.6，pp.450-456（1998）

[20] 篠原克幸：耳介による個人認証，エレクトロニクス，Vol.45，No.3，pp.14-15，オーム社（2000）

[21] 篠原克幸：耳介画像による個人識別（耳介の個人性についての調査），映像情報メディア学会技術報告，Vol.21，No.42，pp.67-72（1997）

◆ 2.6節

[22] Rejean Plamondon, Ching Y. Suen, Marvin L. Simner：Computer Recognition And Human Production of Handwriting, World Scientific（1989）

[23] 田吹隆明：電子サイン認証の新潮流，エレクトロニクス，Vol.45，No.3，pp.38-40，オーム社（2000）

[24] 川村聡典：サイン認証はどこまで可能か？，エレクトロニクス，Vol.45，No.3，pp.41-42，オーム社（2000）

◆ 2.7節

[25] 古井貞煕：音声情報処理，森北出版（1998）

[26] 中川聖一：確率モデルと音声認識，電子情報通信学会（1988）

[27] 古井貞熙：ディジタル音声処理，東海大学出版会 (1985)

◆2.8節

[28] T.A. Brown 著，村松正實 監訳：ゲノム，メディカル・サイエンス・インターナショナル (2000)

[29] 中込弥男：DNA多型入門，生物の科学 遺伝，Vol.50，No.8，pp.16-23，裳華房 (1996)

[30] FBI：Combined DNA Index System (CODIS)
URL：https://www.fbi.gov/services/laboratory/biometric-analysis/codis

[31] Parabon NanoLabs：Parabon® Snapshot® DNA Analysis Service
URL：https://snapshot.parabon-nanolabs.com/#phenotyping

[32] GEDmatch
URL：https://www.gedmatch.com

◆2.9節

[33] M.S. Nixon，T.N. Tan，R. Chellappa：Human Identification Based on Gait，Springer-Verlag (2006)

[34] 槇原 靖，村松 大吾，八木 康史：歩容による高精度個人認証技術の開発，高精度化する個人認証技術，pp.181-191，NTS出版 (2014)

[35] Y. Makihara，D.S. Matovski，M.S. Nixon，J.N. Carter，Y. Yagi：Gait Recognition: Databases, Representations, and Applications，pp.1-15，John Wiley & Sons, Inc. (2015)

[36] G. Ariyanto，M.S. Nixon：Marionette mass-spring model for 3D gait biometrics，Proc. of the 5th IAPR International Conference on Biometrics，pp.354-359 (2012)

◆2.10節

[37] iPhone Mania：顔認証の次は「汗」認証！？「指紋や顔認証よりも精度高い」と研究者
URL：https://iphone-mania.jp/news-193844/

[38] 生体認証活躍中：キーストローク認証
URL：http://biometrics-active.net/riyou/keystroke/

[39] 日経 xTECH：体臭で生体認証，スペイン研究チームのレポート
URL：https://tech.nikkeibp.co.jp/it/article/COLUMN/20140218/537542/

タイの女性の静脈認証はコツがいる?!

2000年代初頭，タイ・バンコクで生体認証技術やシステムをいろいろな業界の方に紹介する機会がありました。タイは自動車や食料など日本企業の進出も多く，東南アジアで最も重要な貿易相手国のひとつであることはいうまでもありませんが，こと生体認証などの最先端の技術については，先に情報が入ってくるのはどうもヨーロッパからのようです。

タイはその地の利，また歴史的にもヨーロッパとの交流は深く，（2004年末に起こったスマトラ沖地震・大津波でもヨーロッパからの観光客が多数犠牲になられたことからもわかります）タイ人の生体認証のイメージは欧州企業からの指紋認証技術一辺倒であったのが印象的でした。

背景はいろいろとあるようです。熱帯かつ湿潤な気候のため，指紋が採取できない，読み取れないといった問題がさほど大きくない点，（強力なタクシン政権の求心力からでしょうか）国民IDにも抵抗がなく，指紋そのものに抵抗がない点などです。また，質屋を利用する場合には，個人の保証として指紋を登録します。

生体認証＝指紋という印象の強い人たちに，指静脈技術という日本で当時ホットだった技術を主に空港の関係者，航空会社の地上スタッフ等に試してもらい，約1か月にわたって実証実験を行いました。指静脈が各個人で異なるということから説明を始め，技術的な原理，認証機器の説明，取り扱い方法など，全くゼロからの紹介でしたが，タイとしては初めての技術という珍しさもあり，また日本で発生していた磁気ストライプのキャッシュカードによる不正引き出し事件がタイでも多発していたため，日本の金融機関でデファクトスタンダードになりつつあると説明すると，大変な関心を示してくれました。

さて，今回実験を行った対象は航空会社の地上スタッフが大半を占め，特に女性が多くて，指静脈認証を試してもらうのに，予想外の苦労がありました。右手中指を登録と認証に使うのですが，多くの女性が緊張のあまりか指に力を入れて反っている（ように見えた）のです。認証はもちろん，登録時と認証時で同じ状態が再現できれば問題ないわけですが，指導しているほうとしては，"Please Relax"と話しかけ，指の「反り」を少しでも

直してもらおうとしました。

　しかしなかなか相手に通じない。「簡単な英語なんだけど」と思いながらも，困っていると，タイ人のスタッフから，「タイの女性は指をスラリと美しく見せるため，小さい頃から指を曲げて反らす習慣がある」とのこと。全員が全員ではないのですが，さすがにお客様商売をやっておられる方たちなので，美意識は高いようで，結構な数の方がスラリと反った指をしていた印象です。

　指の置き方に少し工夫をお願いして，結果的に問題はなくなりましたが，今後日本から技術やシステムを海外に向けて売り込んでいく場合，利用者の生活習慣や嗜好などを理解し，特に相手国の女性を意識することは製品の開発や改良において重要なポイントになると感じました。

　生体認証も，女性が「使いたくない」というと普及は難しいはずです。やはり女性が消費の鍵を握っているんですね。（尼子大介）

3章

生体認証モデル

3.1　生体認証モデルにおける基本的な性質

本書では「バイオメトリック認証」は生体認証で統一をとるが，本章では，指紋や静脈などのモダリティを示す場合はバイオメトリクス，認証だけでなく識別，追跡技術を意味する場合はバイオメトリック技術という表現を用いる。

3.1.1　認証・識別・追跡

従来，バイオメトリクスの機能として，以下の2つがある[1]。

1　識別 (Identification)

主に法執行機関が使う利用方法である。つまり，提示されたバイオメトリックサンプルが含まれている可能性の高い包括的なサンプルデータベースが必要となる。このサンプルデータベースの登録件数が多ければ多いほど，効果的な識別システムとなる。例えば，警察関係のAFIS (Automated Fingerprint Identification System) が相当する。識別においては，他人受入誤差よりも本人拒否率を優先する。AFISにおける識別機能をPositive Identificationとも呼ぶ。

一方，ウオッチリスト（Watch List）は，識別の一種であり，提示されたバイオメトリックサンプルの所有者がこのデータベースにすでに登録されているか判別する。例えば，政府の福祉サービスにおける受給対象者の重複防止確認などがある。このような福祉サービスシステムにおける識別機能をNegative Identificationとも呼ぶ。

2　認証 (Verification)

提示されたユーザ名が本当にその人のものであるかどうかを確認すること。金融ATM，PCやスマートフォンなどの利用者確認に利用されている。認証とは，相手が意図した人であることを確認すること（なりすましを防ぐこと）であり，セキュリティを実現するうえで，必要不可欠な技術である。

本人認証について整理すると，**表3.1**のように3種類がある。

どの認証方式が優れているかは一概にはいえないが，個人を同定できる究極の方式として生体認証技術が注目されている。

今後は，**図3.1**に示すように，下記の機能が追加される[2]。

3　追跡 (Tracking)

追跡はバイオメトリクスの新たな機能として注目されている。9章で紹介す

表3.1 本人認証の方法と製品の導入基準

要件 ＼ 方法	本人の所有物 磁気カード，ICカード，証明書など	本人の知識 パスワード，電子署名	本人自身の属性 身体的特徴（指紋，虹彩），行動的特徴（署名，声紋）
安全性	・照合精度が高く，認証が確実 ・偽造，盗難などによる悪用が困難 ・無害 ・経年変化しない	・紛失・盗難・偽造の恐れあり	・忘失の恐れあり ・パスワードの管理方法によっては，第三者に盗難される恐れあり	・精度の比較的高いものがある ・偽造が困難
経済性	・費用が保護すべき利益に見合う	・ICカードは将来低価格化	・記憶によるので無償	・現時点では他の方法に比べ高価 ・適用対象に合わせて選択
簡便性	・操作が簡単 ・認証時間が短い ・携帯性がある	・ICカードなどの読み取り装置への挿入	・キーボードなどにより文字，数字を入力	・登録に時間を要する ・現時点では携帯性に問題あり
社会的受容性	・違和感，抵抗感を感じさせない	・通常の社会生活で行われている行為	・通常の社会生活で行われている行為	・指紋は抵抗感があるなどの問題あり

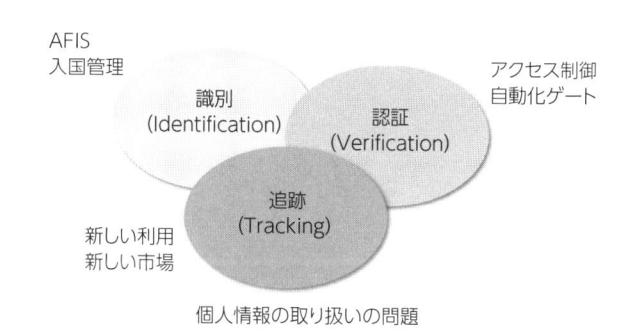

図3.1 バイオメトリクスの機能と市場

る店舗情報におけるマーケティング分析事例，店舗に設置したカメラの情報から取得した来場者情報とPOS（Point Of Sale system）などで取得した購買情報をもとに，購買者の傾向分析ができる。さらに，複数のカメラをネットワークを介し活用することにより，店舗動線，店内滞留時間，非購買者情報の取得も

可能となり，マーケティング分析に活用できる。取得した来場者情報と他のデータ（気象，広告，交通，SNSなど）とを組み合わせることで，店舗内では把握できなかった顧客の来場に至る背景を把握できる。

　追跡利用においては多数の個人情報を収集する。統計データや個人の非特定のデータを利用するが，バイオメトリクスデータに対するプライバシー性の見解を明確にしておく必要がある。

||| 3.1.2　基本的な性質

本人認証に利用されるバイオメトリクスは，以下の性質を持つ必要がある[1]。

1. **普遍性** (universality)：誰もが持っている特徴
2. **唯一性** (uniqueness)：万人不同，本人以外は同じ特徴を持たないこと
3. **永続性** (permanence)：終生不変，時間の経過とともに変化しないこと

現状の生体認証技術では，上記の性質が経験的に実証されているものもあれば，かなり曖昧に使われているものもある。

　装置で処理されるバイオメトリクスは，一般に短期および長期に身体の状況が変化している。また，身体情報を取得する環境条件にも変動があり，数々の変動要因がある。例えば，声紋における，成長するうえでの声変わりや老化による声質の変化，センサの性能，伝送系の帯域，周辺ノイズなどにより，認証精度はかなり異なるといえる。

　声紋認証の精度には，話者による大きな偏りがあり，誤認識の分散がきわめて大きい，一部の話者によって全体の認証性能が決まってしまうことが，よく知られている。このような現象は「Sheep and Goats現象」と呼ばれる[3]。

　実際のシステムでは，話者による誤認識率の違いがカタログ値の10倍にもなることがあり，全話者の平均値だけではなく，認識が特に難しい話者の誤認識がどの程度抑えられるかが重要である。

　特殊な話者を次のように呼び，これらの話者を統計的に検出する方法が研究されている。

1. **Sheep (羊)**：誤認識の少ない大多数の話者
2. **Goats (山羊)**：誤認識のきわめて大きい一部の話者
3. **Lambs (子羊)**：他人が真似しやすい声の話者
4. **Wolves (狼)**：他人の声の真似が得意な話者

Sheep（羊）は最も問題のない話者で，通常，話者集団の大部分を占める。実

験に用いた話者数が少なく，たまたまこのような話者だけから構成されていると，思いのほかよい認識率が得られることになる。ところが実験の規模を拡大していくとGoats（山羊）が含まれるようになり，話者数としてはわずかな割合であっても，平均認識率を大きく下げる。同じ日の声の比較では大きく変動しない，静かな理想的な環境では大きな変動がない，あるいは変動が顕著に現れないので，実用を目指した実験では注意が必要である。さらに，本人の音声を拒否しないようにしきい値をゆるく設定すると，他人の音声も拒否しにくくなり，受け入れやすくなってしまうので，何らかの対策が必要になる。

　Lambs（子羊）はGoats（山羊）に対するしきい値をゆるめることによって生じるのが一般的であり，Goats（山羊）と同じ話者になることが多い。

　Wolves（狼）の認証精度に対する影響はさらに研究が必要である。声帯模写者でも声の質をそっくりに真似ることは難しい。主として話し方のくせを真似しており，声の質に関する特徴を用いている声紋認識システムには影響が少ない。このため，プロの声帯模写者がコンピュータによる声紋認識を容易に破ることはないと考える。

　声紋認証だけでなく，同様の行動的特徴を用いる動的署名認証などに関しても上記の考えを適用できる。バイオメトリクスのセキュリティに関しては7章で詳述する。

3.2 ● パスワードモデルと生体認証モデルの比較

1　概要

　本人認証の代表的な方法であるパスワードとの比較で，生体認証技術の問題点について述べる[1]。

　図3.2に示すように，パスワードモデルにおける認証は，キーボードからのデータの入力と事前に登録したパスワードの文字列（数列）との比較により行う。パスワードモデルにおける誤差要因としては，入力時における勘違いやタイプミスがある。判定は入力されたデータと蓄積パスワードとの文字列照合で行われる。したがって，誤差は，いくつかの文字が一致しない場合に生じる確定的なものである。

　一方，生体認証モデルにおける認証は，センサからのデータ入力，特徴抽出

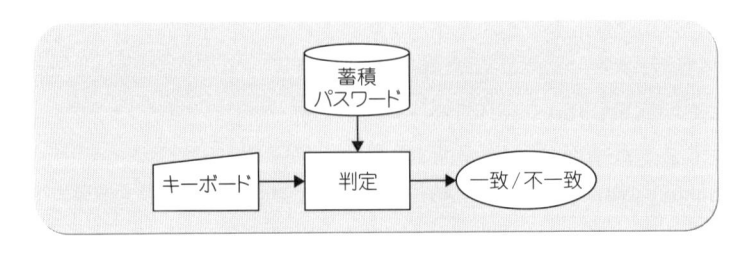

図3.2　パスワードモデル

などの前処理の後，事前に登録しておいた身体情報（テンプレートデータという）との照合処理により類似度を算出する。類似度とは入力データがテンプレートデータにどれだけ似ているかを表す。

　特徴空間での尺度である類似度が，事前に設定したしきい値以上の場合は一致，以下の場合は不一致と判定する。

　バイオメトリクスによる認証は，一次元（例えば声紋）あるいは二次元（例えば指紋）の入力データに対するパターンマッチング処理が基本であり，これに起因する統計的な誤差が生じる。

　例えば入力装置において，入力における環境条件，つまり，人間の身体的（例えば，指の湿気具合）もしくは行動的な変化（例えば，風邪をひいたときの声質の変化），特徴抽出においては，入力データに対するアルゴリズム対応性（例えば声紋において，どの程度の周辺ノイズに対応可能か）に起因する誤差，照合判定においては，設定するしきい値により，同一人物が入力した場合でも，結果が同じになることは保証できないという問題がある。

２　基本的処理フロー

　生体認証モデルにおける認証処理は**図3.3**のようになる。

1. **データ入力機能**：ユーザが提示した生体情報をシステムに取り込む入力センサ機能。

2. **特徴抽出機能**：特徴抽出機能は，前処理機能と特徴抽出機能を分ける場合もある。

   (a) **前処理**　システムに取り込んだ身体データから，判定処理に不要な環境要因の除去処理や保管したテンプレートとの比較判定を効率よく行うため，空間的位置や大きさ，時間的な変化などを正規化する処理。

   (b) **特徴抽出**　前処理によって環境要因の除去や正規化を行ったデータよ

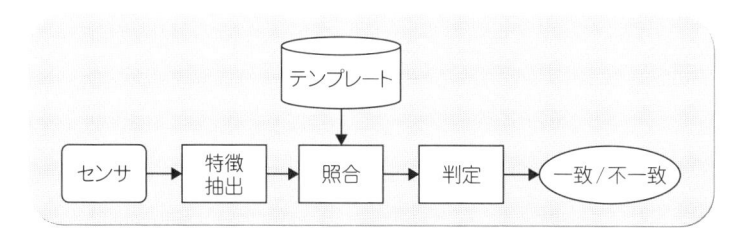

図3.3　生体認証モデル

り，判定処理に必要な個人の特徴を抽出する処理。

3. **判定機能**：登録テンプレートデータと入力データの特徴量の類似性を照合比較し，所定の判定水準を超えたか否かで，本人であるか他人と見なすか同定を行う処理。

判定水準の決定はアプリケーションにより異なり，ポリシーのもとに決定するしきい値でコントロールされる。

4. **登録データ保管機能**：本人認証を行う者の身体データを特徴量の形で事前に特徴抽出処理し，システムに保管しておく機能。

認証機能として重要なのは項目**2**の特徴抽出機能であり，同一の身体情報を用いた認証技術であっても複数の方法（アルゴリズム）が存在する。また，項目**3**の判定基準（しきい値）の設定には，実際の運用ノウハウが必要であり，性能を決める重要な因子である。

3.3 サーバ認証モデルとクライアント認証モデル

図3.4および**図3.5**に示すようにバイオメトリック情報の保管および照合処理の関係により2つのモデルがある[1]。

◾ サーバ認証モデル

バイオメトリクスは集中管理し，検索エンジンを用いて高速認証するモデルである。登録および認証のフローを簡単に述べる。

(a) **登録処理**

① センサで入力したバイオメトリクスと氏名などの個人情報を認証サー

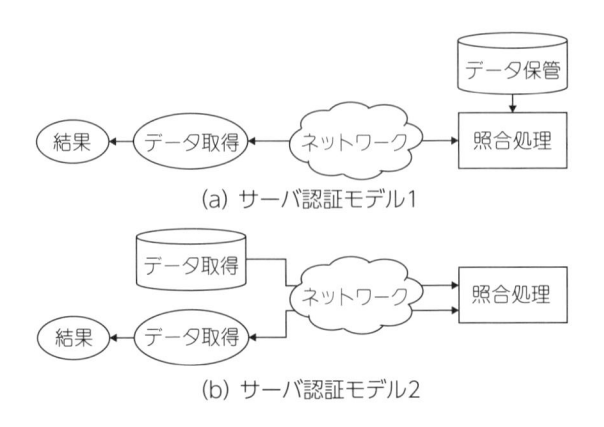

(a) サーバ認証モデル1

(b) サーバ認証モデル2

図3.4　サーバ認証による生体認証モデル

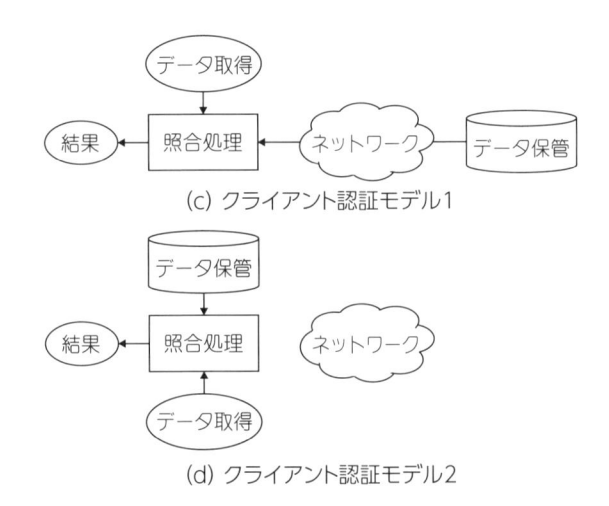

(c) クライアント認証モデル1

(d) クライアント認証モデル2

図3.5　クライアント認証による生体認証モデル

　バに転送する。

② 　認証サーバで与信を行う。

③ 　与信の結果，問題ない場合は，個人情報，ID情報，特徴量を登録する。登録した特徴量をテンプレートとする。

(b) **認証処理**

① 　クライアント端末よりID情報およびセンサで入力したバイオメトリ

クスを認証サーバに転送する。

② 認証サーバで転送されたデータの認証処理を行う。

③ 認証結果が妥当ならばアプリケーションを駆動する。

　クライアント端末と認証サーバ，認証サーバとアプリケーションの間におけるデータ転送は，機密性および完全性の観点から暗号化およびデジタル署名処理を行う。本件はクライアント認証におけるデータ転送でも同様に必要である。サーバ認証方式のメリットは，クライアント端末の処理負荷を軽減およびコストの削減にある。一方，デメリットは，利用者数が多くなった場合，ネットワーク負荷およびサーバ負荷が大きくなる。また，個人情報の一括管理を行うため，その管理体制が重要となる。

❷　クライアント認証モデル

　例えばIC カード内にバイオメトリクスを管理し，端末側でIC カードの利用者認証を行うモデルである。登録および認証のフローを簡単に述べる。クライアント認証モデルは認証結果を端末側で管理するため，アプリケーションの駆動はクライアント端末から行うのが基本である。

(a)　登録処理

① センサで入力したバイオメトリクスと氏名などの個人情報を認証サーバに転送する。

② 管理サーバで与信を行う。ここまではサーバ認証モデルと同じであるが，以下の処理が異なる。

③ 問題ない場合はテンプレートをクライアント端末に転送しクライアント端末で保管する。個人情報，ID 情報，特徴量はシステムの安全性を確保するため，管理サーバで保管する。テンプレートデータには，認定された管理サーバで特徴抽出した旨の情報を埋め込む。また，テンプレートはクライアント端末の中，例えば，PC のハードディスクに保管する。より高セキュリティに管理する場合は，IC カードなどの耐タンパ性のある媒体に保管する。

(b)　認証処理

① クライアント端末のセンサで入力したバイオメトリクスをクライアント端末で処理する。この場合，利用するテンプレートが正しい管理サーバで処理されたものであるか，管理サーバに問い合わせることも有効である。

② 認証結果が妥当ならばアプリケーションを駆動する。

　クライアント認証方式のメリットは，認証サーバを設ける必要がなくコスト低減できる点と，個人情報は個人で管理するという利用者の受容性が高い点にある。また，バイオメトリクスが盗難にあっても，システム全体に波及しないというメリットもある。一方，デメリットは，クライアント端末の処理負荷が高く端末コストが高くなる点である。

どちらのモデルが優れているかは，一概にはいえないが，利用者受容性，脅威対抗性，システム構築のしやすさなどを考慮し，アプリケーションごとに，導入の際に評価する必要がある。

3.4 ● ICカードと連携した認証モデル

　アプリケーションからICカードの正当性を確認するには，暗号技術を用いた認証方式で行う。しかし，これはICカードや端末の正当性を認証するもので，ICカードの所持者の正当性を確認していない。このため，ICカードの所持者の認証は身体情報を用いて行う。つまり端末からICカードの正当性の認証と，ICカードから持ち主の正当性の認証という，2段階の認証構成を採用している。

　図3.6に示すような身体情報を用いたICカード持ち主認証技術の実現方法は，国際標準の対象となっている[4]-[6]。

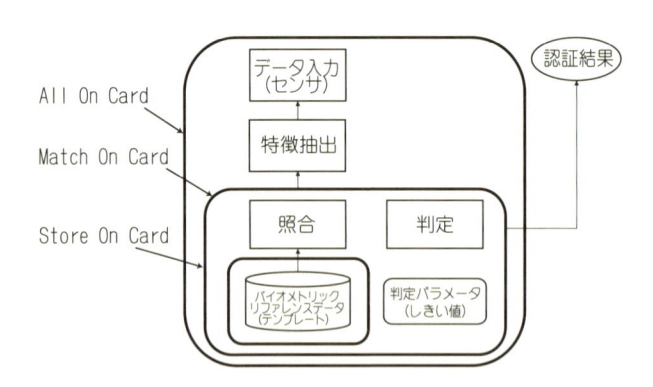

図3.6　ICカードへのバイオメトリクス実装のスキーム

1. **Store On Card (SOC)**：Stored Template 型とも呼ばれる。テンプレートを IC カードに保管しておき，テンプレートと新たに入力した指紋を IC カードの外部処理装置（例えば PC）で照合する。電子パスポートなど社会 ID タイプのシステムに適用される。

2. **Match On Card (MOC)**：Embedded Process 型とも呼ばれる。テンプレートの保管および照合処理を IC カード内で行う。このため，テンプレートデータが外部に漏れず，安全性の高いシステムを構築できる。

3. **All On Card (AOC)**：MOC と同じくカード上で判定する。テンプレートデータが外部に漏れない安全な方式である。また，バイオメトリック入力センサもカード上に実装され端末の構築負荷が軽減されるが，IC カード自体のコストがかかるのと，センサ電源の供給などの問題があり，実用的とはいえない。

3.5　FIDO多要素認証基盤

FIDO（Fast IDentity Online）と呼ばれる FIDO Alliance が開発した多要素認証基盤がある。本技術は前述の暗号や IC カードなどと関係する[7]。

図3.7に示すように，生体情報はクライアントデバイスで安全に保管し，耐タンパ性のある装置で認証処理を行う。この結果をもとに秘密鍵を解錠し，公

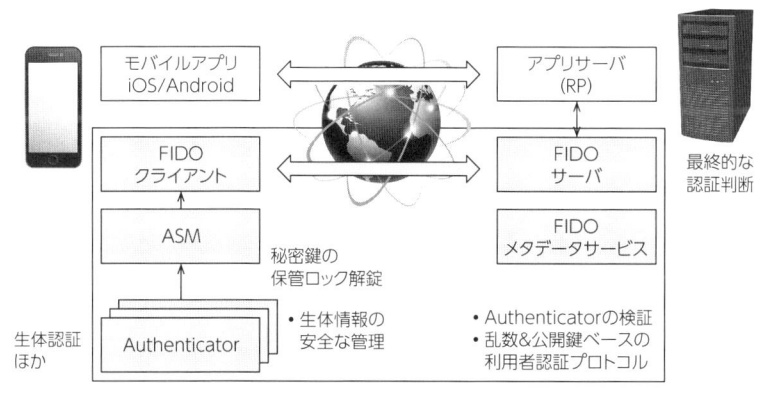

図3.7　FIDO多要素認証方式[8]

開鍵認証プロトコルによりサーバ側で本人認証を行うものである。詳細は8章で紹介する。

3.6 ● 生体認証の誤差とは

生体認証における精度は，有意性検定法の誤差（エラー）により定義される[1]。
- タイプⅠエラー（本人拒否率）
- タイプⅡエラー（他人受入率）

タイプⅠエラーが高いと利用者のフラストレーションを引き起こし，タイプⅡエラーが高くなると詐欺が生じやすくなる。タイプⅡエラーはタイプⅠエラーに比べ1桁から2桁小さくするのが一般的である。

指紋による本人認証による誤差を例に述べる。**図3.8**の横軸は照合処理における類似度，縦軸は頻度を表す。2つの分布曲線は，それぞれ同一のデータを照合した場合と，異なるデータを照合した場合の類似度分布を示す。類似度は右にいくほど大きくなる。これは，比較する2つの生体認証における特徴量が一致している度合いが増えることを意味する。

2つの類似度分布曲線が重なっておらず，しきい値を重なりのないところに設定すれば，原理的に誤差はゼロになる。しかし，現実には2つの分布曲線が重なり合っていることが多い。このため認証誤差が生じる。

同一指紋同士を照合した場合の類似度分布hgが却下される場合，つまり，

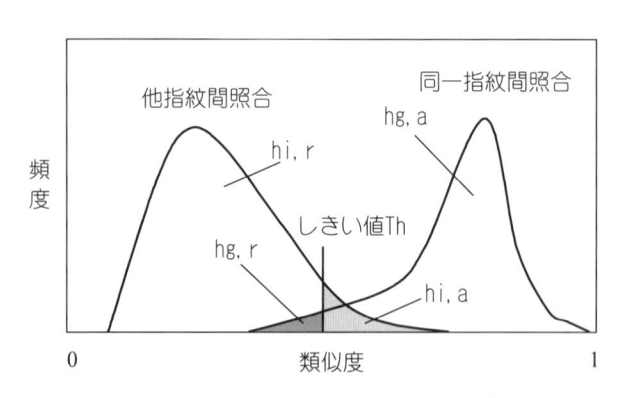

図3.8 生体認証における2つの誤差

分布hg, rに相当する値を本人拒否誤差（あるいは本人拒否率）FRR（False Rejection Rate），異なる指紋同士を照合した場合の類似度分布hiが受理される場合，つまり，分布hi, aに相当する値を他人受入誤差（あるいは他人受入率）FAR（False Acceptance Rate）と呼ぶ。本人拒否率FRRは有意性検定におけるタイプⅠエラー，他人受入率FARはタイプⅡエラーに相当する。

　バイオメトリック技術をセキュリティの分野に展開する場合，パターン認識における誤差だけでなく，セキュリティ的な強度を明確にする必要がある。バイオメトリクスに関するセキュリティ強度は暗号技術などで使われている総当り攻撃に対する情報空間で表すが，その方法としては，2つある。

- FARから算出する平均攻撃空間[9]
- 指紋特徴点への総当たり攻撃[10]

セキュリティ強度に関しては，本書で扱う範囲を越えているので，さらに詳細を学習したい場合は，文献[1],[10]を参照されたい。パターン認識精度とセキュリティ精度の関係は，現在重要な研究テーマのひとつであり，実利用においてシステムの認証精度とセキュリティ精度の観点から要求仕様を明確に把握する必要がある。

3.7　マルチモーダル生体認証技術

　マルチモーダル生体認証技術とは，指紋，署名，顔，声紋などのバイオメトリクスを2つ以上用い，各バイオメトリクスの照合結果を用いて，融合判定により総合的に個人の識別を行うものである。複数のバイオメトリクスを用いるため，単体のバイオメトリクスに比較して本人拒否率や他人受入率などの精度を改善しやすい。そのため，従来単体では精度が不足し，実用が困難であったバイオメトリクスを組み合わせて本人認証システムを構築できる[1]。

　マルチモーダル生体認証を実現するには複数のモダリティの類似度判定にある。これを融合判定という。融合判定の方法として，**表3.2**に示す3つがあげられる。

1. **アブストラクトレベル**：生体認証装置を直列あるいは並列に接続し，それぞれの生体認証装置で得られた判定結果（OK/NG）を判定する方式である。直列の場合，複数の認証結果がすべてOKのときのみ正しいと判定さ

表3.2 融合判定技術

種 別		構 成	備 考	特 徴
OK/NG (アブストラクトレベル)	直列	バイオメトリクスA — バイオメトリクスB	他に, ・重みつき結合 ・多数決 ・ルールベース などの応用あり	・単純で制御容易 ・各身体認証の精度からシステム精度を推定可能 ・FRRとFARのどちらかを選択的に向上
	並列	バイオメトリクスA / バイオメトリクスB		
類似度の相対リスト (ランクレベル)		類似度の相対的なリスト (B₁, B₂) から幾何平均により順位を決定 $g = \sqrt{B_1^2 + B_2^2}$	高速化を目的とした類似度法との組み合わせもあり	・高速な個人識別が可能
類似度 (メジャメントレベル)			分布の推定方法は確立していない	・FRRおよびFARを同時に改善可能 ・精度を統計的に計測可能 ・分布の計測には大規模なサンプルが必要 ・分布をモデル化により推定する手法が研究中

　れる。このため，本人拒否の精度が他人受け入れ精度より優先される。並列の場合は，逆に他人受け入れの精度が本人拒否精度に優先される。実現は容易であるが，類似度の重みづけに配慮が必要である。

2. **ランクレベル**：複数のモダリティで類似度の算術平均や幾何平均を取る方式である。実現は容易であるが，類似度の重みづけに配慮が必要である。

3. **メジャメントレベル**：特徴空間で識別曲線を引き判定する。一番理想的な判定処理が可能であるが，モダリティが増えると識別曲線の次元が増え，数学的に実現することの難度が高くなる。

　いくつかの会社からマルチモーダル生体認証技術が製品化されている[11],[12]。融合判定の研究開発の例としては，精度向上と入力回数の削減を目的にした逐次確率比検定と，ロジスティック回帰に基づく逐次的融合判定アルゴリズムがある[13]。

3.8 ● キャンセラブルバイオメトリクス

システムに保管されたバイオメトリックデータが盗難にあったり，また，Aというシステムで登録されたバイオメトリックデータがBというシステムで登録者の許可なく流用されたりする，つまりクロスリファレンス（cross-reference）を許さないシステムの構築が必要である。

このため，IBMにより，**図3.9**に示すキャンセラブルバイオメトリクスと呼ばれる技術が開発されている[10]。例えば，データ入力時に一方向性関数でデータを変換し，システム内では変換されたデータを用いるという技術である。つまり，そのシステム固有のデータを作るということである。

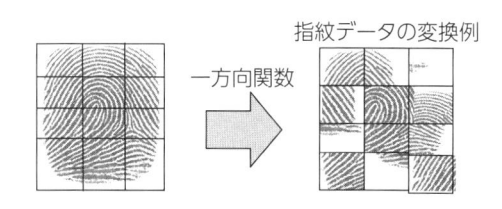

図3.9　キャンセラブルバイオメトリクスの概要

システム内で変換されたデータは他のシステムでは正常に動かないし，もし盗難にあった場合は，別の一方向性関数でデータを生成すればよい。キャンセラブルバイオメトリクスはいわゆるテンプレート保護型生体認証技術であるが，要件として下記の4点があげられている[14]。

1. **Performance**：変換によって照合精度が劣化しないこと
2. **Secrecy**：変換生体情報から元の情報が復元できないこと
3. **Diversity**：複数のアプリに対し，同一の生体情報から複数のテンプレートを作成できること。また，テンプレート間のクロスマッチングができないこと
4. **Revocability**：漏洩したテンプレートを容易に破棄・更新できること

日立製作所は，生体情報を秘密鍵とした公開鍵暗号・署名技術であるテンプレート公開型生体認証基盤（Public Biometric Infrastructure）を提案し，また，指静脈認証サービスとして，認証端末（個人端末）で静脈情報を暗号化し，認

証サーバでは，復号せずに一致不一致照合判定するキャンセラブル指静脈認証を製品化している[15],[16]。九州大学の桜井らは，ブロックスクランブル方式に基づく方式を提案している[17]。

参考文献

［1］瀬戸洋一：サイバーセキュリティにおける生体認証技術，共立出版（2002）

［2］瀬戸洋一：バイオメトリックセキュリティ入門，ソフト・リサーチ・センター（2004）

［3］古井貞熙：音声による本人認証のしくみと技術動向，情報処理，Vol.40，No.11，pp.1088-1091（1999）

［4］ISO/IEC 7816-11:2017 Identification Cards - Integrated circuit cards - Part 11: Personal verification through biometric methods（2004）

［5］S. Ishida，M. Mimura，Y. Seto：Development of Personal Authenticaion Techniques Using Fingerprint Matching Embedded in Smart Cards，IEICE Trans.，INF. & SYST.，Vol.E84-D，No.7，pp.812-818（2001）

［6］Y. Seto：Development of Personal Authentication Systems using Fingerprint with Smart Cards and Digital Signature Technologies，ICARCV 2002，Vol.2，pp.996-1001（2002）

［7］日経 xTECH：ポストパスワードの有力候補，ユーザー認証の新仕様「FIDO」が始動
　　　URL：https://tech.nikkeibp.co.jp/it/atcl/column/14/346926/021300167/

［8］NTTデータ：パスワードレス認証技術　FIDO
　　　URL：http://www.nttdata.com/jp/ja/insights/trend_keyword/
　　　　　2015070901.html

［9］Richard E. Smith 著，稲村雄 監訳：認証技術—パスワードから公開鍵まで，オーム社，pp.169-191（2003）

［10］N.K. Ratha，J.H. Connell，R.M. Bolle：Enhancing Security and privacy in biometrics-based authentication systems，IBM Systems Journal，Vol.40，No.3，pp.614-634（2001）

［11］山田茂史，遠藤利生，新崎卓：マルチモーダル生体認証に向けた手のひら静脈と指紋認証の独立性評価，電気情報通信学会 第1回バイオメトリクス研究会 資料，BioX2012-11（2012）

［12］樋口輝幸：ハイブリッド指スキャナとマルチモーダル生体認証技術，NEC技報，Vol.63，No.3，pp.22-25（2010）

［13］高橋健太，三村昌弘，磯部義明，宇都宮洋，瀬戸洋一：逐次確率比検定とロジスティック回帰を用いたマルチモーダル生体認証，信学論D，Vol.J89-D，No.5，pp.1061-1065（2006）

［14］高橋健太：テンプレート保護と生体認証基盤（2012）
　　　URL：https://www.ieice.org/~biox/limited/2012/002-society/pdf/
　　　　　　BioX2012-23.pdf

［15］比良田真史，高橋健太，三村昌弘：画像マッチングに基づく生体認証に適用可能なキャンセラブルバイオメトリクスの提案，信学技報，Vol.106，No.176，pp.205-210（2006）

［16］高橋健太，比良田真史，三村昌弘，手塚悟：セキュアなリモート生体認証プロトコルの提案，情報処理学会論文誌，Vol.49，No.9，pp.3016-3027（2008）

［17］泉昭年，上繁義史，櫻井幸一：IDベース暗号，生体認証における失効問題についての比較，信学技報，Vol.106，No.176，pp.211-215（2006）

3章

生体認証ビジネスはビンの形

　生体認証技術は基本的に画像処理あるいは信号処理技術からなります。このため，1990年初頭，米国では，大学で画像認証技術で博士の学位を取得した学生が，生体認証に関するベンチャー企業を設立することが多数ありました。つまり，画像処理や信号処理技術者にとって，参入のしやすいビジネスでした。

　初めの頃のビジネスは，単一の生体認証製品のツールキット商売でした。その後，ツールキット商売では儲からず，ライセンスビジネスに進展しました。

　しかし，単一の生体認証製品（例えば，指紋）だけでは実システムへ適用できず，ICカードとの連携，複数の生体認証を用いるマルチモーダル技術が重要となり，その都度，米国では会社の合併が生じました。

　しかし，生体認証技術は，アルゴリズム，精度評価，適用システムのノウハウが重要であり，また，個人認証装置であるため，ビジネスに成功するための狭いビン口から出るようなビジネスの形態といえます。ビン口から出るためには，小型実装の製品化力，適用先アプリケーションに熟知することが必要であり，情報家電メーカ，システムインテグレータが成功をリードするビジネスです。このため，日本の得意な分野のビジネスといえます。（瀬戸洋一）

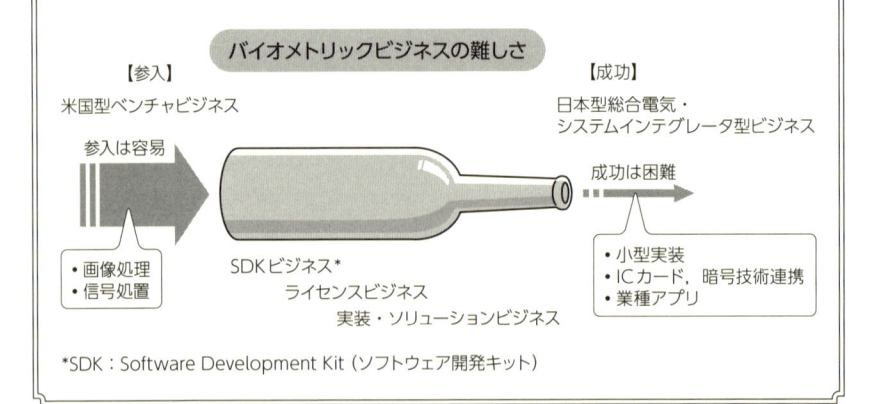

バイオメトリックビジネスの難しさ

【参入】
米国型ベンチャビジネス

参入は容易

・画像処理
・信号処置

SDKビジネス*
ライセンスビジネス
実装・ソリューションビジネス

【成功】
日本型総合電気・
システムインテグレータ型ビジネス

成功は困難

・小型実装
・ICカード，暗号技術連携
・業種アプリ

*SDK：Software Development Kit（ソフトウェア開発キット）

4章

データおよびプログラム
インタフェース

4.1 プログラムインタフェースの動向

　生体認証アプリケーションを開発する際にプログラマは身体情報の取得や登録データの生成，認証などといったさまざまな関数を呼び出す。生体認証技術が登場した当初，このような関数の仕様は生体認証装置のベンダーが独自に決めて提供していた。このためベンダーが変わると生体認証アプリケーションを開発しなおさなければならず，高性能の新製品が登場しても導入するたびにアプリケーション開発が必要ということで普及の妨げになっていた。

　この問題を解決するための方法として，関数仕様すなわちAPI（Application Programming Interface）を統一する活動が行われてきた。代表的な関数仕様は以下の3つである[1]~[3]。

1. **HA-API**（Human Authentication-Application Programming Interface）：アメリカ国防省の依頼を受けてNational Registry社が検討した仕様である。
　1997年にV1.0が公開された後ワーキンググループが結成され，1998年にはV2.0を公開した。最終的にこの仕様は凍結され，ワーキンググループは下記2のBioAPIのための仕様検討活動に統合された。

2. **BioAPI**（Biometric Application Programming Interface）：アメリカを中心とした世界各国の生体認証に関係する企業や団体によって1998年に結成されたBioAPIコンソーシアムが策定した仕様である。
　2000年3月にV1.0を公開した後，さらに内容を充実させたV1.1を2001年3月に公開した。その後，改良を加えたV2.0が2005年に国際標準として発行された。現在最も実績のある仕様である。

3. **BAPI**（Biometric Application Programming Interface）：アメリカI/O Software社が策定した仕様である。BAPIはHA-APIと異なりBioAPIとの統合には向かわなかった。2000年5月，I/O Software社とアメリカマイクロソフト社は将来のWindowsへのBAPI搭載に関する技術提携の発表を行った。

　この3種類の中で国際標準仕様としての地位を確立したのがBioAPIである。BioAPIコンソーシアムは仕様公開と併せてBioAPIのオープンソースをWebサイト上に公開した。このプログラムをダウンロードすることで，BioAPI上のアプリケーション開発や生体認証装置のベンダーが提供するソフトウェアであ

る BSP（バイオメトリックサービスプロバイダ）の開発ができるようになった。2005年の時点で世界各国30社以上の企業がBioAPI対応ソフトウェアを提供した[4]。

　その後2001年9月に起きた米国同時多発テロを契機としてセキュリティの機運が急速に高まり，標準化の動きも加速していった。このBioAPI V1.1は2002年4月にANSI（アメリカ規格協会）に登録された後（登録番号ANSI/INCITS358），生体認証の国際標準化組織であるISO/IEC JTC 1/SC 37で審議され，2005年にBioAPI V2.0として公開されることが決定した（登録番号ISO/IEC 19784-1）[5]。審議の過程で多くの改良・変更が加えられた結果，BioAPI V2.0は関数の種類や関数名，パラメータなど，さまざまな点でBioAPI V1.1（ANSI版）とは異なるものになった。

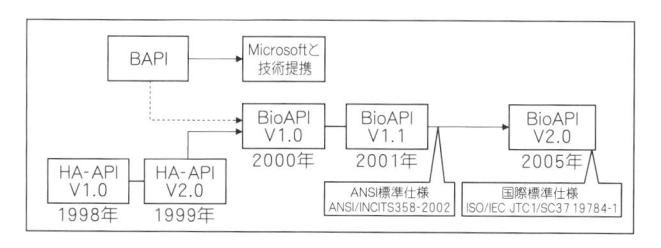

図4.1　プログラムインタフェース仕様策定の経過

　なお，関数仕様の標準化とともに関数の入出力データの構造についても標準仕様が必要となった。この入出力データ仕様にはCBEFF（シーベフ，共通生体認証交換フォーマットフレームワーク）が採用された。CBEFFはNIST（アメリカ国立標準技術研究所）が策定し，2001年1月に登録した仕様（登録番号NISTIR6529）に基づいている。BioAPIと同様に国際標準化組織ISO/IEC JTC 1/SC 37で審議され，仕様改善ののち2005年に国際標準仕様として公開されることが決定した（登録番号ISO/IEC 19785-1）[6]。

4.2　プログラムインタフェース BioAPI の概要

BioAPIは，**図4.2**に示すとおり，アプリケーション，BioAPI本体およびBSP

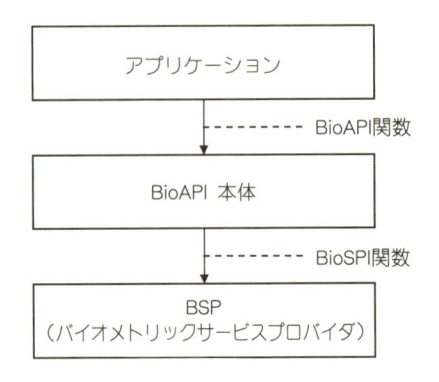

図4.2　BioAPIの構造

の3つの階層で構成される[7]。

　BioAPI本体はBioAPIの関数そのものであり，アプリケーションがBioAPI関数を発行するとここに制御がわたる。BioAPI本体は必要に応じて下位のBSPを呼び出す。

　BioAPI本体がBSPを呼び出す際のインタフェースはBioSPI関数と呼ばれ，これもBioAPI仕様で規定されている。

　BSPは生体認証装置の制御や生体認証アルゴリズムを含んだソフトウェアであり，通常生体認証装置のベンダーにより提供される。BSPは生体認証装置を制御して身体情報を取得したり，身体情報から登録データや照合データを生成したり，1対1照合や1対N照合を実行したりする。生体認証装置を別のものに変えたい場合，BSPもそれに合わせて入れ替える。

　このBSPをさらに詳しく見てみると**図4.3**に示すとおり，BSP関数と呼ばれ

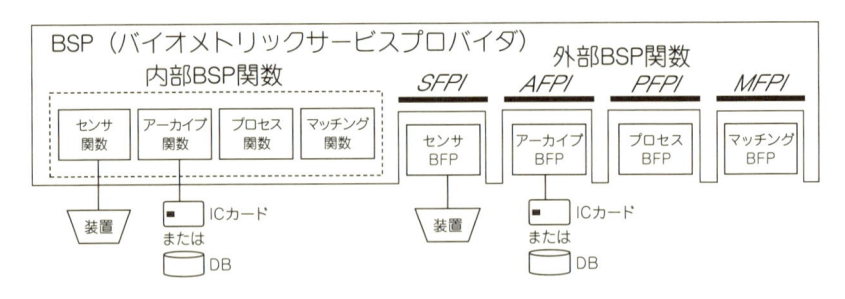

図4.3　BSPの構造

る階層が出てくる。BSP関数とはBSPが提供する機能を2つのグループに分類したもので，それぞれ内部BSP関数と外部BSP関数と呼ばれている。内部BSP関数はBSPの内部に組み込まれた関数であり入れ替えができない。これに対して外部BSP関数はBFP（バイオメトリックファンクションプロバイダ）と呼ばれる交換可能なコンポーネントを呼び出す。

　BFPには装置を制御するセンサBFP，データベースを制御するアーカイブBFP，コード生成を行うプロセスBFP，1対1照合や1対N照合を行うマッチングBFPの4つのプロバイダが考えられている。例えば，BSPがAFPIをサポートしている場合，特定のタイプのICカードをサポートするアーカイブBFPに入れ替えることで異なるICカードに対応することができる。

4.3　データフォーマットCBEFFの概要

　CBEFFは生体認証のデータをやりとりするための共通データフォーマット仕様である。CBEFFで定義される身体情報の最小単位はBIR（生体認証情報レコード）と呼ばれ，BioAPIの関数を呼び出して身体情報を取得するアプリケーションは関数のパラメータとしてこのBIRを取り扱う。BIRは**図4.4**に示すとおりSBH（標準生体認証ヘッダ），BDB（生体認証データブロック），SB（セキュリティブロック）の3つの領域から構成される。

　SBHはBIRのヘッダ部分で生体認証のさまざまな基本情報が定義されている。ヘッダ部分の概要は4.5節で解説する。BDBは個々の生体認証データの中身である。指紋・顔・虹彩など，それぞれのモダリティごとに定義された身体情報が格納される。SBはBIR全体の改ざんや盗聴を防止するための情報である。BIRはSBを持たない場合がある。

　CBEFFのもうひとつの大きな特徴としてパトロンフォーマットがある。CBEFFはゆるやかな規定であり，BioAPI以外にもさまざまな目的で使用できるように

SBH 標準生体認証ヘッダ	BDB 生体認証データブロック	SB セキュリティブロック

図4.4　BIR（生体認証情報レコード）のデータ構造

考慮されている。例えば，ある業界や標準化組織がCBEFFを使用する場合，利用する側でヘッダ部分の構成を決定し専用のフォーマット（これをパトロンフォーマットと呼ぶ）として正規な登録機関であるアメリカIBIA（International Biometric Industrial Association）に登録する。CBEFFのヘッダ部分の各項目は必須項目とオプション項目の2つに分かれており，オプション項目のどれを使い，どれを使わないかを選択することができるようになっている。また，CBEFFは各項目の値も規定していないため，具体的な値の設定はパトロンフォーマットを定義した組織が決めることができる。ISO/IEC JTC 1/SC 37もパトロンフォーマットを定義する組織のひとつである。BioAPI用，電子パスポートなどのICカード格納用，汎用的なXML形式など，広く一般に使用されるパトロンフォーマットは，ISO/IEC JTC 1/SC 37が定義してIBIAに登録している。

図4.5に示すとおり，CBEFFの未確定部分に対して業界や標準化組織が適切な内容を決定し，パトロンフォーマットとして登録する。

現在は，BioAPI用，ICカードに格納可能なTLVフォーマット用，XMLフォーマット用など，さまざまなフォーマットが登録されている。

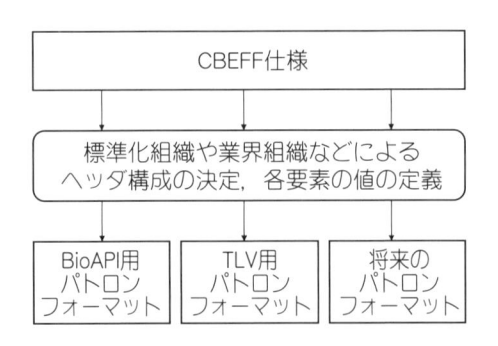

図4.5　パトロンフォーマットの生成

4.4　標準インタフェースがもたらすもの

BioAPIやCBEFFはともに国際標準化作業が2005年に終了した。この仕様に準拠した製品の普及が進むと，これらの標準インタフェースはアプリケー

ション開発者のみならずシステム運用者やエンドユーザにもさまざまな形でメリットをもたらす。以下にその一例をあげる。

1. **BSP提供者**

   - **さまざまなソリューションとの組み合わせが拡大**：BioAPI対応アプリケーションの品揃えが増加することで自社BSPとの組み合わせが増え，市場の拡大とともに，さまざまなビジネス機会が生まれることが期待できる。

   - **段階的な開発が可能**：BSPが提供する機能（BioSPI関数）は必須のものとオプション扱いのものの2種類が存在している。BSP開発者はまず必須の関数のみをサポートし，以後段階的にオプションの関数を開発することができる。

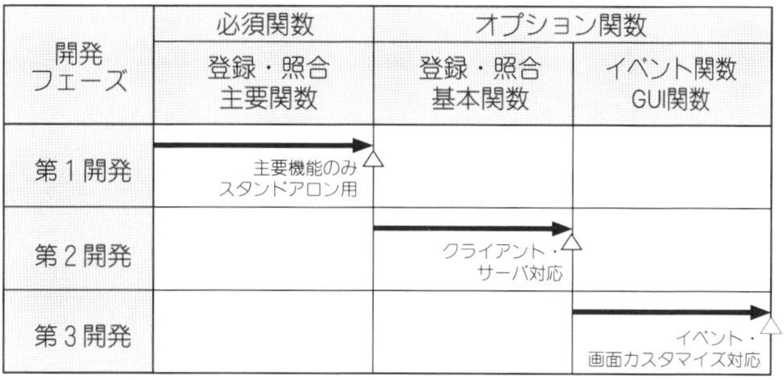

開発フェーズ	必須関数	オプション関数	
	登録・照合主要関数	登録・照合基本関数	イベント関数GUI関数
第1開発	主要機能のみスタンドアロン用 △		
第2開発		クライアント・サーバ対応 △	
第3開発			イベント・画面カスタマイズ対応 △

図4.6　BSPの段階的開発の例

2. **アプリケーション開発者**

   - **開発コストの削減**：どの生体認証技術に対しても1種類の関数仕様を理解すれば開発が可能なため，比較的短時間で開発できるようになる。**図4.7**に示すとおり，BioAPIは個々の生体認証技術のノウハウがなくてもアプリケーション開発ができるよう工夫されている。

   - **他のオペレーティングシステム（OS：Operating System）への移植が容易**：BioAPIは特定のOSから独立した仕様であり，BioAPI本体やBSPを他のOSに移植することが可能である。ANSI標準のBioAPI V1.1の場合，BioAPIコンソーシアムが2005年時点で，以下のOS向けのソースコードをオープンソースとして公開している。

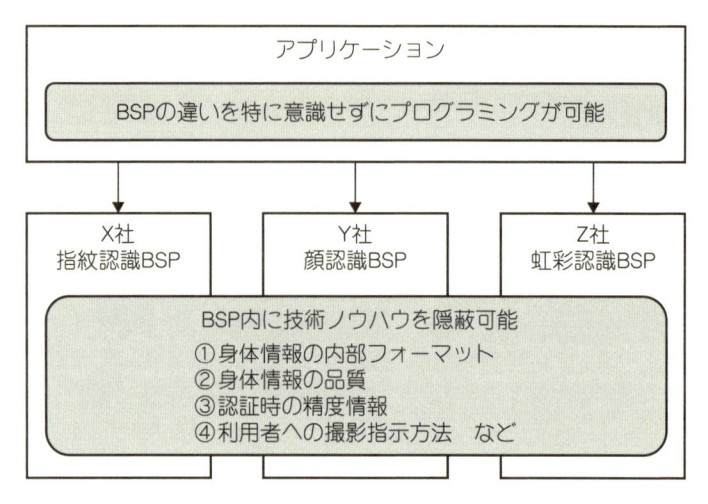

図4.7 個々の技術ノウハウのBSP内での隠蔽

- マイクロソフト Windows
- Unix
- Linux

3. 情報システム推進者

企業や組織の活動の中で情報システムの導入や開発を決定・推進する場合のメリットは以下のとおりである。

- **システム導入価格の低減**：導入時に検討可能な BioAPI 対応アプリケーションや生体認証装置の種類が増えることから，コストパフォーマンスの高い最適な製品の選択が容易になる。

- **既存アプリケーションの流用が可能**：業務アプリケーションを開発した後で，新しい生体認証装置が登場したとしても，そのアプリケーションを流用することが可能である。開発しなおす無駄を防ぎながら最新の装置の導入を進めることができる。

4. エンドユーザ

- **ユーザビリティの向上**：生体認証技術は人によっては使いづらく，求める認証精度が得にくい場合がある。システムの中で選択可能な生体認証装置の種類が増えれば，その中から使いやすい装置を使ってもらうことで，エンドユーザに対するユーザビリティが向上する。

4.5 仕様説明

4.5.1 基本的な処理の流れ

BioAPIアプリケーションの基本的な処理の流れは**図4.8**のとおりである。初期化処理でBioAPI本体やBSPの初期化および接続の確立を行う。続いて生体認証の主要な機能である登録・照合処理を行う。登録・照合のために用意されているさまざまな関数のうち，BioAPI_EnrollとBioAPI_Verifyについては後で述べる。

アプリケーションが終了する際には，初期化処理とは逆にBSPとのセッション切断やアンロードおよびBioAPI本体の終了を行う。

図4.9は登録照合の基本的な流れである。はじめに登録処理において身体情報を取得し登録データ（登録テンプレートともいう）をデータベースやICカードなどの記憶媒体に格納する。次に，照合処理において，この登録データの内

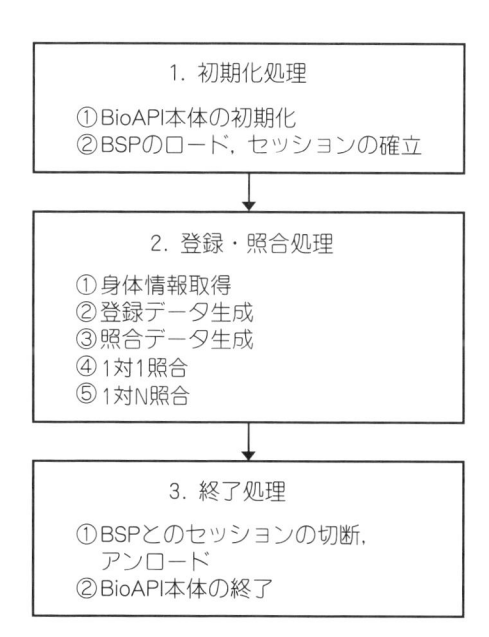

図4.8　アプリケーションの処理の流れ

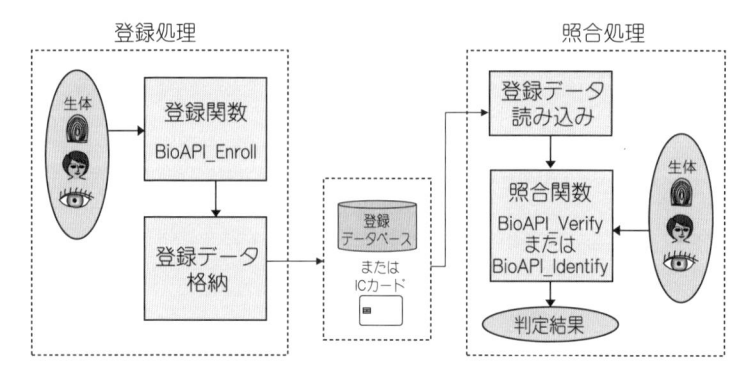

図4.9　登録照合の基本的な流れ

容を取り出し，新たに取得した身体情報と比較する。このときの一致度により本人かどうかの判定結果が返却される。

　BioAPIで登録照合のために用意された代表的な関数は以下のとおりである。

- **BioAPI_Enroll**：生体センサを制御して身体情報を取得し，登録のためのデータ（登録テンプレートともいう）を生成する。
- **BioAPI_Verify**：生体センサを制御して身体情報を取得し，1つの登録データとの間で1対1照合処理を行う。
- **BioAPI_Identify**：生体センサを制御して身体情報を取得し，複数の登録データとの間で1対N照合処理を行う。

4.5.2　生体認証情報レコードの構成

　登録処理や照合処理の際に取り扱われる身体情報は，4.3節で示したBIR（生体認証情報レコード）という形式で扱われる。**図4.10**はBioAPIパトロンフォーマットを用いたBIRである。以下，BIRに格納される各項目の意味について説明する。

1. **標準生体認証ヘッダ (SBH)**
   - **長さ**：BIRの全バイト長。
   - **ヘッダバージョン**：0x'20'（バージョン2.0であることを示す）。
   - **BIRデータタイプ**：暗号化有無，署名有無，BDBの処理レベルなどを示すビットパターンである。
   - **フォーマットID**：BDBの内容を識別するためのID情報で，オーナ情報

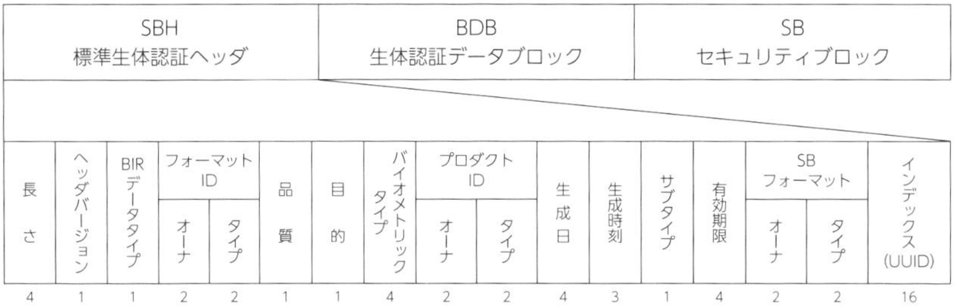

| SBH 標準生体認証ヘッダ | | | | | | | | | | | | | | | BDB 生体認証データブロック | | SB セキュリティブロック |

長さ	ヘッダバージョン	BIRデータタイプ	フォーマットID オーナ	フォーマットID タイプ	品質	目的	バイオメトリックタイプ	プロダクトID オーナ	プロダクトID タイプ	生成日	生成時刻	サブタイプ	有効期限	SBフォーマット オーナ	SBフォーマット タイプ	インデックス (UUID)
4	1	1	2	2	2	1	4	2	2	4	3	1	4	2	2	16

図4.10　BIR（生体認証情報レコード）のデータ構造

とタイプ情報により構成される。フォーマットIDは正規な登録機関であるアメリカIBIAに登録されたものでなければならない。

- **品質**：0から100までの値で，身体情報の品質を表す。ただし，−2は未サポート，−1は未設定を表す。
- **目的**：BIRの目的を表す値。登録・1対1照合・1対N照合・監査など6種類が規定されている。
- **生体認証タイプ**：指紋・顔・虹彩など生体認証技術の種類を示す。
- **プロダクトID**：身体情報を取得した生体認証装置の製品を識別するためのIDである。
- **生成日・生成時刻**：データを生成した年月日，時刻。
- **サブタイプ**：身体情報の左右の別（手，目など），指の種類（親指・人差し指など）。
- **有効期限**：データの有効期限を年月日で表したもの。
- **SBフォーマット**：暗号化や署名のためのID情報。
- **インデックス**：BIRデータベースのインデックス値。
2. **生体認証データブロック（BDB）**：生体認証データ本体である。先頭の4バイトはBDB全体の長さをバイト単位で示す。
3. **セキュリティブロック（SB）**：暗号化や署名に関するデータが格納される。先頭の4バイトはSB全体の長さをバイト単位で示す。

4.5.3　BioAPIの主要関数

本項ではBioAPIの代表的な関数であるBioAPI_Enroll，BioAPI_Verifyについて説明する。

■ BioAPI_Enroll関数

BioAPI_Enroll関数は，身体情報を取得して登録用BIRを生成する関数である。本関数が呼び出されるとBSPは通常コンピュータの画面上に利用者自身で登録するための画面表示を行う。

利用者は画面操作を行いながら登録作業を進める。**図4.11**に虹彩（アイリス）認証BSPの登録画面の例を示す。

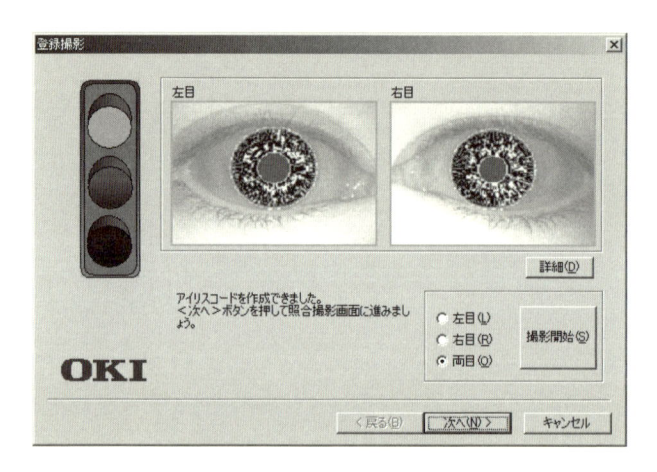

図4.11　BSPの登録画面例

図4.12にBioAPI_Enroll関数を呼び出して登録データを生成する処理の流れを示す。

図の①～⑥の処理について説明する。

① **登録関数呼び出し**：利用者の身体情報を取得し登録BIRを生成するため，生体認証アプリケーションがBioAPI_Enroll関数を呼び出す。

② **BSP呼び出し**：BioAPI_Enroll関数が，BSPの登録BIR生成処理機能を呼び出す。

③ **画面表示**：BSPが画面にガイダンス情報を表示して，生体センサが利用者の身体情報を適切に取得できるように誘導する。

④ **身体情報の取得**：生体センサを用いて利用者の身体情報を取得する。

⑤ **生体情報を生成**：取得した身体情報をもとに，生体認証に必要な特徴情報を抽出し，登録BIRを生成する。

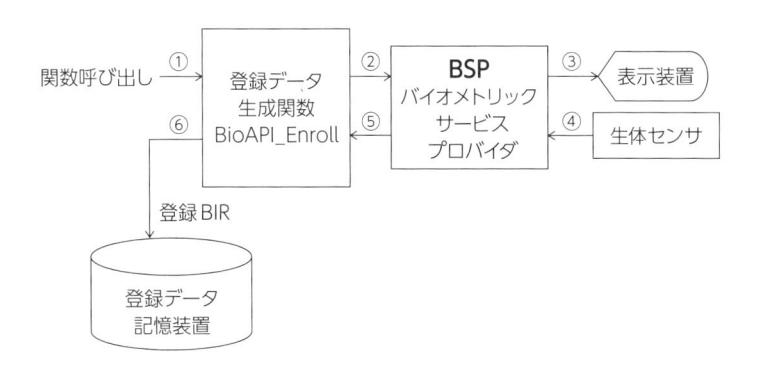

図4.12　BioAPIを用いた登録データ生成処理の流れ

⑥　**登録データを保存**：生成された登録BIRをデータベースやICカードなどの記憶装置に保存する。

このような流れで，利用者の生体データを取得する。

生体センサの制御や登録BIRの生成などの処理はBSPが行うので，生体認証アプリケーションは，BioAPI_Enroll関数を呼び出し（①），処理結果として返された登録BIRを記憶装置に保存（⑥）するだけでよい。

❷　BioAPI_Verify関数

BioAPI_Verify関数は身体情報を取得した後，指定されたひとつの登録BIRとの間で1対1照合を行う関数である。本関数が呼び出されると，BSP自身でコンピュータの画面上に照合用の画面表示を行う。利用者は画面操作を行いながら照合作業を進める。

図4.13にBioAPI_Verify関数を呼び出して1対1照合を実施する処理の流れを示す。

図の①〜⑥の処理について説明する。

①　**1対1照合関数呼び出し**：生体認証アプリケーションがBioAPI_Verify関数を呼び出す。この際に，1対1照合の対象となる利用者の登録BIR（あらかじめBioAPI_Enroll関数を用いて生成し，記憶装置に保存しておいたもの）をBioAPI_Verify関数の入力パラメータとして渡す。

②　**BSP呼び出し**：BioAPI_Verify関数が，BSPの1対1照合処理機能を呼び出す。BioAPI_Verify関数の入力として与えられた登録BIRがBSPに渡される。

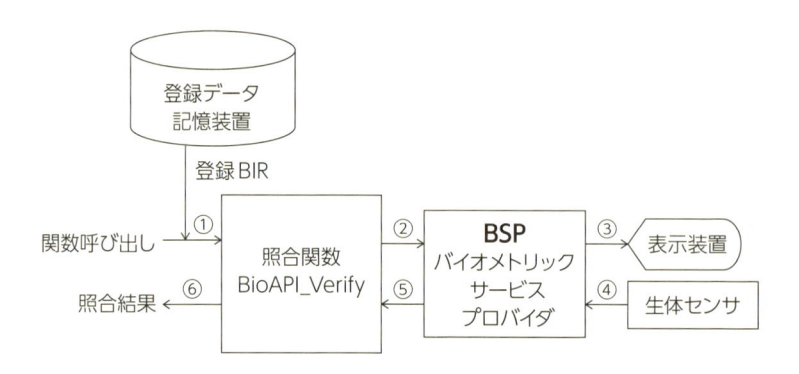

図4.13　BioAPIを用いた照合処理の流れ

③　**画面表示**：BSPが画面にガイダンス情報を表示して，生体センサが利用者の身体情報を適切に取得できるように誘導する。

④　**身体情報の取得**：生体センサを用いて利用者の身体情報を取得する。

⑤　**生体情報を照合**：取得した身体情報をもとに，生体認証に必要な特徴情報を抽出し，照合用BIRを生成する。その後，②で渡された登録BIRと，照合用BIRの照合を行う。

⑥　**照合結果の出力**：1対1照合の結果をアプリケーションに返す。照合結果としては，1対1照合に成功したかどうか（「照合成功」または「照合失敗」の二値情報），および，登録BIRと照合用BIRがどれだけ似ていたかを示す類似度（スコア）を返す。

このような流れで，利用者の生体データを用いた1対1照合を実施することができる。

　生体センサの制御，生体データの生成，BIRの照合などの処理はBSPが行うので，生体認証アプリケーションは，BioAPI_Verify関数を呼び出し（①），照合結果（⑥）を受け取るだけでよい。

4.6　派生仕様の展開

　BioAPIとCBEFFは2005年に国際標準化がいったん完了した。その後，ISO/IEC JTC 1/SC 37では，定期的にBioAPIとCBEFFの改訂作業を進めつつ，

プログラムインタフェースに関連した以下のような仕様が審議され，2018年までに順次発行されてきた。

- **BioGUI** (BioAPI Graphical User Interface)：登録・照合時にBSPが表示する画面の代わりにアプリケーション側で画面を制御するための標準仕様。日本から提案した仕様である。
- **AFPI** (BioAPI Archive Function Provider Interface)：生体データアーカイブBFPのための標準仕様(4.2節参照)。
- **SFPI** (BioAPI Sensor Function Provider Interface)：生体センサBFPのための標準仕様(4.2節参照)。
- **適合性試験**(コンフォーマンステスト)：生体認証製品がBioAPIに準拠しているかどうかを確認するための適合性試験についての仕様。
- **Tenprint capture using BioAPI**：両手の10指の指紋を用いた生体認証をBioAPIで実施するための仕様。米国の入国管理で10指指紋認証が導入されるのに先駆けて仕様策定された。
- **BIP** (BioAPI Interworking Protocol)：TCP/IP (Transmission Control Protocol/Internet Protocol) などを用いてBioAPIをネットワーク上で利用可能にするための仕様。
- **Embedded BioAPI**：組み込み機器向けにコンパクト化したBioAPI仕様。
- **オブジェクト指向BioAPI**：Java，C#などのオブジェクト指向言語向けのBioAPI仕様。
- **BIAS** (Biometric Identity Assurance Services)：生体認証機能をWebサービスとして提供するための仕様。

4.7　今後の動向

ISO/IEC JTC 1/SC 37では，発行済の国際標準仕様について改訂作業や仕様の追加検討を継続的に行っている。2018年現在は，以下のような改訂・仕様追加の審議が進められている。

- **オブジェクト指向BioAPI for C++**：先に規格化が完了したJava，C#に続き，C++向けの仕様が審議中にある。
- **CBEFF Part-3改訂版**：利用頻度の低いパトロンフォーマットを整理し，

拡張性の高い新たなパトロンフォーマットを追加するなどの改善を行った改訂版仕様が審議中にある。

参考文献

［1］バイオメトリクスセキュリティコンソーシアム 編：バイオメトリックセキュリティ・ハンドブック，オーム社（2006）

［2］瀬戸洋一：バイオメトリックセキュリティ入門，ソフト・リサーチ・センター（2004）

［3］瀬戸洋一：サイバーセキュリティにおける生体認証技術，共立出版（2002）

［4］Ruud M. Bolle, Jonathan H. Connell, Sharath Pankanti, Nalini K. Ratha, Andrew W. Senior：Guide to Biometrics, Springer（2004）

［5］ISO/IEC 19784-1:2006 Biometric application programming interface - Part 1:BioAPI specification

［6］ISO/IEC 19785-1:2006 Common Biometric Exchange Formats Framework - Part 1:Data Element Specification

［7］独立行政法人　情報処理推進機構：セキュリティAPIに関する技術調査（2004）

指紋は神が与えた証明書

　日本で指紋を犯罪捜査に使い始めたのは1911年（明治44年）であり，計算機システムで扱うようになったのは昭和50年代です。これは，犯罪者を識別するための利用であり，特殊な利用といえます。

　印鑑の代わりのような利用，つまり認証に使われるようになった時期は正確には不明ですが，平成になってからだと思います。

　1984年（昭和59年）10月10日のサンケイ新聞に当時ソニー名誉会長であった井深大氏が「指紋は天が与えた証明書—もっと気軽に活用しよう—」というエッセイを記しています。

　「あなたがもし，自分を証明するものを何も持たないで交通事故にあったり，不意に病気で倒れたりしたら，どういうことになるか考えてみたことがあるだろうか。（中略）しかし，世界を通じどんな人も同一指紋は絶対にないといわれているところをみると，指紋というものは進化の神の大傑作といわなければならない。この大傑作を，人間がもっともっと利用しなければ嘘である。」

　このエッセイでは，プライバシーの問題もありますが，それを超える社会的な利益があり，社会的な基盤として生体認証システムを構築したほうがよいという論述がされています。これは井深氏の慧眼といえます。

　今，井深氏の指摘したような時代が到来しています。電子パスポート，スマートフォン，銀行のATMなどへの利用について，彼は天国からどのような思いで見ているのでしょうか？（瀬戸洋一）

5章

認証精度と
その測定方法

5.1 認証精度評価の歴史

　米国で1970年代に自動指紋識別システム（AFIS：Automated Fingerprint Identification System）が開発され，州警や市警などの警察機関が個々に調達するようになり，異なるベンダーによるシステムの性能を比較することや，要求性能を有しているかを確認したいというユーザの要求から，精度評価試験方法や評価尺度が標準化されていった[1]-[5],[10]。そして米国国立標準技術研究所（NIST：National Institute of Standards and Technology）を中心とする専門家グループにより米国内での標準化が開始され，その後，国際的な生体認証の標準化活動ISO/IEC JTC 1/SC 37の中で精度評価の国際標準が順次開発されている。

　NISTが実施している生体認証，特に指紋照合の精度評価には以下のものがある[8]。

- FpVTE（Fingerprint Vender Technology Evaluation）2003，2012
- PFT（Proprietary Fingerprint Template Evaluations）2003 〜

　NISTはその後，指紋だけでなく顔や虹彩による照合性能試験も開始した。また，複数ベンダーの製品間で相互運用できる共通特徴量形式の開発やそれを用いた相互運用性の性能評価，照合に用いる部位画像を全体画像から切り出すセグメンテーション処理の性能評価など，さまざまな生体認証に関する性能試験が実施され，近年は動画像での顔認証の性能評価等も行っている。主なNISTの試験には以下のようなものがある。

- FRVT（Face Recognition Vender Test）2000，2002，2006-2012，2013
- Face In Video Evaluation（FIVE）
- IRis EXchange（IREX）
- NIST Speaker Recognition Evaluation

これらはNISTのWEBページに詳しい情報が公開されている[8]。

◼ 相互運用性

　一般にベンダーが異なれば用いる特徴量が異なるため，特徴量の相互運用性は悪い。そこで特徴量の標準化が行われてはきたが，画像品質についてどの程度まで扱えるか等はベンダーにより異なっており，実際に相互運用性を確保することは困難なのが実態である。それでも，指紋では隆線の端点・分岐点の座

標値と方向による標準形式が開発された。ただし，それは単一ベンダーの方式に比べれば，高精度というわけではない。

相互運用性という観点では，同一ベンダーであっても，指紋センサやカメラなどの入力装置のリプレースや，照合アルゴリズムのバージョンアップなどで，既存の特徴量データベースをそのまま使用して従来と同等以上の精度が維持できないこともあり，これは重大な問題である。たとえ照合精度の向上があったとしても，特徴抽出アルゴリズムの相互運用性が十分でないときには，原画像から特徴抽出をやり直す必要が生じるからである。

② 評価用データベース

評価用のデータも共通のものを使わないと正確な比較ができないため，NISTは精度評価を行うための標準データベースの開発と頒布も行っている[11]。NISTの精度評価テストは評価用データの規模が比較的大きく，さまざまな採取条件下で取得したデータが入っている。処理時間に対する制限は比較的ゆるやかで，パターン認識アルゴリズムの最高性能を見るという側面が強く，認証製品の性能を比較するというものではない。

パターン認識の国際学会IAPR（International Association for Pattern Recognition）が主催する性能試験としてはFVC（Fingerprint Verification Competition）という指紋照合コンペティションがある[9]。2000，2002，2004，2006と実施しており，現在もFVC-onGoingとして継続しているが，DB規模は100指程度とかなり小さいため，高精度な評価には十分な規模ではない。性能評価用の生体認証データの収集は他機関でも行われているが，個人情報保護の観点から生体認証データの収集や利用の条件が難しくなってきており，公開されているデータはあまり多くない。

③ 精度性能値の変動

生体認証で扱うデータは個々の生きている人間から採取したものであり，複雑な統計的，系統的な揺らぎが存在している。同一人物であっても，利用者の採取装置に対する位置の違い，姿勢や動作速度，体調，成長・老化などの生体自体の変化，温度，湿度，照明光，騒音などの環境変動，そして血流や発汗などの生理的な変動などが性能に影響を与える要因である。

利用者の集団的な性質，例えば皮膚や虹彩の色など人種的な違いや，年齢，性別などの層の違いによる変動もあるし，遺伝的，体質的，職業的な要因も精度に影響する。基本的に評価試験はこのような各種変動の影響を受けないよう

5章

なものにすることが望ましい。例えば，層別の人口統計に合わせたサンプリングや，対象ユーザ層を想定したサンプリングで測定することが望ましい。

画像や音声などの信号では，以下の例のような，制御が難しい問題への配慮が必要である。

1. 顔や虹彩の画像採取の場合，照明が反射光で撮像することから，メガネのレンズや瞳の中にキラキラしたスポット反射が出る場合がある。
2. 顔の向き等は正確に制御しにくく，二次元画像というよりも三次元形状として処理が必要となる場合がある。
3. 環境の照明光や騒音が重畳された信号になる。

特に，評価時と運用時で変動の範囲が異なる可能性があれば，運用精度の推定はより難しくなる。

4 ISO/IEC 19795-1，-2，-3

生体認証の国際標準化を行う ISO/IEC JTC 1/SC 37 で開発された "Biometric Testing and Reporting" という精度評価の標準文書がある。複数Partからなっており，特に Part 1，2，3 が基本的なものとなっている。

- Part 1. "Principles and Frameworks"
  性能評価方法の基本思想，統計的評価方法の基礎
- Part 2. "Testing Methodology"
  技術試験 Technology test とシナリオ試験 Scenario test の方法論
- Part 3. "Modality-specific testing"
  モダリティ特有の事項のまとめ

Part 3 は，日本から個別のモダリティの具体的な注意事項を寄書したという経緯がある。

5 JIS X 8101-1，-2

ISO/IEC 19795-1，-2，-3 を日本語に翻訳したものが JIS X 8101-1，-2 である[6],[7]。なお，19795-3 は X 8101-2 の附属書となっている。これらは日本規格協会で販売されている。閲覧だけであれば日本工業標準調査会 (JISC) のウェブサイトで本文の参照が可能である。

6 ビデオ画像の扱い

ビデオ画像では，顔や人物の検出について，(A) フレーム単位，(B) 領域単位，(C) 物体単位など，いくつかの処理単位があり得る。さらに，(D) 複数フレームでの検出結果の融合，(E) 同一領域を撮像している複数のカメラの検出

結果の融合等のさまざまな検出率や，いくつかの検出率を融合してひとつの評価尺度とする提案もされている。またシステム性能は「検出」された人物が「誰であるか」の識別精度で評価される。

　精度評価をするためには正解値が必要となるが，画像認識ではこの正解をGround Truth と呼んでいる。ビデオ映像からフレーム単位で Ground Truth を求めるのは大変な作業量になる。またビデオシーンについて，何が映っているのかを記述することを Video Annotation といい，シーンの説明，それをキーとした検索にも用いられる。監視カメラ映像には多数の人物が出現し，移動したり，隠蔽現象が起こっていたりするため，何を正解値とするかの判断基準が明確でない場合もあり，動画の精度評価方法の開発には時間がかかっている。

７　犯罪科学/法科学 (Forensics)

　Forensics とは犯罪や司法関係で指紋や監視カメラの顔画像などを証拠として使用する応用分野である。一般的に，「再犯者か否かの判定」「現場遺留指紋からの人物識別」などの応用がある。また，最終結果は専門家が判断している。

８　センサ攻撃検出

　生体認証システムへの攻撃のうち，攻撃者が自身の身体部位をそのまま用いること，つまり特殊な技術を用いないものを Zero-effort 攻撃と呼ぶ。これに対し，シリコンゴムで制作した偽造指や顔マスクなどの人工物の偽物を用いて別人になりすます攻撃や，整形手術等で生体認証の特徴量を変えてしまうような人為的な攻撃が出現してきている。このようなセンサ入力時の攻撃を presentation-attack と呼び，その検出を Presentation Attack Detection（PAD）と呼ぶ。センサ攻撃に対する PAD の能力評価の標準化も開始されている。しかし，攻撃方法は日々進化し，SNS 等で偽造方法が公開されたりすることもあるため，攻撃能力の強さや脅威の度合い，技術的な専門性の高さを数量的に評価するには難しい面もある。

5.2　精度評価に関する概念と用語

１　クレーム (Claim)

　「私は登録済みの A である」という生体認証システムへの認証請求をクレームという。「私を新規に登録してほしい」というクレームもあり得る。前者は

データベースに登録されている人物と同一人物であると判定できれば成功である。一方で，後者は，多重登録にならないように，データベースに同一人物が登録されていないと判定できれば成功とされる。

❷ 1対1比較 (one-to-one comparison)，1対多比較 (one-to-many comparison)

　生体認証アプリケーションの分類として，1対1比較による照合結果を用いるものを認証 (Verification)，1対多比較を用いて照合された候補者を出すものを識別 (Identification) と呼ぶことがある。また，1対多を1対Nとすることもある。

　認証は，照合結果からクレームを受理 (accept) するか棄却 (reject) するか判断する処理である。識別は，多数の人物が登録されているデータベースに対して，全データとの比較を行い，照会データを提供した人物が誰であるかを調べる処理である。

　通常はデータベースに登録されている場合に何らかの権利を行使できるという応用が多いが，実際にはアプリケーション依存であり，例えば指名手配者のデータベースに登録されている人物は要求が拒否される，という応用もできる。

❸ ボナ・フィデ (Bona-fide)

　「もともと期待されている使い方」という意味で用いられ，「悪意を持った意図的な不正」に対立する概念を示す用語としてSC 37で使われるようになった。

❹ 偽陽性 (False Positive)

　Positiveには肯定的に主張するという意味があり，False Positiveを偽陽性と訳すことがある。識別処理の場合，照会者の指紋はデータベースに存在しないはずなのに，データベースの誰かの指紋と合致すると判定し，誤って登録済みと判断する場合等に用いられる。

❺ 偽陰性 (False Negative)

　False Negativeは偽陰性と訳される。識別処理の場合，すでにデータベースに登録されている人物の照会データであるにもかかわらず，データベースの誰のデータにも当てはまらないと誤って判断される場合等に用いられる。

❻ 誤合致率 (FMR：False Match Rate)

　FMRは誤合致率と訳されることがある。照会データと一致しない登録データとの比較にもかかわらず，誤って同一人物の同一部位データであると判定される比率のことである。

7　誤非合致率 (FNMR : False Non-Match Rate)

FNMRは誤非合致率と訳されることがある。同一人物の同一部位による登録データと照会データとの比較であるにもかかわらず，他人同士のデータであると誤って判定される比率のことである。

8　誤受入率 (FAR : False Acceptance Rate)

誤ってクレームを受け入れてしまうエラーの発生率のことである。認証処理の場合は，他人を装ってクレームを出したときに，誤ってそのクレームを受け入れてしまうエラーの発生率を指す。新規登録クレームの場合には，実際には登録済みであるにもかかわらず，データベースの誰とも一致せず，新規登録が可能と誤った判断をして，クレームを受理するエラーの発生率になる。FARを「他人受入率」と訳す場合があるが，新規登録クレームの場合を考えると正しい訳語ではない。またacceptという動詞の目的語は人物ではなくクレームである。

9　誤拒否率 (FRR : False Rejection Rate)

誤ってクレームを拒否するエラーの発生率のことである。認証処理の場合は，登録済みのAが「自分は登録済みのAである」と主張して認証請求したのに，システムがAではないと判定するエラーの発生率にあたる。

新規登録クレームの場合には，新規登録なのに登録済みであると判定されてしまい，登録を拒否されるエラーの発生率になる。FRRを「本人拒否率」と訳すことがあるが，FARと同様に新規登録クレームの場合には訳語として不適切になるため，注意が必要である。

10　分類 (Classification)

照合をする前に何らかの分類を行うことがある。何種類かのクラスに分類することにより，データベース全体ではなく，その一部分を検索することで照合処理量を削減でき，処理を高速化できる。例えば，指紋の紋様は弓状紋（アーチ），蹄状紋（ループ），渦状紋（ウォール）に分けられている。これにより，例えば10指の紋様すべてがループであるとわかったなら，データベースからそのクラスに属する人物だけに絞り込むことで，識別処理を高速化できる。

11　属性 (Attribute, Demographic)

顔画像から年齢，性別などを推定する応用がある。NISTのFRVT2013では顔画像から年齢を推定する技術のテストを行った。個人差による変動をどこまで排除できるかはなかなか難しい。見た目だけで性別を判断してよいのか，生物学的なSexと社会的なGenderの取り扱いをどうするかなどの課題はある。

1.　**技術試験 (Technology Test)**：技術試験は処理アルゴリズムの性能試験として位置づけられている。データベース化したデータだけを用いて評価実験を行う。このため，反復性のある試験を行うことが可能であり，同一条件でアルゴリズムのみが異なる場合の性能の違いを評価することができる。

2.　**シナリオ試験 (Scenario Test)**：実際の運用環境に近いシステムとシナリオのもと，生身の被験者で実験を行う。被験者によりその都度データ採取を行うので反復性の保証はない。技術試験に比べて，被験者あたりのコストが高くなるので大規模な試験は実施しにくい。シナリオ試験ではセンサへの入力から判定結果出力までシステムの挙動のすべてを調べることが目的となっており，例えば認証対象者の身長の違い，障害の有無，言語による操作説明の違いが，認証性能に与える影響を評価することもできる。

3.　**運用試験 (Operational Test)**：実際にシステムを導入し，実機を用いて評価するものである。仕様どおりの性能を発揮しているかどうか確認することを目的としている。環境光など，実際に加わるノイズを反映した評価になるという点は重要である。運用試験では攻撃や不正入力を大量に試験するのは難しく，また正解情報を得るのも難しい場合がある。正解を容易に得る方法としては，例えばICカードを用いたゲートにおいて，カード読み取りと顔カメラ撮影の両方を稼動させ，カードで正解を得て，顔認証の照合性能を調べる方法がある。このように何らかの既存方式の結果を正解とし，既存と新規の両システムと並行運用すれば評価しやすい。

5.3 ● 精度評価における統計的な考え方

■1　スコアの変動 (ゆらぎ)

パターン間の類似度や距離はスコア値で扱うが，さまざまな要因により，本人の同一部位からのデータであったとしてもスコアに変動が生じる。精度評価を行うにあたって注意しなければならないのは，部品劣化や調整不良などの系統的な原因がないことを確認することである。

2　スコアのヒストグラム

　指紋による本人認証を例に説明する。照合処理における類似度スコアとそのスコア値が出現する頻度をそれぞれ横軸と縦軸にとると，**図5.1**のようなグラフになる。同一指（本人）の指紋データを照合した場合と，異なる（他人）指紋のデータを照合した場合の2つの類似度分布を示している。類似度は右に行くほど大きくなり，2つの比較対象となる指紋の特徴量が一致している度合いが高いことを意味する。類似度は0から1の間に分布している。2つの類似度分布曲線の裾同士が重ならないなら，裾の重なりがないところにしきい値Thを設定することで，原理的に認証誤差をゼロにできるが，現実には裾の重なりが存在するために認証誤差が生じる。

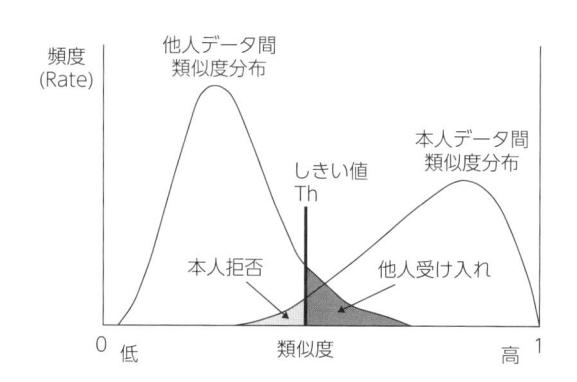

図5.1　類似度とその頻度分布

3　マルチモーダル

　マルチモーダルでは2つ以上のモード（モダリティ）を使うが，部位の違いだけでなく，計測方法や特徴抽出・照合処理アルゴリズムの，一方あるいは両方が異なっているのが普通である。モードが異なる場合，特徴量の間に相関がないことが望ましい。一方のモードから他方のモードが推測できるようなら，マルチモーダルとする本質的効果がないからである。

　多くの場合，2つ以上の照合スコアから融合スコアを計算して判断を下す。複数のスコアをどのように組み合わせるかによっていくつかの方法がある。AND型は2つのスコアがともに大きいことを条件とし，照合の厳密さを重視する場合に用いる。一方，OR型はどちらか一方のスコアが大きければよいと

いう条件で，利便性を重視したものといえる。また，スコアの平均値を用いることで，一方のモードが高スコアでなくても平均スコアが高ければよいという判定が使える場合もあり，特性の異なる複数のスコアの平均をとることで，個々のスコアの弱点を補完し合ってよい特性になる。

5.4 精度評価試験方法

■ エラー指標

一般的な認証クレームの場合，同一指の指紋画像同士を照合したときの（本人データ間）類似度スコアがしきい値Thより小さい部分で本人拒否になる。その割合を本人拒否率（FRR）と呼ぶ。

逆に異なる指の指紋画像同士を照合したときには，（他人データ間）類似度スコアがしきい値Th以上で認証クレームが誤って受理され，他人受け入れとなる。その割合を他人受入率（FAR）と呼ぶ。

FARとFRRには一方を高くすると他方が低くなるトレードオフの関係がある。FRRが高いと利用者はフラストレーションを引き起こすことであろう。一方で，FARが高くなると詐称を引き起こす原因になるといわれている。特に，高セキュリティを考慮した応用では，FARが小さくなるような動作をさせる。逆に，利便性を重視する場合はFRRを小さくする。このように応用の種類によって，エラーのトレードオフを調整するしきい値の選択ができることが重要である。一般的には，セキュリティを重視する場合が多く，FARはFRRに比べて1桁から数桁小さい動作点で稼働させることが多い。

これまでは人物単位での照合エラー発生率について議論してきた。しかし，部位単位の照合に着目して照合エラーの精度評価を行うこともある。例えば指紋であれば，指単位での指紋の照合エラーの割合（誤非合致率，FNMR：False Non-Match Rate），指単位での照合エラーの割合（誤合致率，FMR：False Match Rate）があり，これらにもトレードオフ関係がある。

同一人物の複数の指の紋様には相関があり，独立性の条件は満たされないという見方がある。しかし，相関の高いデータは類似したデータということであり，それでも高精度に識別できるのであれば，識別能力は非常に高いと考えることができる。製品カタログの精度値を見る場合，どのような独立性の条件を

設定しているかを把握したうえで，適切なデータ規模で実験評価されているかを的確に把握することが重要である。

❷　データ有効性

統計的に信頼性の高い結果が得られるために，サンプリングの妥当性も重要になる。採取したデータの品質は性能に大きく影響するので，試験責任者は採取データの品質レベルを保つための注意事項や採取方法を計画しなければならない。例えば，間違った入力をする被験者やオペレータの存在をあらかじめ考慮すべきである。無効なデータの除外などのルールを設けるなら，試験実施前に適用基準などを明確にしておく必要がある。

❸　精度評価における問題点

1. **結果の提示方法**：評価結果をユーザやシステムインテグレータにどのように提示すれば有益なのか。グラフィカル表現による精度評価結果の提示法としてROCカーブ（Receiver Operating Characteristics curve）がある。ROCカーブはFARとFRRのトレードオフ関係を示すものであるが，歴史的にさまざまなしきい値に対して，横軸にFalse Positives（FAR），縦軸にTrue Positives（1 − FRR）でプロットしている。

　ほかに，**図5.2**のようなROCを変形したDETカーブ（Detection Error Trade-off curve）がある。DETカーブは横軸がFMRやFARで，縦軸にFNMRやFRRをとるものである。ROCの「R：Receiver」は生体認証シス

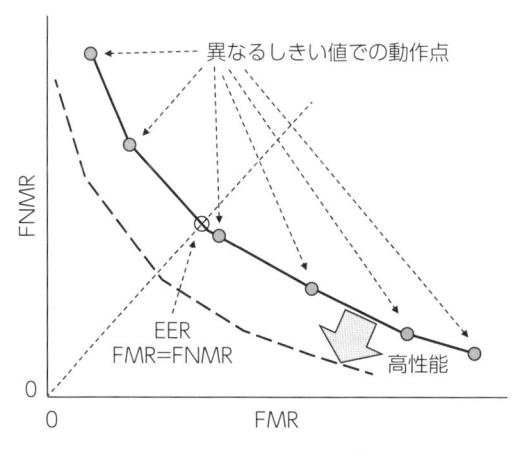

図5.2　DETカーブ

テムでは馴染みがない概念であり，一方DETカーブは縦軸と横軸がともにエラー率となっている点がわかりやすいためか，DETカーブを使うことが多くなりつつある。

DETカーブの利点は，期待するFAR，FRRを満たす動作点があるか否かが判断しやすく，カーブを重ね書きすることで複数システムの性能比較がしやすいところである。ただし，同一データセットによる結果の重ね書きに限るべきであり，というのは測定するデータの母集団や採取品質に依存してDETカーブが変化するからである。

FARとFRRが一致する時のエラー率をEER（Equal Error Rate）と呼ぶ。システムの性能を示す簡単な指標として使われることがあるが，EERで実際の動作をさせることはあまりない。

ISO/IEC 19795-1では，具体的なテスト仕様そのものではなく，テストを実施する設計者や責任者が考慮すべき事柄が書かれている。例えば，6.3条のシステムに関する情報の判定では「実験者は適切なデータ収集手順を計画するために，試験するシステム（群）に関する次の情報を判定しなければならない」とされており，6.3条であげられている項目のひとつの例には，「e：試験のためにシステムの修正が必要となるか。必要となる修正はシステムの性能特性を変えてしまうか」と書かれている。おそらくこの条文の意図や適用場面がすぐにはわからないのではないだろうか。上記項目eの具体的事例として考えられる場面とは以下のようなものである。

試験を設計する責任者が，他人受入率と本人拒否率のトレードオフを表現したDETカーブを提出することを義務づけたとしよう。しかしながら，評価対象製品がしきい値を固定にしている製品であったなら，DETカーブは描けない。そこでしきい値を可変にした修正版の提出を求めることになる。そのときに，修正版が製品版とその性能特性が変わらないことをベンダーは示す必要がある，というように解すべきものなのである。19795-1では試験仕様そのものではなく，試験仕様を設計する際の注意事項が書かれており，19795-1に沿って設計した個々の性能評価試験の仕様は設計者により異なっている。19795-1に準拠した試験だからといって，その結果を単純に比較することはできないのである。

また，実際の運用時には，照合に失敗してもリトライ入力を行うのが一般的である。リトライの上限回数（認証が失敗した場合の再入力数）に応

じた精度の見積り方法を考えてみる。例えば，本人拒否が起こっても2回までリトライを許す場合の本人拒否率は，3回連続して本人拒否が起きる場合であって，リトライなしの1回の照合アルゴリズムで得た本人拒否率の3乗で推定できるとする考え方がある。一方，リトライありの他人受入率のほうは，3回のうち少なくとも1回の受け入れがあればよいので，リトライなしの1回あたりの他人受入率を3倍することにより推定することができるという考え方がある。これらでリトライを許した場合のDETカーブを描くことができる。しかし，リトライには独立性の条件が成立しているとは言いがたい面があるので，上記の計算法はあくまで目安でしかなく，リトライ回数を考慮したデータ採取を行って，リトライをシミュレーションしてFAR，FRRを評価すべきである。

5章

2. **必要データ数**：どれだけのデータ数があれば信頼できる結果が得られたといえるのだろうか。サンプル数と信頼度の関係，すなわち，どれだけのテンプレートと照合用の評価サンプルがあれば，どの程度の精度評価が可能なのかというのは重要な問題である。

　"Rule of 3（3の法則）"として提案されている方法がある。これはエラーが1回も起きない条件のもとで照合アルゴリズムの評価を行うとき，信頼度95％でエラー発生率がp未満であることを示すのに必要な独立な照合組数N_{min}は，

$$N_{min} \approx 3/p$$

というものである。

　例えば，95％の信頼度で誤り率が1％未満と推測できるためには

$$N_{min} \approx 3/0.01 = 300$$

から，独立な300個の照合テストでエラーが全く起きなければよい，ということである。

　表5.1に照合アルゴリズムの精度と照合組数の関係をいくつか示す。

表5.1　精度誤差と照合組数の関係

誤差（上限）	1％		0.01％	
精度	本人拒否	他人受入	本人拒否	他人受入
照合組数	300	300	30000	30000

ここで，照合はすべて独立であるという条件がある。したがって1人から1組の照合とするなら問題はない。ところで指紋の場合，例えば1人の人物からは左右の人差指，中指，薬指のように6指分の指紋が採取できるので，これらを使いたいところである。各指の指紋が統計的に独立であれば，必要な照合用データ組数を得るのに必要な人数は少なくて済む。しかし，同一人物の指の紋様に相関があることは知られているため，1人から複数の指の指紋を採取して精度評価することに反対する人もいる。

　なお，"Rule of 3"，つまり「3の法則」は19795-1の付属書B「試験規模及び不確実性」で言及されている。エラー率の計算方法は，2項分布モデルでN回中k回エラーが起きたときのエラー発生率を計算するものである。一般的な統計パッケージソフトであれば「2項検定」の機能で簡単に計算することができる。

3. **照合困難なデータの存在**：収集したデータの中に，照合が困難な特異データがあった場合の扱いをどうするのかという問題がある。照合アルゴリズムで対応できないようなデータの出現頻度が高いと，統計的に意味のある評価結果といえなくなるおそれがある。照合が難しいものとして，例えば，特定の業種に従事する人の著しく擦り減った指紋，糖尿病をわずらっている人の眼底などが知られている。このようにシステムやアルゴリズムが対応できないデータを未対応データとして，照合精度評価に用いるサンプルデータから取り除くことがある。また，全サンプル中の対応可能なデータの割合を算出したものを対応率と呼ぶ。

　精度評価では実際に対応可能なデータのみを用いた精度評価結果が行われることが多く，どのようなデータが対応できないのか，対応率はいくらなのかが明記されていない場合がある。高品質なデータだけを使えば照合精度はよい値になるかもしれない。しかし，対応率が低いということは，実際にシステムを利用できないユーザが多数出てしまう可能性があるということである。

　照合精度だけでなく対応率も重要である。また，未対応となってしまうユーザに対して不利益を発生させないように，システム的な代替手段を提供する必要もある。ただし，代替手段によりシステム全体のセキュリティレベルが低下することは避けなければならない。対応率に相当する指標はいくつかあり，一部を次に示す。

- **FTAR**（Failure To Acquire Rate）　特徴抽出処理の結果が照合処理に回せるような有効データでなかった場合の，画像単位での割合
- **FTER**（Failure To Enroll Rate）　登録処理時に参照用の特徴量データをデータベースに登録できなかった人の割合

　NISTは指紋の画像品質を評価するコンピュータプログラムを開発し，NFIQ（NIST Fingerprint Image Quality）という指標を提案した。現在は改良された第2世代のNFIQ2が開発され，それを計算するソフトウェア製品の認定も行われている。残念ながらこのような品質値が存在するモダリティは，今のところ指紋だけである。

参考文献

［1］瀬戸洋一：バイオメトリクスを用いた本人認証技術，計測と制御，Vol.37，No.6，pp.395-401（1998）

［2］ミニ特集　個人識別技術，計測と制御，Vol.25，No.8（1986）

［3］瀬戸洋一，三村昌弘：バイオメトリクス認証技術における精度評価の動向，情報処理，Vol.40，No.11，pp.1099-1103（1999）

［4］瀬戸洋一，磯部義明，三村昌弘：バイオメトリックス認証技術の精度評価の標準化活動，電子情報通信学会誌，Vol.83，No.8，pp.624-629（2000）

［5］星野幸夫 監修，画像電子学会 編：指紋認証技術—バイオメトリクス・セキュリティ，東京電機大学出版局（2005）

［6］JIS X 8101-1　情報技術—バイオメトリック性能試験及び報告—第1部：原則及び枠組み（2010）

［7］JIS X 8101-2　情報技術—バイオメトリック性能試験及び報告—第2部：テクノロジ評価及びシナリオ評価の試験方法（2010）

［8］NIST：IAD IMAGE Group Programs/Projects
URL：https://www.nist.gov/itl/iad/image-group/programsprojects

［9］FVC-onGoing
URL：https://biolab.csr.unibo.it/FVCOnGoing/UI/Form/Home.aspx

［10］溝口正典：生体認証における性能評価への取組み，電子情報通信学会 基礎・境界ソサイエティ Fundamentals Review，Vol.10，No.2，pp.137-142（2016）

［11］NIST：Biometric Special Databases and Software

URL：https://www.nist.gov/itl/iad/image-group/resources/
biometric-special-databases-and-software

指紋の話

　事件現場の証拠として，遺留指紋は推理小説などでもお馴染みのことで
しょう。しかし，実は警察関係で指紋が採用されたのはこのような遺留指
紋を扱うことではなく，再犯者の識別に有効な方法としてであったのです。
それまでのヨーロッパ，特に英国，フランスにおいては，再犯者の識別は
警察官が顔を目視で確認していたのですが，その後は機械的な方法として
は，体の器官の長さなどを記録したカードで検索するベルチョン法が導入
されました。しかしながら，国により身長などの分布が異なることや，測
定者ごとにばらつきが生じるため，運用は難しかったのです。

　一方，英国領のインドでは契約書の本人確認での指紋の利用が開始され
ており，本人識別ができることはわかっていましたが，残念ながら大量の
指紋カードから対象となる指紋を検索する術がなかったため，いわゆる1
対1の本人確認でしか指紋を利用できていなかったのです。そこにヘン
リー卿により指紋の分類方式が考案されたことで，目視で実施できる規模
での検索が可能になり，個人識別への利用が始まったのです。同一指紋の
判断基準は，日本では12個のマニューシャの一致となっています。この
一致マニューシャ数の基準は国により若干異なっており，最近の英国では
個数ではなく複数の専門家による鑑定結果をもって判断を行っています。
警察関係の自動指紋識別システムにおいては，最終的な確認は目視で行っ
ています。しかし，押捺指紋の自動照合ではかなりの精度が出ることが確
認された結果，計算された類似度が非常に高い場合は自動処理する場合も
生じており，Lights Out と呼んでいます。（溝口正典）

[参考文献] チャンダック・セングープタ（平石律子 訳）『指紋は知っていた』
　　　　文春文庫，ISBN978-4-16-765144-2（2004）

6章

生体認証技術の
標準化

6.1 ● 国際標準化

　標準化活動は国内・国際の両方があるが，バイオメトリック（生体認証）技術においては，最近10年間では国内標準を作成する活動はなく，国内の活動としても国際標準を目指す活動になっている。また，かつては一部ISO規格をJIS化していたが，日本規格協会によりJIS化せずISO規格を使う方針となっている。ここでは，生体認証技術の国際標準化活動の概要・概況を紹介する。なお，本書では「バイオメトリック認証」は生体認証で統一をとっているが，本章では紹介する国際標準の中で「バイオメトリクス」という用語が多用されているので，一部，「バイオメトリクス」を用いる。

　10年ほど前は，ITU-T（International Telecommunication Union Telecommunication Standardization Sector：国際電気通信連合の電気通信標準化部門）のセキュリティを対象とするSG（Study Group）17でも生体認証技術の活動が盛んだったが，最近は活動が顕著ではない。ここでは，ISO（International Organization for Standardization：国際標準化機構）とIEC（International Electrotechnical Commission：国際電気標準会議）の合同技術委員会で，情報技術を標準化対象とするISO/IEC JTC 1（Joint Technical Committee 1：第1合同技術委員会）における生体認証技術の国際標準化活動について紹介する。なお，いずれも，2018年9月時点での状況である。

　JTC 1は，情報技術について国際標準化しており，22の分野のSC（Subcommittee：専門委員会）に分かれて活動している。JTC 1で生体認証関連の技術を国際標準化しているSCは，生体認証自体を作業領域とするSC 37，ITセキュリティ技術を作業領域とするSC 27，カードと個人識別を作業領域とするSC 17の3つがある。生体認証自体を作業領域とするSC 37については詳細を紹介する。SC 17とSC 27については生体認証技術に関連した国際標準開発活動のみを紹介する。

　JTC 1における国際標準開発のプロセスを概説する。国際標準開発は，NWIP（New Work Item Proposal：新業務項目提案）から開始される。NWIPに対するSC参加国の投票によって，プロジェクトとして成立するか否かが決定する。プロジェクトが成立すると，編集者を決定し，WD（Working Draft：作業原案），CD（Committee Draft：委員会原案），DIS（Draft International Standard：照会

原案），FDIS（Final Draft International Standard：最終国際規格案）の順で原案作成が進められる。原案の完成度が上がるにつれて段階を上げ，CD以降はSC参加国の投票によって段階を上げて行く。FDISが成立の条件を満たすと，発行される。以上はIS（International Standard：国際標準規格）の場合であるが，TR（Technical Report：技術報告書）の場合はCDに相当する段階で終了し発行となる。このプロセスを**図6.1**に示す。

　JTC 1への日本の参加組織は日本工業標準調査会であるが，技術審議は同会から委託を受けた情報処理学会情報規格調査会の技術委員会が担当する。各SCへの参加は，SC 37およびSC 27を含む多くのSCについては，情報規格調査会のSCに対応する専門委員会が担当する。ただし，SC 17の場合は，ビジネス機械・情報システム産業協会に専門委員会が設置されている。

　国際標準化については，従来，社会生活上必要とされる品質や相互運用性を確保するためのルールやツールとして発展してきたが，近年は，経済・社会のグローバル化・ネットワーク化に伴い，知的財産と組み合わせてビジネスに活用されるようになってきている，といわれている。しかし，生体認証技術の国際標準化活動においては，現在も基本的には従来の目的での活動が実施されている。各企業は，国際標準化活動においては協調し，ビジネスにおいては製品品質での差異化に注力している。

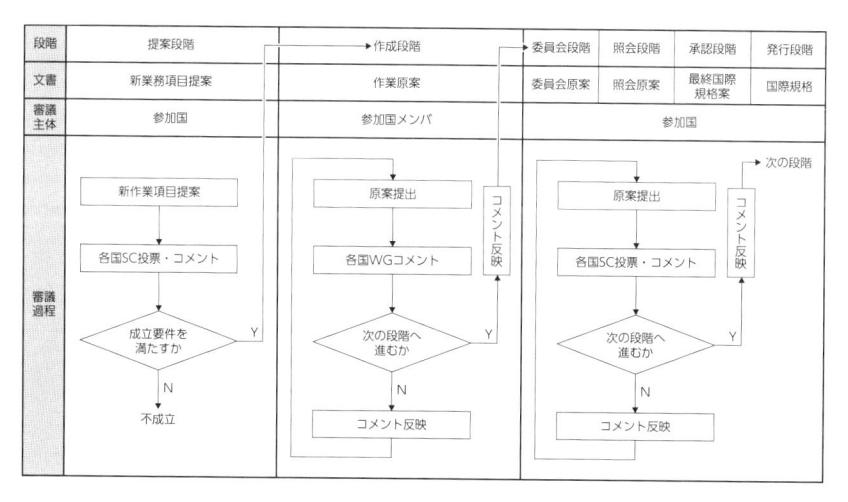

図6.1　JTC 1における国際標準開発のプロセス

6.2 ISO/IEC JTC 1/SC 37の国際標準化活動

　SC 37は，2002年に設立された。設立以来，米国が幹事国であり，事務局はANSI（American National Standards Institute：米国国家規格協会）が担当している。委員長も，設立以来，NIST（National Institute of Standards and Technology：アメリカ国立標準技術研究所）から選出されており，3代目になっている。SC 37のもとにはWG 1からWG 6までの6つのWG（Working Group，詳細は後述）がある。国際会議は，1月と7月にWGが開催され，1月のWGの後に総会が開催されている。各WGについては後述するが，それぞれの分担を**図6.2**に示す。

　参加国は，Pメンバ（PはParticipatingで，業務に積極的に参加する）27か国，Oメンバ（OはObservingで，オブザーバとして参加する）20か国である。Pメ

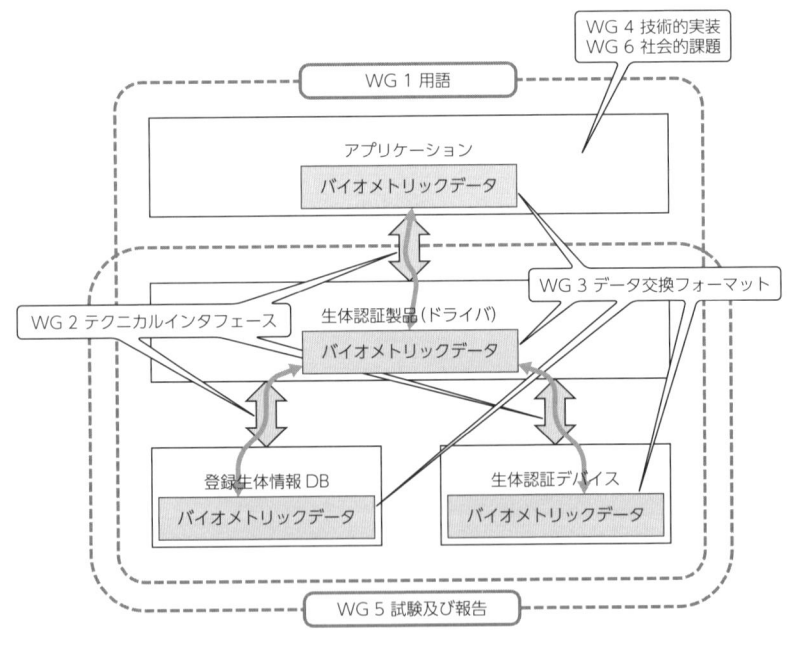

図6.2　WGの体制

ンバのうち，ここ数年の主な参加国は，オーストラリア，カナダ，中国，フランス，ドイツ，イスラエル，イタリア，日本，韓国，ニュージーランド，南アフリカ，スペイン，英国，米国である。活動に積極的に関与しているのは，フランス，ドイツ，日本，英国，米国である。これらに，オーストラリア，カナダ，韓国，スペインが続く。

　開発・発行された規格類は121件，現在開発中のプロジェクト数は25件である。日本はこれまでに編集者12人，副編集者15人（それぞれ延べ数）を送り出し，標準化活動に貢献している。

　対応する国内の活動は，情報処理学会情報規格調査会の技術委員会の下に設置されたSC 37専門委員会である。SC 37専門委員会は，委員長，幹事，各WG主査，リエゾン（SC 17，SC 31，ISO/TC 68，ITU-T/SG 17）から構成され，ほぼ月1回の会議を開催している。国際の各WGに対しては，各WG小委員会がSC 37専門委員会の下に設置されている。WGレベルでは，SC 35/WG 4，JEITA映像監視システム専門委員会から国内リエゾンを迎え，活動している。SC 37専門委員会およびWGの活動に参加している企業，業界団体，大学，公的研究所は，以下のとおりである（各50音順）。

NECインフロンティア，KDDI，凸版印刷，日本電気，日立オムロンターミナルソリューションズ，日立製作所，日立ソリューションズ，富士通研究所，富士通フロンテック，三菱電機，日本自動認識システム協会，ニューメディア開発協会，青山学院大学，関西医科大学，埼玉工業大学，産業技術大学院大学，静岡大学，城西大学，東京工科大学，東京大学，東京理科大学，産業技術総合研究所，統計数理研究所

　以下に，各WGの活動内容について紹介する。なお，以下においては，規格類の表記におけるISO/IECを省略し，番号だけで記載する。

■ WG 1：Harmonized Biometric Vocabulary（バイオメトリック専門用語）

　WG 1では，SC 37で使用されるさまざまな概念間の調和を図って生体認証技術用語を標準化している。活動の中心はSD 2 - Harmonized Biometric Vocabularyの作成であり，この活動は，2002年のSC 37設立以来，継続している。設

立当初，生体認証分野の専門用語は，WGに対応する技術分野にほぼ対応して使用されていた専門用語と差異があった。この差異解消がSD 2作成の活動の歴史であり，用語に関する新たな課題を受けて，SD 2を更新するという活動を継続している。

　SD2の中から定義が固まった用語は，バイオメトリクス専門用語集2382-37として発行される。現在は2017年版が最新である。なお，ひとつ前の2012年版はロシア語にも翻訳されている。内容が用語であることから，いずれも無償配布されている（「ISO Publicly Available Standards」でインターネット検索すれば到達できる）。通常，発行されるとすぐに，早期改訂が開始される。現在も改訂中である。

　そのほかには，生体認証技術を概観するTR 24741 Biometrics - Overview and application（旧名称「Biometric tutorial」の改訂版）を2018年に発行している。

❷　WG 2：Biometric Technical Interfaces
（バイオメトリックテクニカルインタフェース）

　WG 2は，生体認証の共通インタフェース仕様を策定するWGである。生体認証製品の標準API（Application Programming Interface）仕様である19784 BioAPI（Biometric API）シリーズ，生体認証のメタデータフォーマット仕様である19785 CBEFF（Common Biometric Exchange Formats Framework）シリーズの開発が中心的な活動である。

1. **19784 BioAPIシリーズおよび関連プロジェクト**：BioAPIでは，生体認証のソフトウェア構造も含めて決定している。BioAPIが定めるソフトウェア構造は，以下の2層からなる階層構造を持つ。
   - BioAPIフレームワーク
   - BSP（Biometric Service Provider）

　BioAPIフレームワークはアプリケーションから呼ばれ，BSPはBioAPIフレームワークから呼ばれる。生体認証に関わる処理は，BSP内に実装・実行される場合と，BSPの外部のBFP（Biometric Function Provider）が実行する場合がある。生体認証に関わる処理は，BioAPIでは，生体情報を取得するSensor，登録生体情報を格納するArchive，Sensorが取得した生データから特徴データを生成するProcessing Algorithm，照合処理Matching Algorithmに分類されている。BFPも上記4つに対応するBFPが定義されている。

19784-1では，上記のBioAPIの枠組みに加え，BioAPIフレームワークのプログラミングインタフェースであるBioAPI APIとBSPのプログラミングインタフェースであるBioAPI SPI（Service Provider Interface）を定義している。BioAPIのAPIやSPIで授受するバイオメトリックデータは，後述の19785が定めるCBEFFデータ構造に準拠している。19784-1は2006年に発行された。その後，GUIに関する修正票1が2007年に，BioAPIフレームワーク非依存の仕様の修正票2が2009年に，セキュリティに関する追加仕様の修正票3が2010年に，それぞれ発行された。なお，修正票3は，後述のSC 27 24761プロジェクトからの要請によって開始された。その後，19784-1および3つの修正票の統合版が，2018年に発行された。

19784-2以下では4つのBFPのインタフェース仕様が定義される予定だったが，Archive BFPのための19784-2とSensor BFPのための19784-4がそれぞれ2007年と2011年に発行されたものの，それ以外の開発は進んでいない。

19784シリーズがC言語による仕様であるのに対し，オブジェクト指向言語による仕様の必要性が認識され，オブジェクト指向版のBioAPI規格の開発が30106シリーズとして進んでいる。パート1はアーキテクチャ，パート2はJava実装，パート3はC#実装，パート4はC++実装の構成である。いずれも19784-1：2006をもとにした内容になっている。パート1からパート3までは，2016年に発行された。

19784-1の仕様への適合性試験の規格が，24709シリーズである。パート1はBioAPI製品の試験方法や試験シナリオの記述方法を，パート2はBSPのSPI仕様適合性試験仕様を，パート3はBioAPIフレームワークのAPI仕様適合性試験仕様を，それぞれ定めている。パート1とパート2は2007年に，パート3は2011年に，それぞれ発行された。パート3は，24709の試験仕様に効率的な新しい記述形式を導入した。パート1は2017年に改訂版が発行された。改訂内容は，パート3で導入された試験の新記述形式の反映に関するものである。いずれのパートも19784-1：2006に準拠している。

2. **19785 CBEFFシリーズ**：CBEFFは，生体認証のメタデータフォーマット仕様であり，上述のとおり，BioAPIのAPIやSPIのデータ授受でも使われるデータフォーマットである。CBEFFのデータは，以下の3つのブロックからなる。

- **SBH** (Standard Biometric Header)：下記のBDBに入るバイオメトリックデータのデータフォーマットなどの属性情報からなる。
- **BDB** (Biometric Data Block)：バイオメトリックデータ本体。データフォーマットは後述の19794が使われる。
- **SB** (Security Block)：SBHおよびBDBの完全性・秘匿のための情報が含まれる。

　CBEFFは4つのパートからなる。パート1は，データエレメント仕様で抽象的なデータ項目を定義する。SBHの利用分野ごとの具体的なデータフォーマット（バイナリ形式とXML形式）は，パトロンフォーマットと呼ばれる。パート2はパトロンフォーマットの登録手続きを定め，パート3はパトロンフォーマットのカタログである。パート4は，SBの仕様を定めているが，バイナリ形式に対する仕様しか定めていない。パート1とパート2は2006年に，パート3は2007年に，パート4は2010年に，それぞれ発行された。パート1およびパート3は2015年にそれぞれ改訂された。

3 WG 3：Biometric Data Interchange Formats
（バイオメトリックデータ交換フォーマット）

　WG3は，バイオメトリックシステム間でのバイオメトリックデータの相互運用性確保を目的として，バイオメトリックデータの交換フォーマットを策定するWGである。モダリティごとにマルチパート化しデータ交換フォーマットを規定する19794シリーズ，関連規格として，19794フォーマットへの適合性試験方法論を定めた29109シリーズ，バイオメトリックサンプル品質の規格である29794シリーズが，活動の中心である。さらに，センサ入力攻撃検出（Presentation Attack Detection（PAD））の規格30107シリーズも開発している。

1.　データ交換フォーマットおよび関連プロジェクト
1)　19794シリーズ

　　19794シリーズは，モダリティに共通する枠組みを規定するパート1と以下に示す13のモダリティごとのパートからなるマルチパート規格である。
- パート1：フレームワーク
- パート2：指紋特徴点
- パート3：指紋周波数パターン
- パート4：指紋画像

- パート5：顔画像
- パート6：虹彩画像
- パート7：署名時系列データ
- パート8：指紋骨格パターン
- パート9：血管画像
- パート10：掌型シルエット
- パート11：署名特徴量
- パート12：（欠番）
- パート13：音声
- パート14：NDAデータ
- パート15：手の皺
- パート16：歩容
- パート17：全身画像

　フォーマットの第1世代は2005年から2007年にかけて発行され，第2世代は2011年から2013年にかけてほとんどが発行された（パート13は2018年，パート14は2017年）。現在は，第3世代が開発されている。

　第1世代はバイナリ形式だけが定義されたが，第2世代ではバイナリ形式に加えてXML形式のデータフォーマットも定義されている（XML形式は，各パートの修正票2として発行されている）。第1世代と第2世代は同一番号の19794で発行された。通常同一番号の規格は，古い規格は廃止になる。しかし，19794の場合は，第1世代の顔画像フォーマット規格ISO/IEC 19794-5：2005がICAOのeパスポートに採用され，108か国で使われているため，また，第2世代に第1世代に対する後方互換性がないため，第1世代を廃止にはできない。その結果，第1世代と第2世代が共存している。同一番号での発行の種々の問題を踏まえ，第3世代は，番号を変えて，39794シリーズとして開発されている。39794シリーズは，将来拡張性を考慮したフォーマットになっており，後方互換性と将来互換性を保つデータフォーマットにすべく開発されている。

　開発されるパートは，その時代の要求に合わせて変化している。第1世代ではパート1からパート10までが開発・発行されたが，第2世代ではパート3とパート10は開発されていない。それに代わって，パート11からパート15までが開発された。第3世代では，パート1，パート4，パー

149

ト5の開発から開始し，加えてヨーロッパからの要求で，パート16と
パート17の開発も開始した。また，パート6の開発開始も決定している。

第1世代の顔画像フォーマット規格19794-5：2005は，上述のとおり，
ICAOのeパスポートに採用され，108か国で使われている。しかし，そ
の後，2つの修正票，4つの正誤票が発行され，参照しにくい状態が続い
ていた。この状況を改善するため，SC 37からJTC 1に対して，統合発
行の重要性を主張し，この規格に関連するICAOおよびSC 17/WG 3の
統合発行への賛同も得た結果，ISO技術管理評議会で統合発行が決定し，
発行された。

2)　適合性試験方法

19794の各パートに対する適合性試験規格は，19794の第1世代に対
しては29109シリーズで，第2世代に対しては19794の各パートの修正
票1で，それぞれ標準化されている。29109シリーズは，2009年から
2014年にかけて発行された。パート5については，統合発行に対応して，
改訂が進んでいる。19794の各パートの修正票1は，2013年から2016年
にかけて発行された。

2. **バイオメトリックサンプル品質関連プロジェクト**：19794の各パートに
対応して，29794シリーズでバイオメトリックサンプル品質を扱う。パー
ト1の枠組み，パート4の指紋画像，パート5の顔画像，パート6の虹彩画
像だけが，2009年から2015年にかけて発行されている。その後，パート
1は2016年に，パート4は2017年に改訂された。なお，パート5はTRで
ある。

3. **センサ入力攻撃検出プロジェクト**：30107は，偽造生体検出を含むセン
サ入力攻撃検出のプロジェクトであり，生体認証をより普及させるために
はセンサ入力攻撃検出が重要との認識から始まった。途中から3つのパー
トに分割され，現在は4つのパートからなっている。パート1はセンサ入
力攻撃の分類，検出モデル，パート2は検出結果を伝達するためのデータ
構造，パート3は評価，パート4はモバイル機器のための評価を扱ってい
る。なお，パート3とパート4はWG 5との共同開発である。パート1は
2016年に，パート2とパート3は2017年に，それぞれ発行された。パート
4は現在開発中である。パート4は，生体認証を使ったオンライン認証技
術を提供するFIDO（Fast IDentity Online）アライアンスへの適用を視野に

入れて開発を進めている。なお，パート1は，センサ入力攻撃検出の枠組みを定めていることから，無償配布されている。

4　WG 4 : Technical Implementation of Biometric Systems （バイオメトリックシステムの技術的実装）

WG 4は，生体認証の応用システムに関する標準を策定する。

中心となる規格は，システムプロファイルに関する規格24713のパート1：総論である。これを，パート2は空港職員の物理アクセスコントロールへ適用し，パート3は船員手帳へ適用した。これらは2008年から2009年にかけて発行された。そのほか，国境の自動化ゲートにおける旅客処理の実践規範TR29195（2015年発行），登録処理のガイダンス文書TR29196（2015年発行，2018年改訂），モバイル機器上の生体認証機能をシステムの中で利用するためのガイダンス文書TR30125（2016年発行）がある。

現在開発中のプロジェクトは，30137（監視カメラシステムにおける生体認証利用）のパート1：設計と仕様である。パート2：性能試験と報告はWG 5で審議されている。本プロジェクトは，監視カメラシステム技術者が生体認証を利用するための活動である。そのため，国内ではJEITA映像監視システム専門委員会と国内リエゾンを組んで進めている。

5　WG 5 : Biometric Testing and Reporting （バイオメトリック技術の試験及び報告）

WG 5は，バイオメトリックシステムとコンポーネントの試験に関する標準化を対象とするWGである。WG 5の中心プロジェクトは，誤受入や誤拒否などのバイオメトリック性能の試験と報告を対象とする19795シリーズである。19795シリーズは，モダリティごとにマルチパート化したWG 3の19794シリーズとは異なり，評価の方法や条件ごとに7つのパートに分かれている。そのほか，評価に付随する内容のプロジェクトがある。また，WG 3で述べたセンサ入力攻撃検出の30107-3および4はWG 5との共同開発であり，30107-4と同様にモバイル機器を対象にした性能評価のプロジェクト21879も開発中である。

1.　**19795シリーズ**：19795シリーズの構成は，以下のとおりである。

- パート1：性能評価フレームワーク
- パート2：技術評価及びシナリオ評価の試験方法
- パート3：モダリティに固有の試験考慮事項
- パート4：相互運用性能試験

- パート5：アクセスコントロールのシナリオ評価におけるグレードづけ
- パート6：運用評価のための試験方法
- パート7：カード内処理方式の生体比較アルゴリズムの試験

いずれも2006年から2012年にかけて発行された。パート2に対しては，マルチモーダル実装の試験が，修正票1として，2015年に発行された。パート1は現在改訂中で，用語，誤受入率と誤拒否率のトレードオフ（逆相関）の表現の見直しなどがなされている。

2. **その他**：適用対象技術や適用分野に依存しないものとしては，生体認証性能への環境の影響についての評価方法（29197，2015年発行），生体認証製品と利用者の間の種々の関係によって生じるバイオメトリック性能への影響についての評価方法（21472，現在開発中），セキュリティとユーザビリティの性能要求を示すガイダンス（TR29156，2015年発行）がある。

適用対象技術に依存するものとしては，指紋データベースの評価の難易度の特性と計測（TR29198，2013年発行），登録生体情報保護技術の性能試験（30136，2018年発行）がある。

適用分野に依存するものとしては，検査官が立ち会って使用を補助するシステムの評価（TR29189，2015年発行），監視カメラシステムにおける生体認証利用の性能評価（30137-2，現在開発中），モバイル機器上の生体認証製品の性能評価のガイダンス（21879，現在開発中），法科学（Forensics）用途におけるバイオメトリック手法の検証−証拠の評価フレームワーク（22824-1，現在開発中）がある。30137-2は，WG 4で述べたパート1と同様，JEITA専門委員会の協力のもと，国内審議を実施している。21879は，既述の30107-4と同様に，FIDOアライアンスの試験仕様を入れて開発を進めている。

そのほかに，試験報告の電子フォーマットの規格が，29120-1として，2015年に発行された。これは，後述のSC 27 24761プロジェクトからの要請によって開発された。

6 WG 6：Cross-Jurisdictional and Societal Aspects of Biometrics （バイオメトリクスに関わる社会的課題）

WG 6は，生体認証技術を適用するうえでの社会的側面の領域における標準化を行っている。

1. **24779シリーズ**：生体認証のユーザビリティ向上のため，シンボル・

アイコン・図記号を標準化する24779シリーズが，マルチパートで開発されている。パート1でモダリティ共通の方針を定め，各モダリティについては19794のパート番号に対応した番号が割り当てられている。パート1，パート4の指紋，パート5の顔画像，パート9の血管（静脈）画像が開発され，開発中のパート5を除き，2015年から2017年に発行された。

　SCで使う図記号は，図記号を標準化対象とするISO/TC 145またはIEC/TC 3で事前に制定される必要がある。SC 37ではこの制定の活動をしていなかったので，日本国内のWG 35/WG 4とのリエゾンを発展させて，IEC/TC 3/SC 3Cとのリエゾン関係を結ぶことによって，24779シリーズの開発を加速させた。

2. **その他**：TR24714-1は，商業用途の生体認証システムを適切に導入し，運用するうえで考慮すべき非技術的な課題に関する手引書として，2008年に発行された。TR29144は，生体認証をID管理に適用する際の配慮事項であり，2014年に発行された。TR29194は，ハンディキャップを有する人たちへの配慮事項をまとめ，2015年に発行された。TR30110は，子どもたちが生体認証を利用するうえでの考慮点をまとめ，2015年に発行された。これに対応して，高齢者を対象としたTR20322を開発中である。このほか，現在開発中のプロジェクトは，大規模災害における人の識別への生体認証利用のTR21421，人口動態（人種，性，職業など）による生体認証への影響とその緩和を扱うTR22116がある。

6.3　ISO/IEC JTC 1/SC 27

　SC 27では，WG 3（セキュリティの評価・試験・仕様）とWG 5（アイデンティティ管理とプライバシー技術）で，生体認証技術に関する国際標準化が実施されている。

　WG 3では，19792（バイオメトリクスのセキュリティ評価）が2009年に発行された。19792は，ITセキュリティ評価の標準15408シリーズを生体認証製品に適用するには不足があり，誤受入・誤拒否，脆弱性評価，プライバシーについてのより詳細なセキュリティ評価が必要であるとし，その考え方をまとめたものである。現在開発中の19989は，19792をさらに進め，15408に基づいて生

体認証製品のセキュリティ評価を可能にするための評価方法の作成を進めている。プロジェクト名称は，生体認証システムのセキュリティ評価のための基準と方法であり，パート1が枠組み，パート2がバイオメトリック性能，パート3がPADとなっている。パート1では，生体認証固有の（バイオメトリック性能およびPADに関する）15408-2に対する拡張セキュリティ機能要件が定義され，これを考慮して，15408シリーズに基づく評価方法を定める18045を補完する評価方法が定義されている。パート2およびパート3では，バイオメトリック性能およびPADの，より詳細な考慮事項が記載されている。

WG 5では，リモート環境での生体認証の結果の信頼性を判定可能とするデータ構造の規格24761（2009年発行），生体認証情報保護のための管理策と技術（暗号化だけでなく，キャンセラブルバイオメトリクスのモデルも含む）をまとめた24745（2011年発行），署名鍵が生体認証で活性化されるPKI（Public Key Infrastructure）認証のためのユーザ登録および認証のメカニズムを規定した17922（2017年発行，ITU-Tとの共同開発であり，ITU-T勧告としてはX.1085）が開発されている。24761は判定を容易にするためのデータ構造簡略化の改訂，24745は発行後の技術を反映するための改訂が，それぞれ現在進められている。2018年10月に新プロジェクトSecurity requirements for authentication using biometrics on mobile devicesが成立した。これは，生体認証を金融分野で活用する中国の活動IFAA（Internet Finance Authentication Alliance）が背景にある。IFAAは，クライアントマッチングではFIDOアライアンスの仕様を採用し，サーバマッチングでは独自の仕様を作成している。

6.4 ● ISO/IEC JTC 1/SC 17

SC 17では，WG 4（端子つきICカード）で，生体認証技術に関する国際標準化が実施されている。

WG 4で開発した7816-11の改訂版が，2017年に発行された。ICカード上の生体認証処理は，改訂前の版でも扱われていたが，内容が不十分であった。上記改訂版では，ICカードと生体認証の双方の専門家が協力して，PBO（Perform Biometric Operation）コマンドを規定した。

参考文献

［1］ISO/IEC JTC 1/SC 37
　　URL：https://www.iso.org/committee/313770.html
［2］情報規格調査会
　　URL：https://www.itscj.ipsj.or.jp/

**6
章**

コーヒーブレイク

生体認証技術の国際標準活動は9.11テロ対策がきっかけ

　2001年以前，米国に生体認証技術の調査に行きますと，電子商取引における本人確認や病院における入退室セキュリティの確保，投薬のチェックと，限定された範囲でのみ用いられていました。生体認証技術は「使えるか，使えないか」の議論がされており，あくまで補助的な技術という位置づけでした。

　2001年9月11日の米国同時多発テロを境に，様相は一変しました。まず，適用先については，US-VISITのように国境における人の識別が大きなテーマとなりました。また，「なぜ生体認証技術を使わないのか」という議論が盛んになり，生体認証技術はメインストリームの技術という評価を受けるようになります。この変わりようは驚くべきものでした。

　EU（欧州）はSPT（Simplifying Passenger Travel）や電子パスポートが市場を引っ張っています。米国は，US-VISITのようなテロリストの捕捉が大きな市場を形成しています。一方，日本は，電子パスポートに代表される社会IDビジネス，印鑑やキャッシュカードのスキミング対策などの金融ビジネス，2005年4月1日から完全施行された個人情報保護法対応のビジネスの3本立てとなっています。

　電子パスポートをはじめとしたテロ対策には，一国が対応しただけでは無理で，いろいろな国が共通の仕様で社会IDカードを発行する必要があり，米国は，生体認証に関して国際標準化を重要なターゲットとするデジュール戦略と，モバイル端末の多要素認証のフレームワークFIDO（Fast IDentity Online）などにみられるデファクト戦略を，うまく組み合わせた戦略をとっています。このような背景で，2002年に生体認証技術に関する国際標準化委員会ISO/IEC JTC1/SC37が発足しました。（瀬戸洋一）

7章

セキュリティと
プライバシー

7.1 生体認証のセキュリティ

7.1.1 生体認証の脅威と脆弱性

　生体認証は，古くから本人拒否率や他人受入率といった認証精度を安全性の評価基準とすることが一般的であった。しかし，ネットワークを介した生体認証システムや，携帯端末への搭載など，生体認証システムの利用が拡大する中で，生体認証システムへの脅威もより多様化している。**図7.1**は生体認証システムのアーキテクチャと8つの攻撃タイプをまとめたものである。

　生体認証システムにおけるセキュリティ上の脅威は，一般的な情報システムにおける脅威・対策と共通するものが多い。例えば，センサと特徴抽出アルゴリズム間でのデータ改ざんは，物理的な通信経路でのデータ改ざんを防ぐという点では一般的な情報システムと同様である。一方で，生体認証には固有の特性として，一度登録情報が漏洩してもパスワードのように変更が容易ではないという変更困難性や，顔や音声のように日常的に使用するモダリティについてはその秘匿自体が困難であるという秘匿困難性が存在する。このため，これらの特性に起因する脅威，特にセンサへのなりすまし攻撃や保管テンプレートの改ざん・不正操作・漏洩という点について，従来の情報システムへのセキュリティ対策に加えて，個別の対策を講じる必要がある。

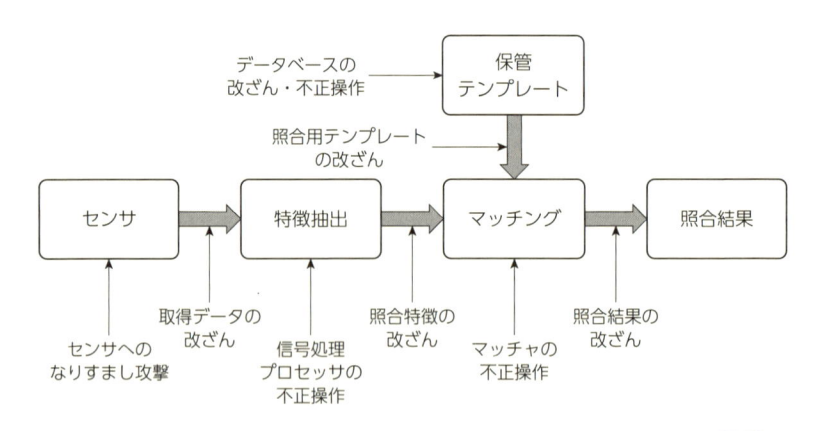

図7.1　生体認証システムのアーキテクチャと8つの攻撃タイプ[1],[2]

　本節では，これら生体認証固有の特性に起因する2つの脅威，生体認証機器に対するなりすまし攻撃，および保管する生体情報の漏洩について，脆弱性とその対策方法を紹介する。

7.1.2　生体認証機器に対するなりすまし攻撃

■1　なりすまし攻撃の分類

　生体認証システムに対してなりすまし攻撃を行うには，まず攻撃対象となる人物の生体情報を入手する必要がある。生体情報の入手方法といえば，刑事ドラマ等でよく見かける，犯罪現場から遺留指紋を採取するような方法を思い浮かべるかもしれないが，実際にはそれ以外にも表7.1にまとめたようなさまざまな取得方法が存在する。例えば，顔や音声などは日常生活で隠すことが困難であるため，カメラや録音装置を用いることで容易に取得することができる。

　また，虹彩のような容易には撮影ができない情報であっても，生体情報の提供者が協力的な場合は，容易に良好な生体特徴を入手できるため，注意が必要である。

　例えば，2013年3月には，ブラジル・サンパウロの病院に勤務する医師がシリコンで偽造した指を使うことで指紋認証をすり抜け，30人以上の同僚の勤務を偽装するという事件が発生した。このようなケースでは，攻撃者は利益

表7.1　生体特徴の入手方法[3]

タイプ	内容	例
協力的取得	生体特徴を生体から直接取得して入手	型取りした指や手，顔のマスク
遺留物	(遺留物から) 生体特徴を間接的に取得して入手	遺留指紋，遺留手形，髪，肌，体液
録音・録画	何らかのメディアを用いて直接取得して入手	写真，録画ビデオ，録音音声
テンプレート再生成	テンプレートから生体特徴を復元して入手	再生指紋，顔
特徴変換	テンプレートから生体特徴を復元して入手	コンピュータアシスト音声変換
合成サンプル生成	偽の生体特徴を合成して入手（作成した情報は生体特徴に似ていても似ていなくてもよい）	指紋合成，虹彩合成，音声合成，ウルフ合成サンプル，三次元顔

（勤怠の偽装）の提供と引き換えに生体情報（同僚の指紋）を容易に入手できる。

　特に近年では，対象となる生体認証アルゴリズムが攻撃者によって解析可能である場合には，生体情報が直接手に入らないとしても，アルゴリズムの脆弱性を利用して誤受入を引き起こすような異常な入力を見つけられる場合がある。特に，単一の偽造物で複数のユーザに対して誤受入を引き起こすような異常な入力を見つけ，これを意図的に合成して入力する攻撃方法をウルフ攻撃と呼ぶ。ウルフ攻撃に代表されるように，生体認証には他人と高い確率で誤一致と判定される人物や，複数のテンプレートと誤一致するような人物が存在し得るという脆弱性がある[4]。このような異常な入力に対しても頑健な生体認証システムを構成するには，本人照合以外に，他人照合分布やその他の情報を考慮するという方法もある。

　生体情報を入手した攻撃者は，入手した情報に基づいて可能な限り精巧な偽造物を作成し，生体認証機器への提示を行う。**表7.2**は生体情報に基づく偽造物の作成方法を整理したものである。さまざまな種類の偽造物があるが，偽造物ごとに製造コストや製造の難易度が異なることに対して注意が必要である。攻撃者がなりすまし攻撃を実施する際に，攻撃者自身が持つ技術力と，攻撃にかかるコスト（必要な知識や，かかる金額あるいは時間）を考慮したうえで，最も効率的な攻撃を選択すると考えるのが自然である。これらは，後述のなりすまし攻撃耐性の評価を行う際にも，攻撃者の能力として考慮すべき事項となる。

❷　なりすまし攻撃対策の例

　なりすまし攻撃への対策は，大きく分類して，以下の3つがある。

1. **生体の固有特徴に基づくもの**：生体のみが持つ固有の特徴を用いて偽造物を判定する方式。指紋であれば電気抵抗を用いる方式や指紋隆線の凸部に存在する汗の出口となる穴（汗腺）の存在を画像から読み取る方式がよく知られている。しかし，人間の電気抵抗はグミ指のそれと類似しているという松本らにより報告されている問題や，皮膚表面の状態は押しつけ等による影響を非常に受けやすいという問題がある[5]。このため，近年では可視光とは異なる周波数帯域の光に対する反応等を観測し，皮膚や血管といった人体特有の特徴の存在を判定する方法，またその構造を含めて判定する手法などが提案されている。虹彩であれば，印刷した虹彩のドットパターンを周波数領域の変化から検出することで印刷物を検知する手法などが，これに分類される[6]。他にも，光の反射や吸収の度合い，色や透明度，

表7.2　生体特徴の入手方法

大分類	中分類	入手方法	説明
生体の模倣 (造形)	鋳造 (型取りと成型ス テップに分かれる)	1.型取り ―生体特徴の三次 元表現	人間からキャプチャされた顔型，医療用素材で作られた指の型，プリント基盤に印刷された指紋など
		2.成型 ―型からの再生成	演劇用マスク，粘土やゼラチン，シリコンなどの素材で作った偽造指など
	直接出力	二次元プリント	虹彩や顔，指紋，静脈パターンなどを透過性のある紙にプリントしたもの
		三次元プリント	模様が印刷されたコンタクトレンズ，静脈の模様が印刷された人口の手など
		エッチング	金属に指紋をエッチング加工したもの
		ペインティング	人工の目に虹彩の模様を描いたもの，人工の手に静脈の模様を描いたもの
	マスク	生体特徴の偽造物による変更や秘匿	指に接着剤をつけたもの，化粧，取り外し可能な移植組織，不透明レンズ，3Dプリンタで作成した顔マスクなど
生体の模倣 (動画／音声)	計算デバイス	ラップトップやタブレットに表示された画像やビデオ	顔・虹彩の画像や動画
	録音／録画デバイス	時間軸で記録された情報	音声の録音，デジタルタブレットを用いた署名の登録，脳波の登録など
生体情報の 人工合成	合成生体特徴の作成		指紋，顔，音声の合成，ウルフ合成サンプルや三次元顔の彫像など

（ISO/IEC 30107-3 Annex A Table A.2を筆者が和訳）

体液に含まれる成分など，生体の静的な特徴を利用するものはこれに分類される。

2. **生体の無意識動作に基づくもの**：生体が定常的に発している信号のうち，観測可能なものを利用する方式。血圧，血流，脳波，心電図波形，照明の変化によらない瞳孔の収縮などを利用する。指紋においては，静電容量センサで取得された指紋画像で汗腺のパターンを計測する検知方式などがあげられる。また，虹彩は，照明変動とは関係なく0.5Hzほどの間隔で瞳孔が定常的に振動しているといわれており，これを利用した検知が可能である。

　ECG（Electrocardiogram：心電図）のように，計測した情報そのものが生体であること情報を利用した認証方式や，それらを他の認証と組み合わせる方式も近年では提案されている。

3. **外部刺激に対する生体反応に基づくもの**：外部刺激に対する生体の反応のうち，観測可能なものを利用した方式。顔認証における瞬き検知や，話者照合におけるキーワード発話といった照合対象者の協力が必要となる方式や，光による瞳孔の収縮，膝蓋腱反射等，無意識の反射運動もこれに含まれる。上記2つの方式に対し，本方式は，生体の対話的な特徴を利用した方式といえる。

特に瞬き検知等，特別な動作を利用者に要求する方式は，撮影・録画といった簡易な手法によるなりすましが困難と考えられるが，利便性の低下やセンサコストの増大を招く可能性がある点に注意が必要である。

3 なりすまし攻撃に関する標準化

なりすまし攻撃に関連する標準化としては，上記でも参照したISO/IEC 30107シリーズ（Biometric presentation attack detection）があげられる。これはなりすまし攻撃に関する用語やデータフォーマット，なりすまし攻撃耐性の評価基準の定義を目的としており，2018年10月現在，フレームワーク（Part 1），データフォーマット（Part 2），テストとレポート（Part 3），モバイル用評価プロファイル（Part 4，標準化策定作業中）の4つのパートから構成されている。

特に，Part3では，生体認証機器のなりすまし耐性を評価するための評価基準であるAPCER（Attack Presentation Classification Error Rate）を定義している。これは偽造物がなりすまし検知アルゴリズムを突破できる確率を，攻撃試行回数に対する攻撃成功回数の割合というシンプルな指標で評価するものである。一方で，なりすまし攻撃の分類の項でも述べたとおり，偽造物にはさまざまな種類があり，製造にかかるコストや製造自体の難易度といった違いがある。

これらに対応するために，Part 3では，攻撃能力（Attack Potential）を考慮して偽造物を入力した際に生体を誤識別する確率APCER（Attack Presentation Classification Error Rate）を定義している。これは，攻撃者は自らの能力（これを攻撃能力，Attack Potentialと呼ぶ）で作成可能な偽造物の中から，最もなりすまし成功確率が高い偽造物を使うはず，という前提のもとで評価を行うことを目的としている。つまり，同じ攻撃能力で作成可能な偽造物の中で，最もAPCERが高い偽造物による評価値を採用する。ここでいう攻撃能力が，攻撃者が負担するさまざまなコスト，すなわち偽造物作成にかかる金額や，知識，時間といった要素になる。

実際には「グミで作成した指紋や3Dプリンタで作成した顔マスクの攻撃能

力がどの程度か」といった定義を行う必要があるが，このような攻撃能力の定義はISO/IEC 30107の標準化対象外となっている。攻撃能力を考慮した評価方法については，生体認証システムのセキュリティ評価の枠組みを定義するISO/IEC 19989において，標準化の策定が進んでいる。また，これ以外にも，近年ではFIDOアライアンスが発表したバイオメトリック部品の認定プログラムでもなりすまし検知に関する評価項目が含まれるなど，生体認証機器のなりすまし耐性の客観的評価の要求が近年大きくなっている[8]。

7.1.3　テンプレートの保護

◼ テンプレート保護の目的と分類

生体情報の保護方法には大きく分けて3つの方法がある。

1. **システム運用による保護手段**：サーバで厳重に生体情報を管理する，耐タンパデバイス（ICカード）内に生体情報を保管する，あるいはサーバと耐タンパデバイスの組み合わせによって生体情報を分散管理する，等の手法である。これらは既存の情報システムにおけるデータ管理手法の延長で対策できるという利点がある一方，システム侵入による情報漏洩のリスクや，デバイス紛失のリスクといった点には対応することはできない。

2. **暗号技術による保護手段**：共通鍵暗号，公開鍵暗号といった暗号技術，あるいは一方向性ハッシュ関数を用いて，生体情報が漏洩した際にも元の生体情報を推定できない状態にして保管しておく対策方法である。保管している生体情報の安全性は利用する暗号方式の安全性によって担保されるが，暗号化を行うために秘密鍵を管理する必要や，元のデータを復号した後に管理者が照合を行う必要があるため，そのタイミングをねらった高度な攻撃や管理者による不正が存在し得ることが問題となる。

3. **テンプレート保護型生体認証**：元の生体情報を復元できないようにして，生体情報を保護する手法である。1や2の問題を踏まえて，以下の特性を持つようなアルゴリズムの設計が必要となる。
   - 保護状態の生体情報（保護テンプレートと呼ぶ）同士の類似度を用いて，元の生体情報同士の類似度を間接的に計算することができる
   - 保護テンプレートが漏洩したとしても，パスワードのように何度でも新たな保護テンプレートを作成することができる

以降では，特に3のテンプレート保護型生体認証を取り上げ，代表的な技術

について紹介する。

　生体情報は究極の個人情報と呼ばれることもあり，また，きわめて情報漏洩へのリスクが高い情報でもある。個人情報保護委員会が発行する『「個人情報の保護に関する法律についてのガイドライン」及び「個人データの漏えい等の事案が発生した場合等の対応について」に関するQ&A』[9]において，システムに保管する生体情報の個人情報の取り扱いに関して，適切なテンプレート保護技術が施された生体情報については漏洩の際の報告義務がないとされている。これらに対応するうえでも，生体情報の適切な保護が生体認証システムの導入にあたっての重要な検討項目となる。

2　テンプレート保護型生体認証

　テンプレート保護型生体認証は，キャンセラブルバイオメトリクスとバイオメトリック暗号の2つに大別される。

1. **キャンセラブルバイオメトリクス：**キャンセラブルバイオメトリクス方式では，クライアントは認証時に取得した生体情報を，秘密情報（生体情報とは別に選定される）に依存した変換関数を用いて元の生体情報が復元できない形へと変換することで生体情報を保護し，保護テンプレートとして登録する。照合時には，保護情報同士の類似度を比較することで，元の生体情報同士の類似度を間接的に計算することができる。ここで，特徴量間の距離関係に大きな影響を与えないように変換関数を設計することで，元の認証精度を劣化させずにテンプレートの安全性を向上させることができる。キャンセラブルバイオメトリクスシステムの機能構成を**図7.2**に示す。
　　生体情報の変換に用いる関数としては，歪みのパターンやスクランブル

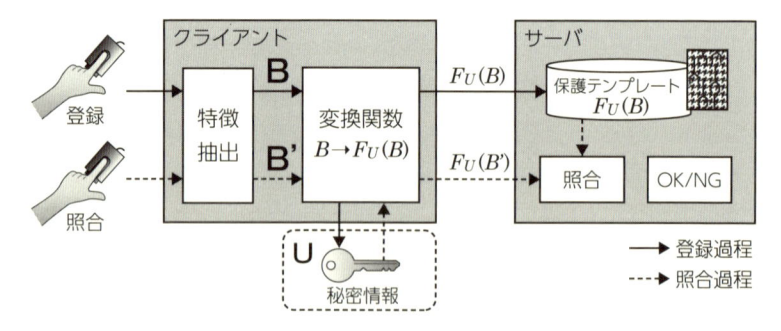

図7.2　キャンセラブルバイオメトリクスシステムの機能構成

のパターンが機密情報となる幾何学変換に基づく手法（**図7.3**）や，画像間の最大相互相関を不変とする変換関数等が提案されている。

　また，本方式は，仮に変換後の生体情報あるいは秘密情報が漏洩しても，秘密情報を新しい情報へと更新し，登録済の保護情報を破棄して新しい秘密情報を用いて作成した保護情報を登録しなおすことで，生体情報そのものを変更せずにセキュリティを保つことができる。ただし，保護情報と秘密情報が同時に漏洩した場合には元の生体情報が容易に計算で求められる。この問題に対しては，セキュアな通信路の確立や信頼できる第三者による秘密情報の管理など，システムレベルでのより高度な対策が必要となる。

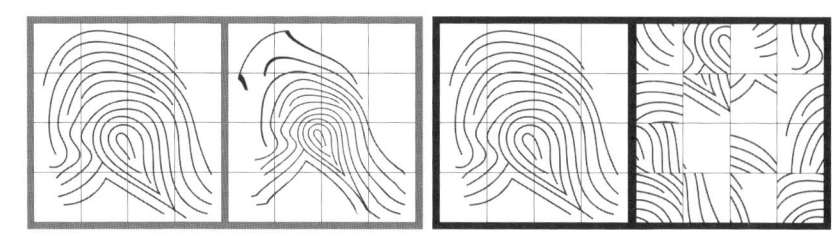

図7.3　幾何学変換を用いたキャンセラブルバイオメトリクスの例

7章

2.　**バイオメトリック暗号**：バイオメトリック暗号技術は，生体情報からユーザ固有の鍵（生体鍵）を動的に生成し，ハッシュ関数や公開鍵暗号に基づく認証といった既存の認証プロトコル暗号技術に基づく認証を行うことで，生体情報そのものをサーバに提示せずに，生体情報に基づく認証を実現する技術である。認証システムの機能は**図7.4**に示すように，クライアント内で生体情報から動的に生体鍵Kを生成する生体鍵生成部分と，生成された生体鍵Kを用いて暗号技術に基づく認証を行う部分で構成される。

　一般に生体情報は，位置ずれ，歪み，経年変化，環境ノイズなどさまざまな要因で変化し，デジタルデータとして一定ではない。しかし暗号技術に基づく認証と連携するためには，不定なデータからユーザごとに固有の鍵データを生成する必要がある。このため，個人内での誤差を許容する目的で，生体鍵の生成には，生体情報に依存した補助情報を用いる。補助情報は，鍵が漏洩した場合にこれを破棄・更新する役割も果たす。一般的に誤り訂正符号が補助情報として用いられる。

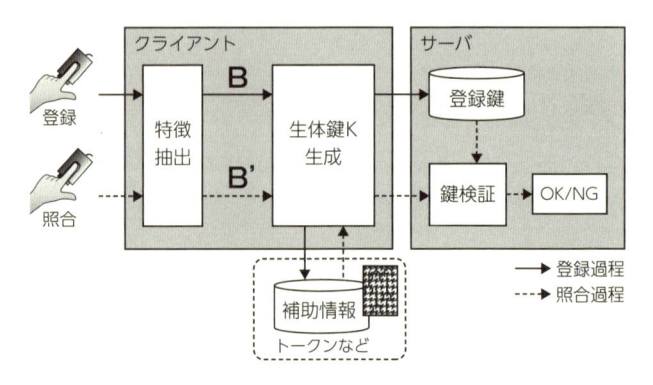

図7.4　バイオメトリック暗号の機能構成

3. **バイオメトリック署名**：バイオメトリック暗号においては，デジタル署名等への適用を考えた際に，生体鍵の作成に補助情報が必要となることが問題となっていた。これに対して，補助情報の必要性をなくし，生体情報から作成した生体鍵を電子署名用の鍵として利用可能とするバイオメトリック署名が提案されている。認証システムの機能は**図7.5**に示すように，クライアントの生体情報から公開テンプレートを作成しサーバに登録する登録過程と，生体情報を用いて平文に署名を作成する部分，公開テンプレートを用いて署名を検証する部分からなる照合過程から構成される。

　ネットワークにおける個人認証基盤としては，PKI (Public Key Infrastructure) が一般的であるが，PKIにおける秘密鍵の代替としてバイオメトリック署名技術を利用し，保護されたテンプレートを公開鍵の代替とすることで，

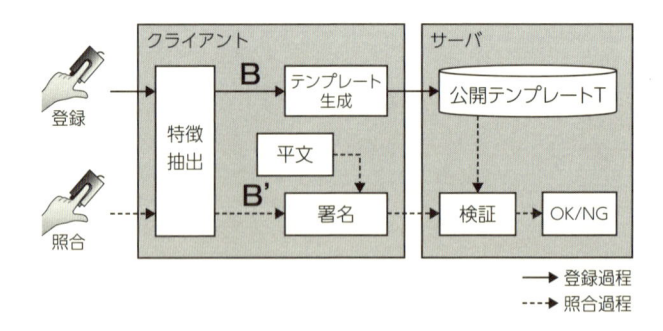

図7.5　バイオメトリック署名の機能構成

PKIに代わる認証基盤を生体認証により構築することができる。このようなバイオメトリック署名と公開テンプレートにより実現される認証基盤をテンプレート公開型生体認証基盤（Public Biometric Infrastructure）と呼ぶ[11]。

❸　テンプレート保護型生体認証に関連する標準化

テンプレート保護型生体認証に関する標準化として，2011年にテンプレート保護型生体認証の一般的な構成を定義した「ISO/IEC 24745:2011 Information technology - Security techniques - Biometric information protection」が，また2012年にはテンプレート保護型生体認証のセキュリティ評価ガイドラインを定義した「ITU-T X.1091: A guideline for evaluating telebiometric template protection techniques」が策定された。

これらの提案に続いて，評価を進める際の実用的な評価基準の必要性から，テンプレート保護型生体認証の評価基準を定める「ISO/IEC 30136:2018 Information technology - Performance testing of biometric template protection schemes」が標準化された。ISO/IEC 30136は，テンプレート保護型生体認証アルゴリズムの安全性を複数のアルゴリズム間で比較可能とするための評価基準を定義する標準化である。保護された生体情報から元の生体情報が推定できるかどうかを評価するIrreversibilityや，保護テンプレートが漏洩した際に再作成がどの程度（何回まで）可能であるかを評価するTemplate Diversity，補助情報等が攻撃者に漏洩した際の危険性を評価する指標であるSAR（Successful Attack Rate）等が定義されている。

7.2 🔘 バイオメトリクスとプライバシー

バイオメトリクス（生体情報）を利用するうえで考慮すべきプライバシー概念や法，標準規格について紹介する。また，システムを構築する際に考慮すべきリスク評価の方法と関連する事例を紹介する。プライバシーを保護する技術は，7.1節で紹介したセキュリティ技術の対応が有効であるが，個別案件ごとにプライバシーリスク評価を実施したうえで対策を検討する必要がある[12]。

7.2.1　プライバシーの概念

日常生活において，「プライバシー」という言葉は，「他人に知られたくない

自分の私生活や秘密に関する情報」という意味で使われることが多い[13],[14]。外来語である「プライバシー (Privacy)」は，1890年にアメリカのWarrenとBrandeisによって発表された論文「The Right to Privacy」において，プライバシー権＝「一人にしておいてもらう権利 (right to be let alone)」として定義されたのが初めてだといわれている。この定義は，放っておかれることによって自分の私生活や秘密を公開されるのを防ぐという消極的な概念といえる。

　図7.6に示すように，コンピュータやネットワークなどの技術進歩・利用拡大や個人の積極的な権利意識の高まりにより，プライバシーの概念も時代とともに変遷してきた[14]。1967年にはWestinが著書『Privacy and Freedom』において，「individual's right to control the circulation of information relating to one-self (自己に関する情報の流れを管理する個人の権利)」と定義している。

　情報化社会の進展とともに，多量の個人情報が電子データとして蓄積され，ネットワークを介して簡単にアクセスできるようになった現在，いわば放っておかれることは困難であり，「自己情報コントロール権 (right to control one's personal information)」と呼ばれるWestinの定義が一般的となっている。現在は，さらに個人の権利を重視する方向にあり，ネットワーク上に流出した個人

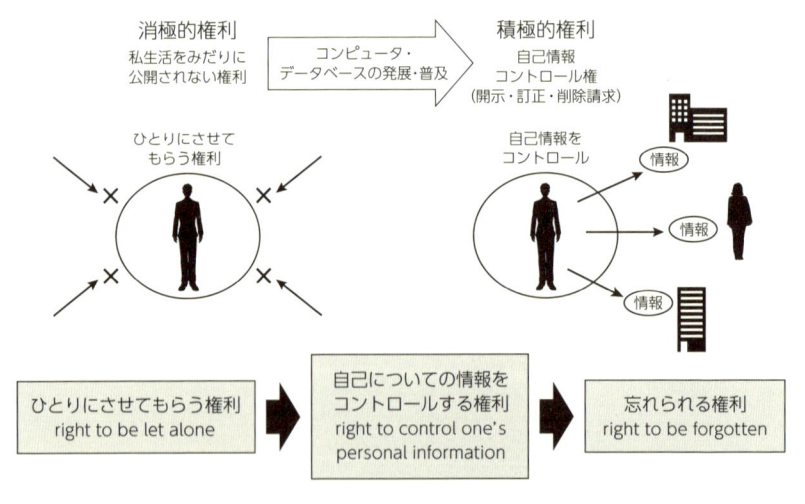

図7.6　プライバシーに対する意識の変化

情報を削除する権利「忘れられる権利（right to be forgotten）」とされている。

7.2.2　バイオメトリクスの性質

表7.3に，現在市場で利用されている代表的なバイオメトリクスを示す。バイオメトリクスはモダリティごとにプライバシー性に関し異なる特徴を持つ[15],[16]。

　プライバシー性を検討するうえでは，そのデータがどの程度の匿名性を持つかが重要である。また，匿名性を検討するうえでは，識別性，特定性の概念が重要である[13]。製品化において，バイオメトリクスは従来，普遍性（universality），唯一性（uniqueness），永続性（permanence）などで検討されてきたが，さらに識別性，特定性などのプライバシー性の観点での検討が必要である。

表7.3　バイオメトリクスの種類と性質

モダリティ	内容	識別性	特定性
顔	顔の目鼻などの位置，輪郭などを用い識別認証する技術。 眼鏡や顔の表情，加齢による変化などによって認識率が低下する可能性がある。 本人の協力がなくてもデータの採取が可能。	中	顔のデータのみで個人特定可能な場合もある➡高
指紋	指紋の隆線や谷線の分岐点などを特徴点として用い識別認証する技術。実績のある信頼性の高い識別認証技術である。 遺留指紋などを利用することも可能であるが，データ採取のためには本人の協力が必要。	高	個人属性と関連づければ➡高 関連づけなければ➡低
虹彩	虹彩パターンの濃淡値（アイリスコード）を特徴点として用いる識別認証技術。他人受入誤差に優れているが，本人拒否誤差が大きく，可用性が低い欠点もある。 データ採取のためには本人の積極的な協力が必要。	非常に高	個人属性と関連づければ➡高 関連づけなければ➡低
静脈	近赤外光を手のひら，手の甲，指に透過させて得られる静脈パターンを用いる技術。 他人受入誤差，本人拒否誤差とも優れ，安定した性能を持つ。 データ採取のためには本人の協力が必要。	非常に高	個人属性と関連づければ➡高 関連づけなければ➡低
DNA	利用のためには（血液や唾液などの）サンプルの提出を必要とし，現時点においてはリアルタイムに識別認証できる技術は開発されていない。 遺留物を利用することも可能であるが，データ採取のためには本人の積極的な協力が必要。	非常に高	個人属性と関連づければ➡高 関連づけなければ➡低 識別認証情報以外の私的情報の提出も可能

7章

7.2.3 バイオメトリクスとプライバシー性について

バイオメトリクスとプライバシーの関係は，**表7.4**に示す観点で検討が必要である[16]。

例えば，**図7.7**に示すように，登録するときに個人の属性情報（個人名あるいは個人IDなど）とともに取得したモダリティの情報（バイオメトリクスデータ）を個人情報といい，本人認証分野で利用される。本人認証利用では，登録された本人との同一性を確認するため個人名を特定できなくてはならず，識別性・特定性の高いデータを使うことになる。

表7.4　識別性および特定性

	用語	説明	備考
1	識別・特定情報	個人が（識別されかつ）特定される状態の情報（それが誰か一人の情報であることがわかり，さらに，その一人が誰であるかわかる情報）	認証用途 識別用途
2	識別・非特定情報	一人ひとりは識別されるが，個人が特定されない状態の情報（それが誰か一人の情報であることはわかるが，その一人が誰であるかまではわからない情報）	識別用途 追跡用途
3	非識別・非特定情報 （匿名情報）	一人ひとりが識別されない（かつ個人が特定されない）状態の情報（それが誰の情報であるかわからず，さらに，それが誰か一人の情報であることがわからない情報）	マーケティング用途

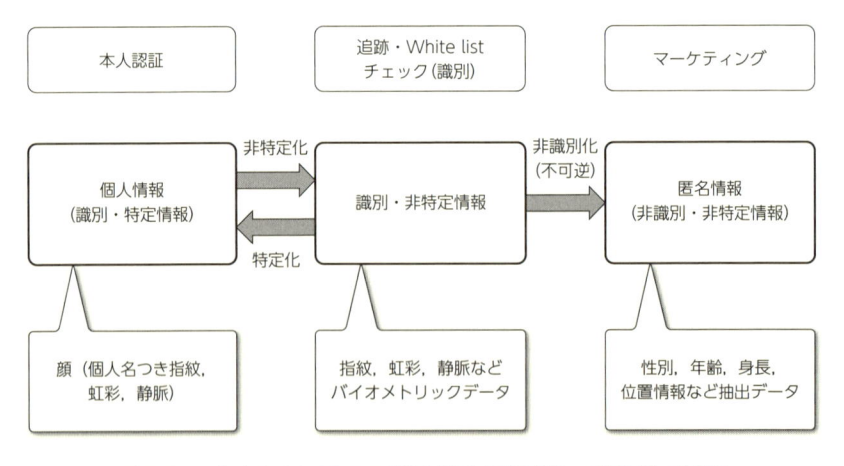

図7.7　バイオメトリクス利用分野と識別性・特定性の関係

一部の情報が非特定な情報を識別・非特定情報といい，指紋，静脈などのデータを指す。指紋，静脈は，そのデータだけでは個人の特定が困難である。識別・非特定情報はホワイトリストによるチェック（識別処理）などの応用がある。顔はデータのみで個人を特定できる場合が多く，完全な非特定データとはいえない。

さらに非識別化を図った情報を匿名情報という。例えば，バイオメトリクスデータ（特に顔）から性別，年齢などの情報のみ抽出したものを非識別・非特定情報，つまり匿名情報と呼ぶ。匿名性が高いということは，識別性，特定性ともに低い状態である。つまり，個人情報保護法の第三者提供にあたらないため，情報提供者の同意なく，データの利活用が可能となる。

個人情報（識別・特定情報）の場合，個人情報保護法に基づきデータを取り扱う必要がある。一方，完全に個人を特定できない匿名情報（非識別・非特定情報）は，データの第三者提供などが可能となる（厳密にいうと匿名加工した情報も個人情報保護法の範囲である（法第36条1項，規則第19条））。一度匿名情報にすると識別も特定もできない，不可逆変換であることが必要である。ただし，個人情報保護法の観点で合法であっても適正な説明責任を果たさない場合，他の法律（例えば，憲法13条（個人の尊重），民法709条（不法行為），民法235条（目隠し権）など）で訴訟されるおそれもあり，何らかの配慮が必要である[17],[18]。

一方，識別・非特定情報の場合，特定化が可逆的にできることもあり，個人情報保護法の範疇になり，データ利用に制限が加えられる場合がある。このため，利活用のためには個人情報保護法の配慮が必要となるが，法律で明確に定義することには限界があり，別の手段，例えば，海外で実施している専門的・中立的な第三者機関での判断，説明責任のための新しいフレームワークであるプライバシー影響評価などが有効である[12]。

7.2.4　各国・各機関の個人情報保護対策

1　欧州

ARTICLE29-Data Protection Working Party： 1995年に採択された「EUデータ保護指令（個人データ取扱いに係る個人の保護及び当該データの自由な移動に関する1995年10月24日の欧州議会及び理事会の95/46/EC指令）」は，EU加盟国およびEEA（欧州経済領域加盟国合計30か国に対して同指令に基づく国内法規を要求するものであり，また，EU域外の国に対してもデータ移転

にあたって「十分なレベル」の個人データ保護を要請するものであるため，個人情報保護の分野ではきわめて影響力の強いフレームワークである[17],[18]。

EUデータ保護指令に基づき設置された個人データの処理に関する個人の保護に関する作業部会が，EUデータ保護指令におけるバイオメトリック情報への適用方法の検討を実施した。この検討結果は2003年8月に公開されている。本文書では，ほとんどのバイオメトリックデータは個人データに該当するとされており，目的と適正収集とデータ主体への通知・合法的データ処理のための規範・事前検査・セキュリティ対策・センシティブデータ・唯一性・プライバシー強化技術の使用と行動規範といった観点からの検討結果が記載されている。

2013年，EUデータ保護指令が改定され，新たに「EU一般データ保護規則（GDPR：General Data Protection Regulation，個人データ取扱いに係る個人の保護及び当該データの自由な移動に関する欧州議会及び理事会の規則）」として採択され，2018年5月に完全施行された。

今回の改定は，以前の指令の採択から15年以上が経ち，インターネットをはじめとする急速な技術的進歩やグローバル化の進展によって発生してきた新たな課題に対処するためのものである。具体的には，データ削除の権利，個人情報収集における明確な同意の要求，違反事項の72時間以内の監督官庁への報告義務，データ保護オフィサーの設置など，厳しいルールが設定された[19],[20]。

EU一般データ保護規則では，RFIDやバイオメトリクスなどの個人情報を扱うシステムの構築の際，データ保護影響評価（プライバシー影響評価と同等）を実施することになった[12],[18],[21]。

2 米国

公的部門と民間部門の両方を包括的に規制している連邦レベルの個人情報保護法は，現時点では存在しない。公的部門については1974年にプライバシー法が成立しているが，民間部門についての包括法は存在せず，基本的には自主規制に委ねられている。特定の分野ごとに個別法が制定されており，セクトラル方式が採用されている。例えば，金融プライバシー法（1978年），電子通信プライバシー法（1986年）などがある[18],[21],[22]。

米国の個人情報保護制度は，EUほど個人情報を厳格に保護しておらず，情報の自由な流通や経済の発展を重視している。基本的には，プライバシー権の侵害があった場合に，事後的に民事法上の救済を与えればよいという発想であり，緩やかな事後規制型である。

問題となるのは，EU個人データ保護指令25条との関係である。米国では民間部門を包括的に規制する連邦法が存在していないため，指令25条の十分なレベルの保護に達していないことになり，EU加盟国からの個人データの移転について障害が生じてしまう。

これに対し，一定の保護要件を満たしている企業，組織については，プライバシーシールドという仕組みを使ってEU加盟国から個人データの移転を受けられることとしている。なお，米国でも民間部門を包括的に規制する連邦プライバシー保護法の制定が議論されている。

- 消費者プライバシー権利章典：ネット上などにあるさまざまなプライバシー情報を活用したビジネスの振興をねらう姿勢が，より鮮明になった。2013年3月，大統領名で発表した「消費者プライバシー権利章典（A Consumer Privacy Bill of Rights）」の草案は，プライバシービジネスの構造化を目指して米国が官民一体で打ち出したものである[18]。消費者プライバシー権利章典草案の目的は，「ネット上のプライバシーデータの扱いについて，個人（消費者）の権利を確立すること」である。

  具体的にいうと，消費者が自身のプライバシー情報をコントロールできること，民間事業者（企業）によるプライバシー情報取り扱いの透明性が確保されること，データがセキュアに取り扱われることなどが，権利として確立されるべきだとしている。バイオメトリクス情報の扱いは不明である。

- 米国憲法修正4条：米国でバイオメトリクスに対するプライバシー保護に関し実効性があるのは，米国憲法修正4条である。修正4条の条文は，「不合理な逮捕捜査，もしくは押収に対し，身体，住居，書類および所有物の安全を保障される人民の権利はこれを侵害してはならない」である。修正4条は所有物原則（当の技術が人間やその所有物に物理的に侵入しないこと）を明示的に示している[21]。

  例えば，監視カメラに関し，米国ではナンバープレートは公共情報であり，「公衆の目の原則」により保護されないと考えられている（欧州は，ナンバープレートはプライバシー保護の対象としている）。監視カメラは公衆の目の及ぶ範囲において運用され，監視は公知の事実となっている場合，修正4条の保護対象にならない。ただし，画像処理され，DB（データベース）とつながり，人名を特定できる場合や，それをキーにして他のDBへのリンクも可能であり，当人の全体像の把握が可能となる場合は，修正4

7章

条の対象となり，プライバシーは保護される。

つまり，道路上で撮影された人は自分が監視カメラに写っていることは知っているが，瞬時に自分のプロファイル（個人データの集合）まで相手に把握されるとは思っていない。つまり自分のプライバシーは期待できないと納得していても，自分のプロファイルの保護は強く期待している。

3 日本

2005年に民間部門を規制する個人情報保護法が制定・施行された。日本の個人情報保護法は，民間部門も包括的に法律で規制している点は欧州型に近いが，事業者の自主性を尊重しつつ，事後的にゆるやかな規制を行っている点は米国型に近い[21],[22]。**表7.5**にバイオメトリクスに関係する法律を一覧する[16]。

2017年より完全施行された改正個人情報保護法のポイントは，監視カメラシステムを例に説明すると以下のとおりである[22]~[24]。

- 個人識別符号：カメラの被写体となる顔容貌は，個人識別符号に該当すると考えられる。顔以外にも，いずれかの「身体の一部の特徴」が該当すると考えられる。

- 要配慮個人情報：要配慮個人情報は，いわゆるプライバシーに関する情報に相当する。監視カメラで撮影された顔情報と犯罪歴との照合または照合目的での撮影，ならびに防犯防災用途での監視カメラ撮影が，本人の同意を得ないで要配慮個人情報として利用される場合として，改正法17条2項，3項に該当する問題となる。

- 利用目的変更の緩和：防犯，防災をはじめ多目的に利用する監視カメラの撮影データなどは，利用目的が当初の設置運用時の想定と変更される場合がある。この場合，利用目的の変更手続きは，改正法16条に従って本人の同意を得ることとなる。

- 匿名加工情報：個人情報取扱事業者が匿名加工情報を作成して第三者へ提供する場合，匿名加工情報が特定の個人を識別しない情報であることを確保するために，第三者に提供される匿名加工情報に含まれる個人に関する情報の項目およびその提供方法について公表するとともに，第三者に対して，提供に係る情報が匿名加工情報である旨を明示しなければならない（改正法36条4項）。

表7.5　バイオメトリクスの個人性，プライバシー性において
現状で考慮すべき法律

法など	内容	備考
個人情報保護法	この法律において「個人情報」とは，生存する個人に関する情報であって，当該情報に含まれる氏名，生年月日その他の記述等により特定の個人を識別することができるもの（他の情報と容易に照合することができ，それにより特定の個人を識別することができることとなるものを含む）をいう。改正個人情報保護法では，顔画像なども保護対象となった。	識別には，人間が行う場合と計算機的に行う場合があり，識別の容易性が異なる。
JIS Q 15001:2017	個人情報保護法の改正に伴い，また，ISOマネジメント規格で使用している「HLS（High Level Structure）」に章立てを適合させるように，2017年に大幅に改訂された。ISO27001やISO9001と同じ形である。これにより，他の規格や内部統制などに規定を統一しやすくなる。附属書A，Cの管理策と安全管理措置が添付された。	プライバシーマークを認証するための適合基準が規定されている。
民法	709条：故意又は過失によって他人の権利又は法律上保護される利益を侵害した者は，これによって生じた損害を賠償する責任を負う。	この条項の規定領域は広い。
	710条：他人の身体，自由若しくは名誉を侵害した場合又は他人の財産権を侵害した場合のいずれであるかを問わず，前条の規定により損害賠償の責任を負う者は，財産以外の損害に対しても，その賠償をしなければならない。	
憲法	13条：すべて国民は，個人として尊重される。生命，自由及び幸福追求に対する国民の権利については，公共の福祉に反しない限り，立法その他の国政の上で，最大の尊重を必要とする。	同上
肖像権	日本においては，日本国憲法第21条に表現の自由が明記されており，肖像権に関することを法律で明文化したものは存在せず，刑法などにより刑事上の責任が問われることはない。しかし，民事では，人格権，財産権の侵害が民法の一般原則に基づいて判断され，差止請求や損害賠償請求が認められた例がある。財産権に関しては立法化の流れも生まれているが，公共の場所で不特定多数の人物を撮影する場合は，肖像権の侵害は基本的に認められない。	顔認証が該当する。

7.2.5　プライバシーに関する国際標準

■　国際標準委員会の状況

　表7.6に示すように，バイオメトリクスのプライバシーに関する国際標準も開発されているが，プライバシーの定義が法的に難しいため，社会通念上の保護を記述したものが多く，国際標準への適合性まで踏み込んだものはない（2018年5月時点）。

- ISO/IEC TR 24714:2008 Biometric Tutorial：2008年に国際標準規格TRとして発行された。バイオメトリック技術に関し，モデル，用語などを解説

表7.6　バイオメトリクスに関係する国際標準

規格	タイトル	内容
ISO/IEC TR 24714-1: 2008 Biometric Tutorial	バイオメトリック チュートリアル	バイオメトリック技術に関し，モデル，用語などを解説したもの。プライバシー，アクセシビリティ，安全性などの考慮に関して規定している。
ISO/IEC DIS 30124 Code of practice for the implementation of a biometric systems	バイオメトリックシステムの実装における実践のための規範	バイオメトリックシステムの導入について，バイオメトリクスの必要性評価から構築，運用における留意事項（モダリティの選択，利便性，プライバシーなど）まで考慮した規格。小・中規模のシステムをターゲットにして詳細な規格を規定するものでなく，考慮すべき事項を網羅的にカバーした実践規範。
ISO/IEC 29194:2015 Guidance on the inclusive design and operation of biometric systems	生体認証システムの包括的な設計と操作に関するガイダンス	バイオメトリックシステムの設計と調達におけるアクセシビリティとユーザビリティの問題に対するガイドライン。体の不自由な人がバイオメトリクスを利用するうえでの考慮点をまとめている。
ISO 22307:2008 Privacy Impact Assessment	プライバシー影響評価	プライバシー影響評価の6つの要求事項（計画，評価，報告，専門性，中立性，意思決定）を規定したもの。
ISO/IEC 29134:2017 Guidelines for privacy impact assessment	プライバシー影響評価のためのガイドライン	プライバシー影響評価の実施方法のガイドライン。プライバシー影響評価のスコープを明確にしている。(Privacy by Design, Stakeholder engagement, Due Diligence)
ISO/IEC 29100:2011 Privacy Framework	プライバシーフレームワーク	一般的なプライバシーの用語を規定。個人を特定できる情報（PII）を処理する際，ステークホルダー（PII主体，PII管理者，PII処理者，第三者機関）を明確化

している。プライバシー，アクセシビリティ，安全性などの考慮に関しても記述がある。もともと，SC 37の委員会内部でのモデルや用語の共通認識を持たせる目的で開発されたもので，具体的な技術的な内容は記載されていない。

- ISO 22307:2008 Privacy Impact Assessment：金融関係を扱う委員会TC68で開発され，2008年に発行された国際標準である。プライバシー影響評価の6つの要求事項（計画，評価，報告，専門性，中立性，意思決定），つまり手順と実施体制を規定した国際標準化規格である。具体的なリスク評価手法などの規定はない。
- ISO/IEC 29134:2017 Guidelines for privacy impact assessment：ISO/IEC 29134は，プライバシー影響評価のガイドラインについて規定する標準規

格である[24]。**表7.7**に概要を示す。プライバシー影響評価のスコープを明確にしたものである（Privacy by Design，Stakeholder engagement，Due diligence）。

- ISO/IEC 29100:2011 Privacy Framework：一般的なプライバシーの用語を規定している。11の原則が示されている。JIS規格も発行されている（JIS X 9250:2017 プライバシーフレームワーク）。

個人情報やプライバシーは，法や社会的制度に基づいて対処されるため，標準化で扱うには難しい。ただし，個人情報はネットワークを介し国境を越えて流通するため，法的な依存性のない対応の方法に関する国際標準は必要である。

表7.7　ISO/IEC 29134の概要

フェーズ		内容
PIA準備		• PIA実施目的の明確化 • PIA実施責任者の明確化 • PIA実施範囲の明確化
PIA実施	PIA準備	• PIAチームの設置と方針の策定 • PIA計画の準備とPIAを行うためのリソースの決定 • 評価対象の特徴を記述 • ステークホルダーエンゲージメント
	PIA実施	• PIA情報フローの識別 • 関係するユースケースの分析 • 関連するプライバシー保護要件の決定 • プライバシーリスク評価 • プライバシーリスク対応の準備
	PIA継続管理	• 報告の準備 • 公表 • プライバシーリスク対応評価の準備 • PIAのレビューand/or監査 • プロセスに対する変更の反映
PIA報告		• PIA報告書の作成（記載内容：評価対象の範囲，リスク基準，関連するリソースと人物，ステークホルダーとの協議結果，プライバシー要件，リスクアセスメント，リスク処理計画，残存リスクについての結論と決定） • PIAパブリックサマリーの作成

7章

7.2.6 プライバシー影響評価

1 定義

特に留意する規格は，ISO/IEC 29134:2017 Information technology - Security techniques - Guidelines for privacy impact assessment[24]である。

図7.8にプライバシー影響評価の概要を示す。プライバシー影響評価は，個人情報の収集を伴う新たな情報システムの導入にあたり，プライバシーへの影響度を「事前」に評価し，その回避または緩和のための法制度・運用・技術的な変更を促すための一連のプロセスである。評価結果であるプライバシー影響評価PIA報告書を関係者で共有化し，プライバシーリスクに関する問題を事前に検討する。ちなみに，日本では民間におけるプライバシー影響評価を個人情報影響評価（番号法では特定個人情報保護評価）と呼ぶ[26]。

PIAの基本的考えは，デューディリジェンス（Due diligence）である。セキュリティやプライバシー対策を完璧に行うことは難しく，PIAにより問題発生時の責任を低減できる。

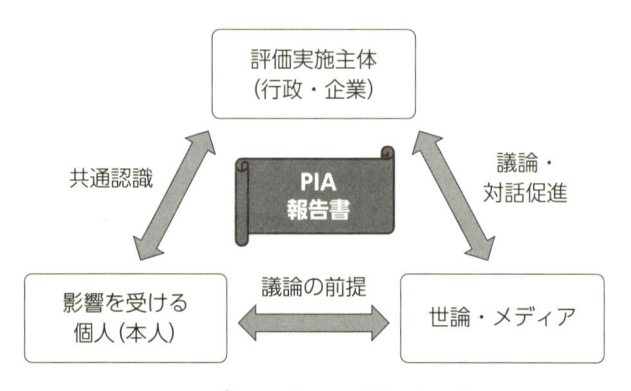

図7.8 プライバシー影響評価の概要

2 プライバシー影響評価事例

プライバシー性の判定には多様性があり，法律ですべてを規定することは難しい。今後ビッグデータビジネスなどで，プライバシー性のあるデータを利活用する場合も，法律ですべてを規定した場合，その利用にかなりの制限が加えられるため，法律での規定範囲は限定し，ある程度のグレーゾーンを残しても

よいと判断する。グレーゾーンの対応は，情報提供者に安心感をもたらす施策が必要であり，また，次のことが必要と考える。

① 中立的・専門的な機関の設置

② 分野ごとのガイドラインの整備

③ プライバシー影響評価によるプライバシーリスクの透明化および情報公開

特に，プライバシー影響評価は，情報提供者に安心を与える有効なツールと考える。**表7.8**に監視カメラでの実施事例を示す[27]。

例えば，プライバシー影響評価を実施して設置した監視カメラと，実施せずに設置した監視カメラでは，**図7.9**のような相違がある。

欧米では，関係者にセキュリティとプライバシーのトレードオフを明確に理解させるため，監視カメラを設置する場合，プライバシー影響評価の実施が義務づけられている。

ロンドンの場合はプライバシー影響評価が実施されている。したがって，「誰が」「何の目的」で設置をしているのか，「問い合わせ先（電話，アドレス）」がカメラに明記されている。一方，日本の場合は，プライバシー影響評価が実施されていないため，目的や問い合わせ先が不明確であり，市民のプライバシー

**7
章**

表7.8　監視カメラにおけるプライバシー影響評価の実施事例

	背景	法・ガイドライン	体制	実施例
米国	・9.11同時多発テロ以降，社会に対する監視がより厳しくなった ・2007年の調査によると一般市民（回答者）の71％が監視カメラ増設に賛成	・PIAの根拠となる法律は電子政府法の第208条および国土安全保障法の第222条	・国土安全保障省DHS内にDHSプライバシーオフィスという連邦政府および省庁に関するプライバシー保護のための機関が存在	・LivewaveCCTVシステムに対して2009年9月にPIAを実施 ・連邦保護局FPS職員の安全・犯罪防止，不法侵入の抑止のために，8,800か所の政府関連施設に設置
英国	・1998年の犯罪・秩序違反法およびCCTVイニシアティブが，防犯カメラ拡大の要因 ・2005年のロンドンの地下鉄爆発テロの際にも，CCTVの重要性が再認識され，一般市民は，防犯に有効な手段であるとCCTVの設置を容認	・2000年施行のデータ保護法は公共部門と民間部門を等しく規制 ・同法は，第一に個人情報の電子的な処理に関するものであるが，手動で扱われる個人データ登録にも適用	・情報コミッショナーは政府から独立した情報自由法の監督機関として存在 ・情報自由法の執行・推進について中心的な役割	・監視カメラの運用規定CCTV Code of Practiceに「大規模な監視カメラシステムを構築する場合や，カメラの利用が重大なプライバシー問題を引き起こす可能性がある場合は情報コミッショナー事務局の作成したPrivacy Impact Assessmentハンドブックを利用すること」という記述
カナダ	・1990年代からPIAを実施したPIA先進国 ・連邦政府の行政機関はPrivacy Actの順守を義務づけ	・プライバシー保護法令は連邦法と州法に大別 ・CCTVの設置については連邦，州，市の各レベルでガイドラインが存在 ・ガイドラインではPIAの実施を要請	・Privacy CommissionerはPrivacy Actで地位と任務を規定 ・Office of the Privacy Commissionerは政府から独立した第三者機関で，各州に州法に規定された独立第三者機関が存在	・アルバータ州雇用・移民部門（Employment and Immigration）の防犯カメラでPIAを実施

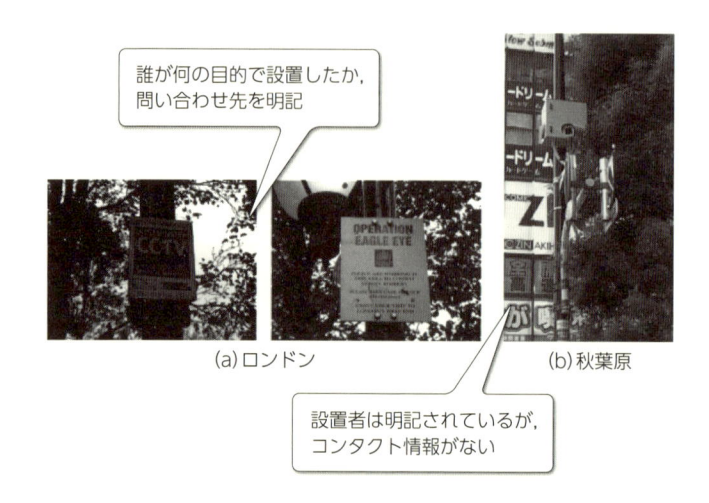

図7.9　ロンドンと東京における監視カメラの設置の例

がどのように保護されているか，十分な説明責任が果たされていない。

　以上のように，海外では，バイオメトリクスを扱うシステムに関してプライバシー影響評価が実施されており，システム構築の適正性を，設置責任者およびデータ提供主体が客観的に把握している。

▌7.2.7　監視カメラの事例とプライバシー問題

　監視カメラは日本に400万台以上設置されているといわれている。また，カメラ画像に高度なデータ処理を実施した匿名化データは，従来の防犯，防災以外のマーケティング利用などにも利活用されている[27]。

　図7.10は，防災目的で豊島区が設置したネットワークカメラシステムである。「人がどこにどのくらい滞在しているか」「どちらに移動しているか」と，群衆行動を解析するもので，AI技術を用いた画像認識処理を実装している。

　図7.11は，小売店に設置したカメラにより，顧客の購買情報を管理すると同時に，マーケティングにも利用している。また，万引き犯を検知するシステムも運用されている。

　図7.12はJRの駅などに設置された飲料水の自動販売機である。販売機の上部にカメラを設置し，顔認証により属性データ（年齢，性別，購入物，時間）を収集してマーケティングに利用している。多くのシステムではビッグデータ

解析（AI処理）などが実施されている。

　日本の場合は，いずれの事例も経験則的なプライバシー対策しか実施されていない。例えば，個人の顔を識別できない解像度で撮影する，顔データは保存せず属性情報のみ解析する，撮影データは暗号化して保存し事件が発生したと

■ 池袋駅等の帰宅困難者対策など，東日本大震災の反省から区職員による情報収集の効率化のための情報収集手段の確保

■ ネットワークカメラによる常時モニタリングと群衆行動解析技術を用いて実現

豊島区

人々のかたまり（矩形）
ごとに解析

異常混雑，取り囲み行動，
集団で逃げる行動を検知

図7.10　群衆行動解析による総合防災システム[28]

■ 多くの小売店で，目や鼻の位置などの特徴をデータ化し，IDを割り振る仕組み。レジのPOS（販売時点情報管理システム）と合わせ，客の購買履歴を管理

■ 書店丸善ジュンク堂は，万引きした疑いのある客の顔データをデータベースに登録し，来店すれば検知する仕組みを運営

■「ビデオカメラ作動中」という告知のみ

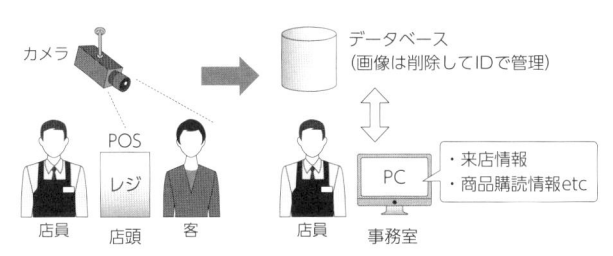

図7.11　店舗で進む顔認証システム

- ■ ビッグデータマーケティング
  - ● 各個人に最適な宣伝(ターゲットマーケティング)
  - ● 情報を多量に収集分析することによる効果的な生産・販売
- ■ 高度なマーケティング機能
  - ● 自販機上部のセンサで顧客属性(年代・性別)を判定，属性ごとにおすすめ商品を表示
  - ● 季節，時間帯，環境に応じた商品訴求，客の需要を喚起
  - ● 属性情報を含むPOS情報を取得，マーケティングデータとして活用

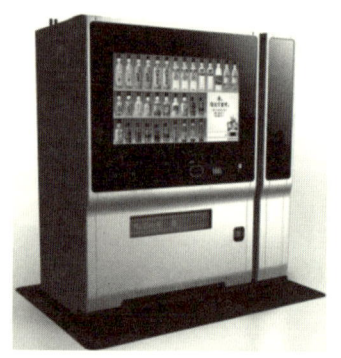

JR東日本ウォータービジネス

図7.12　顔属性判別機能つき自動販売機[29]

きのみ視認するなどの対策しかされていない。国際標準の方法論を導入する時期に来ている。

参考文献

◆7.1節

[1] Campisi Patrizio 他：Security and Privacy in Biometrics，Springer Publishing Company (2013)

[2] ISO/IEC 30107-1:2016 Information technology - Biometric presentation attack detection - Part 1: Framework

[3] ISO/IEC 30107-3:2017 Information technology - Biometric presentation attack detection - Part 3: Testing and reporting

[4] 宇根正志，松本勉：生体認証システムにおける脆弱性について：身体的特徴の偽造に関する脆弱性を中心に，金融研究，Vol.24，No.2，pp.35-83 (2005)

URL：https://www.imes.boj.or.jp/research/papers/japanese/kk24-2-3.pdf

[5] T. Matsumoto：Gummy and conductive silicone rubber fingers importance of vulnerability analysis，Advances in Cryptology — ASIACRYPT 2002，pp.574-575，Springer (2002)

[6] Sébastien Marcel 他：Handbook of Biometric Anti-Spoofing，Springer Publishing Company (2014)

［7］宇根正志：生体認証システムにおける人工物を用いた攻撃に対するセキュリティ評価手法の確立に向けて，金融研究，Vol.35，No.4，pp.55-90（2016）
URL：https://www.imes.boj.or.jp/research/abstracts/japanese/kk35-4-3.html

［8］FIDO Alliance Biometric Component Certification
URL：https://fidoalliance.org/cirtification/biometric-component-certification/

［9］個人情報保護委員会：「個人情報の保護に関する法律についてのガイドライン」及び「個人データの漏えい等の事案が発生した場合等の対応について」に関するQ&A
URL：http://www.ppc.go.jp/files/pdf/180720_APPI_QA.pdf

［10］N.K. Ratha，J.H. Connell，R.M. Bolle：Enhancing security and privacy in biometrics-based authentication systems，IBM systems Journal，Vol.40，No.3，pp.614-634（2001）

［11］加賀陽介，松田友輔，高橋健太，長坂晃朗：安全・安心・便利な社会を実現する生体認証基盤—Public Biometric Infrastructure—，日立評論，Vol.97，No.06-07，pp.44-49（2015）
URL：http://www.hitachihyoron.com/jp/pdf/2015/06_07/2015_06_07_06.pdf

◆7.2節

［12］瀬戸洋一：実践的プライバシーリスク評価技法：プライバシーバイデザインと個人情報影響評価，近代科学社（2014）

［13］瀬戸洋一：バイオメトリックセキュリティ入門，ソフト・リサーチ・センター（2004）

［14］村上康二郎：現代情報社会におけるプライバシー・個人情報の保護，日本評論社（2017）

［15］佐々木良一 監修：情報セキュリティの基礎，共立出版（2011）

［16］瀬戸洋一：AI・IoT・ビッグデータ時代のバイオメトリック技術，最新自動認識技術2017（自動認識 増刊号），日本工業出版（2017）

［17］名和小太郎：個人データ保護—イノベーションによるプライバシー像の変容，みすず書房（2008）

［18］小林慎太郎：パーソナルデータの教科書，日経BP社（2014）

7章

[19] 個人情報保護委員会, 株式会社三菱総合研究所：個人識別符号に関する海外・国内動向の調査研究報告書 (2018)
URL：https://www.ppc.go.jp/files/pdf/201803_kojinshikibetsu_fugou.pdf

[20] 一般財団法人日本情報経済社会推進協会：個人データの取扱いに係る自然人の保護及び当該データの自由な移転に関する欧州議会及び欧州理事会規則 (一般データ保護規則) (仮日本語訳) (2016)
URL：https://www.jipdec.or.jp/archives/publications/J0005075

[21] 小泉雄介：プライバシー影響評価 (PIA) の海外動向と日本への応用, 日本データ通信, No.214, pp.10-12 (2017)

[22] 内閣官房：諸外国における PIA の目的・役割
URL：http://www.cas.go.jp/jp/seisaku/jouhouwg/hyoka/dai1/sankou1.pdf

[23] Europrivacy: PIA and proposals from ISO/IEC 29134 and ICO
URL：https://europrivacy.info/2017/01/17/pia-and-proposals-from-isoiec-29134-and-ico/

[24] 日経 xTECH, 日経コンピュータ 編：欧州 GDPR 全解明, 日経 BP 社 (2018)

[25] 日本貿易振興機構：「EU 一般データ保護規則 (GDPR)」に関わる実務ハンドブック (入門編) (2016)
URL：https://www.jetro.go.jp/world/reports/2016/01/dcfcebc8265a8943.html

[26] 岡村久道：個人情報保護法の知識〈第4版〉, 日本経済新聞出版社 (2017)

[27] 瀬戸洋一：ネットワーク型多目的カメラシステムにおけるプライバシー課題とその対策, 危機管理産業展 (RISCON TOKYO) 2016 (2016年10月21日開催)

[28] NEC プレスリリース：NEC, 豊島区で, 世界初の「群衆行動解析技術」を用いた総合防災システムを構築
URL：http://jpn.nec.com/press/201503/20150310_01.html

[29] 株式会社 JR 東日本ウォータービジネス：夢の飲料自販機エキナカ本格展開へ
URL：http://www.jre-water.com/pdf/100810jisedai-jihanki.pdf

映画の世界の生体認証

映画の中で生体認証は肯定的にも，否定的にも扱われています。

まず，最初にあげるものはジョージ・オーウエル原作の『1984』(1985年，松竹富士) です。

1984年という，当時からすれば未来社会を描いたもので，そこでは「テレスクリーン」と呼ばれる双方向テレビジョンによって，市民は常に国家および絶対的権力者「ビッグ・ブラザー」から監視されています。また，歴史的事実の歪曲をはじめ，人ひとりの存在を消すことでさえも，国家によって日常的に行われている社会です。

彼が創作した社会は全く予想はずれかというと，そうではないといえます。英国では現在，400万台のカメラが市民の生活を監視するビッグ・ブラザーの世界が実現しています。

2018年時点で中国は「天網」というAI監視カメラによる顔認証システムを運営しています。「天網」システムはあらゆる場所をインターネットでコントロールしており，探したい人物がどこにいるか，わずかな時間で見つけ出すことができます。まさにビッグ・ブラザーの実現です。

また，未来を扱った『マイノリティ・リポート』(2002年，20世紀フォックス映画) という映画でも，生体認証が登場します。映画中，2054年のアメリカでは，犯罪予知システムにより殺人発生率0％を実現していました。「プリコグ」と呼ばれる3人の予知能力者によって犯罪を予知し，「未来殺人犯」を捕まえることで事件を防ぐというものです。映画の世界では，街中に虹彩スキャナ (網膜スキャナと翻訳されているが，誤り) が設置されており，虹彩情報を自動的に読み取って，「ギネスを一杯いかがですか？」などと対象者の好みや購入情報から類推したサービスを提供します。一見便利にも思えますが，度を越すと薄気味悪いものです。主人公のアンダートンは，システムの中枢にあたる犯罪予防局のチーフとして活躍していましたが，突如プリコグによって見ず知らずの男を殺害すると予告されます。一転，追われる立場になったアンダートンは，虹彩スキャナをかいくぐるため他人の眼球を移植し，自らの容疑を晴らそうとします。この中では虹

彩認証システムがいろいろな場面で利用されていました。この映画では，犯罪捜査のための個人管理として虹彩情報を一括管理するビッグ・ブラザーと，商店街で個々の店が自分の顧客を常にサービスの一環で管理するリトル・ブラザーの世界も描かれています。余談ですが，神奈川県警と京都府警では，2018年時点でプリコグを実際に運営しています。犯罪データをビッグデータとして扱い，AIにより解析して犯罪発生する日時と場所を推定し，警察官を重点配備する，というものです。映画と現実の差がなくなり，便利な反面，ちょっと怖い思いもします。

　生体認証を利用することは，度を越すと市民のプライバシーを侵す監視社会の到来になりますし，また，適度に利用すればサービスビリティの向上や安全な社会の構築に役に立ちます。これらの映画は，セーフティとサービスビリティのバランスをどのようにとるかを十分考える必要があるということを示唆しています。

　このほか，『ガタカ』(1997，ソニーピクチャーズエンタテイメント)，『CODE46』(2003，ギャガ・コミュニケーションズ) など，DNAを利用した遺伝子操作により適正な社会を作ろうというSF映画もあります。『ミッション：インポッシブル』(1996，パラマウント・ホーム・エンタテインメント・ジャパン) ほかスパイ物映画でも生体認証は多く扱われています。

　どのような生体認証がどのような切り口で扱われているかの観点での映画鑑賞もお勧めです。(瀬戸洋一)

8章

応用事例

8.1 生体認証システムの概要

　バイオメトリクスが原子力発電所や機密施設の出入り管理といった限定された利用から，より消費者に近いアプリケーションに活用されはじめた背景にはいくつかの要因がある。9.11アメリカ同時多発テロに端を発したセキュリティ意識の高まり，インターネットの爆発的な普及による「見えない相手」との情報のやりとりにおける安全対策，増えるパスワードやカード，より便利な生活の実現など，主としてセキュリティ面と利便性の両面での理由があると考えられる。

　本章では，生体認証の応用事例について，現在どういった使われ方がされているのか，またどのようなメリット/デメリットがあるのか，実例をあげて紹介する。

　バイオメトリクスの導入が進みつつあるが，社会の必然性，ユーザの要求の度合いによって，普及のスピードは大きく異なっている。また，官公庁が主導するか（比較的）民間が主導するかなど，分野によっても市場の立ち上がりに差が生じる。

　図8.1に，公共性が強いか個人向けか，あるいは安全性重視か利便性重視かで各分野をまとめてみた。はじめは安全性と公共性の高い用途から普及が始ま

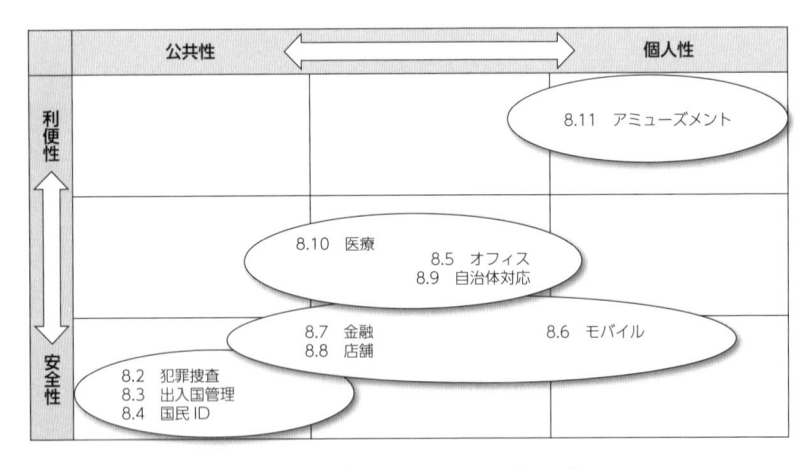

図8.1　アプリケーションの位置づけ

り，より消費者に近い利便性を追求する分野へ広がりを見せている。このような分野の一例として，スマートフォンへの生体認証機能の採用がある。2018年の時点では，国内外で製品化される多くのスマートフォンに何らかの生体認証機能が搭載され，端末のロック解除や各種決済時での利用が進んでいる。この中でも，金融・店舗・モバイルが相互に連携する個人決済用途が国内外で急速に拡大している。この分野では高度な安全性の確保を前提としたうえで，利便性の実現が求められる傾向にある。

最終的に各分野のユーザニーズに応え，使いやすいシステムを提供し，本人認証基盤技術として普及していくことが期待されている。

8.2 ● 犯罪捜査

犯罪捜査への指紋利用の歴史は古く，日本国内においては，1911年から開始された。1983年より自動指紋識別システムが稼働されるまでは，指紋の紋様パターンで分類し，人手で一致確認を実施していた。自動化が進んだことで，飛躍的に短い時間での一致確認が可能となり，犯罪捜査に必要不可欠なものとなっている。

図8.2に示すように，犯罪捜査における指紋の利用は，大きく身元照会，遺留照会，余罪照会，同一犯照会の4つに分類される。

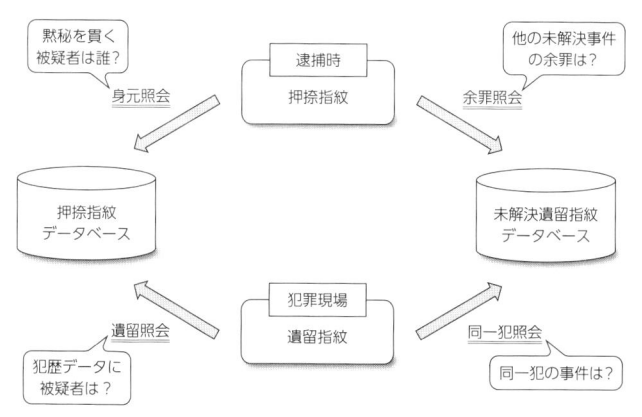

図8.2　犯罪捜査向けの指紋活用

1. **身元照会**：逮捕時に，犯罪者データベースに指紋で照会を実施する。特に，偽名を騙る被疑者や黙秘権を行使する被疑者の特定に有効である。照会の結果，犯罪歴なしの場合は新規に指紋データを登録し，犯罪歴ありの場合は登録済みの指紋と品質を比較して，より品質の高い指紋画像に置き換える。生体情報は，「回転指 (Rolled Fingerprint)」と呼ばれる指を回転させながら指全体を押捺した指紋画像，「平面指 (Slap Fingerprint)」と呼ばれる4指同時に押捺した指紋画像を採取して登録する。その他，掌紋画像，顔画像，虹彩画像やタトゥー画像など幅広い生体情報が犯罪捜査に活用されている。まれに指紋がないケースでは，掌紋を用いて身元照会が実施されることもある。

2. **遺留照会**：犯罪現場で採取された遺留指紋や遺留掌紋を犯罪者データベースと照合することで，犯人検挙の有力な情報として活用する。一般的に，遺留画像はノイズが多く品質が悪いため，通常の自動特徴抽出方式では，偽特徴点を多く抽出してしまう。そこで，鑑識官が人手で特徴点を修正することで精度よく照合させている。近年では，自動照合技術の進歩が目覚ましく，鑑識官の修正作業なしで自動照合できるケースも増えている。照会結果として，ヒットした場合には，複数の鑑識官の鑑定結果と合わせて裁判の重要な証拠となる。また，ヒットしなかった遺留データは，未解決遺留データとして登録される。

3. **余罪照会**：逮捕時に，身元照会と同時に未解決遺留データとの照合も実施する。ヒットした場合は，未解決事件解決の有力な手がかりとすることができる。

4. **同一犯照会**：遺留照会でヒットしなかったデータを未解決遺留データと照合することで，過去の未解決事件との関連性を調査する。関連性がないと思われていた事件について同一犯の可能性が高まり，事件解決への糸口となるケースがある。

従来は，指紋や掌紋が中心であった犯罪捜査への生体情報の活用は，近年監視カメラ映像からの顔画像照合等，活用の幅を広げつつある。今後も，ますます重要な捜査情報として，さまざまな生体情報の活用が期待されている。詳しくは，書籍[1]を参考にしていただきたい。

8.3 出入国管理

第二次世界大戦中に航空機技術が飛躍的に発達してきたことを受け，今後民間航空分野が大きく発展を遂げるであろうと考えられた。そこで大戦が終結を迎える間際である1944年に連合国各国はシカゴで会合を開き，国際条約である国際民間航空条約（シカゴ条約）を策定した。戦後の1947年に本条約をもとにして，国連の専門機関のひとつである ICAO (International Civil Aviation Organization, 国際民間航空機関) が発足した。ICAO の設立目的は，国際民間航空が安全かつ整然と発展するように，また国際航空運送業務が機会均等主義に基づいて健全かつ経済的に運営されるように各国の協力を図ることであり，2018年4月現在で192か国が加盟している[2]。

ICAO では関連した多くの国際標準や勧告を作成しており，そのひとつに文書9303と呼ばれる，パスポートや査証について規定する国際標準がある[3]。この文書の開発担当である ICAO TAG/TRIP (Technology Advisory Group on the Traveller Identification Programme, 渡航者同定プログラムにおける技術諮問グループ) は，開発に多くの技術エキスパートの協力が必要であることから ISO/IEC JTC 1/SC 17/WG 3（機械可読渡航文書の国際標準化を担当）とリエゾン関係を締結している。

2000年前後，パスポートの物理的な偽造防止技術が進むにつれて正規のパスポートを不正利用して出入国しようとする事案が増えてきたことを受け，ICAO ではどう対策を行うべきか議論を重ね，生体認証による本人認証技術が有効であるとの合意に至ろうとしていた。2001年9月11日に起きた米国同時多発テロを契機にして議論が大きく加速され，2003年6月のベルリン会議および2004年3月のニューオリンズ会議にて，パスポートにコンタクトレスのインタフェースを備える IC チップを採用し，国際的に標準化された顔画像を相互運用可能な第一の生体情報として記録することなどが決議された。なお，同じく国際的に標準化された指紋画像あるいは虹彩画像を，相互運用可能な第二の生体情報として追加的に記録することも決議されている。

記録される情報は顔画像を含め，原則として誰でも読み出せる仕様となっており，暗号化されない形で記録される。ただし，個人情報・プライバシーの保護の観点から，指紋画像および虹彩画像は暗号化が必須とされる。これは，パ

スポートが広く国際的な社会IDとして長年用いられてきており，さまざまな場面で読み取りが行われ利用されているという歴史的な背景によるものである。

　現在，文書9303に準拠する生体認証を採用したパスポートは，全世界で10億通以上が発給・利用されている。並行して，米国のみならず世界各国，日本でも出入国管理での生体認証応用が加速度的に進んでいる。2015年11月13日のパリ同時多発テロ，2016年3月22日のブリュッセル連続テロと，これまで比較的安全と思われていた欧州で悲劇が相次いだことから，さらに強化されつつある状況である。

　パスポートに記録される顔画像の仕様は，国際標準ISO/IEC 19794-5で，データフォーマットのほかに，撮影するにあたっての照明やカラーバランスから，顔の表情や向き，大きさ，背景までが規定されている。これらの条件は歴史的に使われてきた目視確認用途として適することに加え，機械的な顔認証技術用としても適するように考慮されている。日本ではICパスポートに記録する顔画像は，顔写真として申請者が持ち込むことになっているため，外務省はパスポート申請者に対してわかりやすいサンプルとともにガイドラインを示している[4],[5]。

　日本国発行のパスポートには顔写真が券面に印刷されるとともに，冊子中のやや厚めのプラスチックでできたページにICチップとアンテナが埋め込まれており，国際標準に準拠した形式で顔画像が記録されている（**図8.3**）。パスポートの持ち主かどうかを顔認証で確かめる際には，このICチップから顔画像を読み出して本人確認処理を実施することとなる。なお，ICチップやアンテナが封

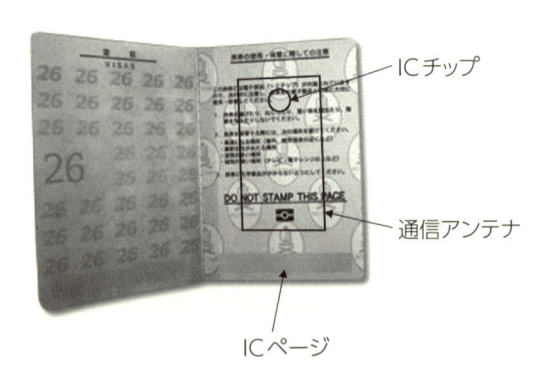

図8.3　パスポートに埋め込まれたICチップ

入されるページは発行国によって異なっている。

　2006年3月より外務省はICパスポートの発給を開始していることから，このICパスポートに記録された顔画像をそのまま用いることで正しいパスポートの持ち主であるかどうかを認証することができれば，追加手続きも不要でメリットが大きい。パスポートの有効期限は最大10年なので，2016年には国民が所持するパスポートはすべて顔画像が記録されたICパスポートへ切り替わり，安全・安心かつ公平な行政サービスが可能となる。

　他国でも同様で，例えばオーストラリアは自国民だけでなく，ニュージーランドやUK，米国，シンガポールなどのパスポート保持者に対しても顔認証による自動化ゲートサービスを行っている[6]。またUKでもヨーロッパ経済圏であるEU各国とノルウェー，アイスランド，リヒテンシュタインに加え，スイスのパスポート保持者に対する同様のサービスを実施している[7]。**図8.4**に，2018年9月18日時点で国際航空運送協会（IATA）より公開されている自動化

(a) 事前登録が必要な自動化ゲート

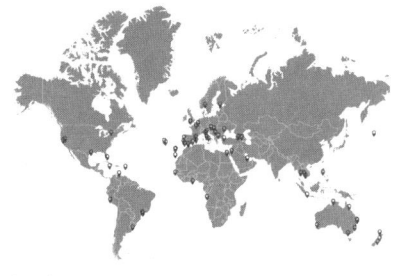

(b) パスポートの活用により事前登録が不要な自動化ゲート

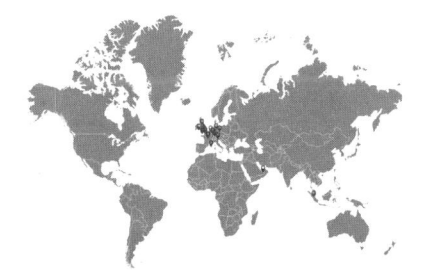

(c) 上記の両方を運用する自動化ゲート

図8.4　世界各国における自動化ゲート[8]

* 2018年9月18日の状況

ゲートサービス状況を示す[8]。事前登録が不要なタイプが増加傾向にある。

　日本では2014年夏に，羽田空港・成田空港において日本国民を対象とした顔認証実証実験が行われた後，2017年度より顔認証ゲートの順次導入が進んでいる[9]。法務省では観光立国の実現のため，訪日外国人旅行者の増加に対応するために，日本人の出帰国手続きの合理化を行うことで，より多くの入国審査官を外国人の審査に充て，審査の厳格化を維持しつつさらなる円滑化を図ることを目的としている。**図8.5**にその概要を示す。

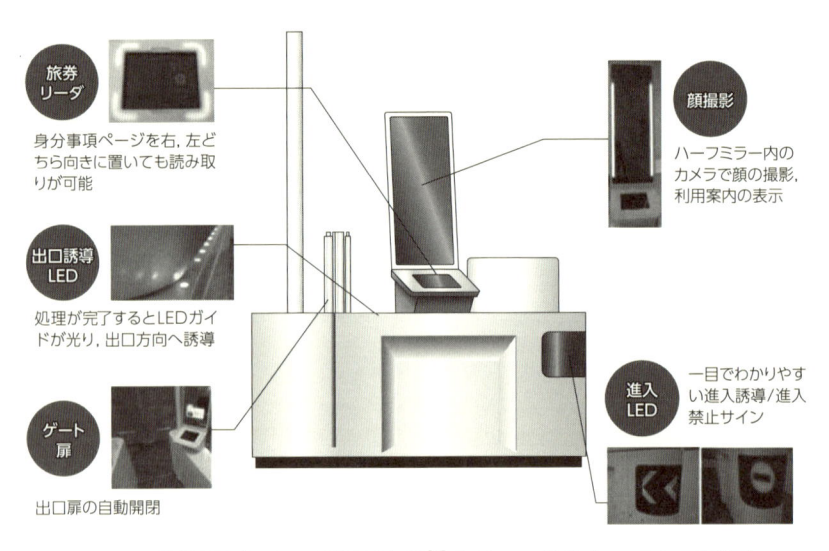

図8.5　顔認証ゲートの概要（文献[9]より，一部トレースして引用）

　利用にあたっては，ICパスポートを所持し単独で機械の操作が可能なこと，身長が135cm以上であること，顔撮影時に照合を妨げる原因となり得る帽子・サングラス・マスクを取り外すことなどが示されている。

　一方，外国人の審査にあたっては，別人のパスポートを使って入国しようとする人，あるいはテロリスト等の要注意人物を見つけられるように，顔および指紋を採取している[10]。一方で，外国人であっても一定の要件に該当すれば，指紋を事前登録する自動化ゲートサービスを利用できるようになっており，厳格な審査と利便性のバランスに配慮されている[11]。**図8.6**に自動化ゲートの外観を示す。

図8.6　自動化ゲートの外観[11]

　世界各国も出入国審査には同様の政策をとっており，今後も広がっていくものと思われる。

8.4 ● 国民ID

　国民IDとは，国が国民に対しユニークな番号を与え，識別するものである。世界の国々は，それぞれの実情により，発行と管理の方法に差異はあるものの，基本的には，国の省庁間，さらに民間の認定業者まで，ネットワークを通して処理する枠組みがある。厳密には異なるが，広い意味では，日本のマイナンバーやアメリカの社会保障番号（SSN）もそのひとつといえる。

　国民IDを利用することで，国民の納税と福祉管理が行き届きやすくなる。例えば，複数の収入源の集計，銀行の口座管理などである。発展途上国では国民IDを使って，貧困層の把握，生計援助を行っている事例もある。

　国民IDを管理するためには，ID発行のルールを厳密に行う必要がある。特に，ユニークであることは何よりも重要視される。また，国民はこのIDを利用する際に，身元を証明する必要もある。

　IDカードの利用手段は従来からあるが，取り違いや，なりすましではないことの証明は簡単ではない。そこで，近年は，多くの国で生体認証と連動して利用することが増えている。

国民IDを扱うためには，広く法的な整備が必要不可欠であり，またプライバシーへの配慮などさまざまな話題と課題が多い。

8.4.1　国民IDと生体認証

国民IDに生体認証を利用する場面は，主に次の2つである。

1. **国民ID発行時**：生体情報を登録し，IDと生体情報を結びつける
2. **国民ID利用時**：生体情報を照合し，IDの所有者であることを証明する

国民ID制度をすでに長く運用している国であれば，上記の1は，国民が一定年齢に到達した場合と，一定の周期で生体情報を登録，更新する場合が該当する。2は省庁のシステム，銀行などの利用時に，本人確認する場合が該当する。

生体情報は終身不変として利用されるが，一般的に幼児の指紋は採取しにくく，虹彩に至っては半年から2歳前後まで不安定である。容貌も骨格の成長とともに変化する。このため，生体データの登録は成人前後に再度行うことが一般的で，加齢による経年変化も考慮して，5〜10年ぐらいの周期で，再登録（更新）することが望ましい。また，より高い精度を担保するため，指紋だけでなく，顔画像や虹彩など複数の生体情報を登録して利用するマルチモーダル（複数生体情報）が普及している。

8.4.2　国民IDにおける生体認証の課題

全国民にIDを発行し，生体認証を適用するには，いくつかの課題がある。大きく精度，性能，実現性の3つに分けられる。

1. **精度の課題**：国民IDはデータベース規模が大きいため，例えば1万分の1のエラー率と仮定しても，人口が1億人いる場合は，1万人に対して誤判定が発生することになる。指紋認証がいかに高精度といわれていても，例えば農業を生業としている国民は指紋の摩耗が激しく，上記以上のエラー率もあり得る。また，先天的・後天的に指紋，虹彩の採取が困難な割合も存在する。そこで，単一モダリティでは実現できない精度を達成するために，マルチモーダルが必要となる。1億分の1以下のエラー率を達成できているのは，指紋，顔，虹彩の先端技術をすべて保有する生体認証のベンダーに限られている。現在これを成し得る会社は世界中で数社しかない状況である。

2. **性能の課題**：国民IDの発行においては，二重発行を防止しなければならない。すべての新規登録者は登録済の国民に対して生体認証による二重登録検査を行う必要がある。その際，人口の2乗の照合回数が発生する。この膨大な照合を現実的な範囲の時間で完了させるためには，性能も精度同様に重要である。

3. **実現性の課題**：上記の精度と性能を満たすため，システム全体のアーキテクチャも重要である。国民IDレベルの超大規模システムでは，ハードウェア効率（Utilization Efficiency）がきわめて重要であり，単純な1台あたりの処理性能を該当する規模に水平拡張するだけでは，実現は難しい。実現させるためには，超大規模システムとして設計することが重要である。

8.4.3　インドの国民ID「アドハー（Aadhaar)」

1　背景

　インドは国土面積が広く，人口も12億を超えるが，最近まで全国民に有効な戸籍制度は不完全だった。経済発展を考慮し，国民IDの重要性は以前から提起されており，インド政府はこの国民IDの実現に有識者を集め，時間をかけてその実装と運用を検討した。2009年に，固有識別番号庁UIDAI（Unique Identification Authority of India）という専門の機関が設立され，「Aadhaar」と名乗るプロジェクトが発足した。Aadhaarはヒンディー語で「基盤」「基礎」の意味を持つ言葉で，国の基盤プロジェクトにちなんで名づけられた[12]。

　Aadhaarは12桁の数字で，登録の順序，申請者の地域，カーストなどのいずれの身上情報とも関係しない数字をランダムに発行する。

　当時のインドでは戸籍のない人口が多く，氏名，生年月日，住所からも本人の特定が不可能であるため，何も対策をしていない状態では同一人物が何回も窓口でIDの発行を申請することができてしまう。国民IDシステムはユニークなIDを必要とするため，Aadhaarシステムの立ち上げには，このIDがユニークであることを保証する必要が生じる。この保証のためには，生体情報の活用以外に手段がない。一般的に，このプロセスは重複チェック（Deduplication）と呼ばれており，国民ID等の生体情報登録システムでは重要な機能とされている。

　Aadhaarプロジェクトは世界で最も野心的な生体認証システムである。UIDAIは当初，約10年の歳月をかけ，全国民の生体情報採取と重複チェックを行う考えだった。有識者からの見解で，精度を満たすため，指紋の10指データ，虹彩，

顔写真のすべてを採取する必要性をインド政府に提案した。

開始から2年後の2011年までに2億人のデータを採取して，全体の方向性を検証し，それから2014年までに6億人，2019年までに全国民のデータ採取と重複チェックを終えるプランだった。

12億人の見込み人口に対応するため，全国に数万か所の固定式・移動式の採取ステーションを設け，オンライン・オフラインでの採取を開始した。記録によると，2016年には3万7千か所の採取ステーション（Enrollment Station）があり，37万6千名の職員（Certified Operator）が採取に従事している[13],[14]。

これらの採取ステーションから集められた申請者のデータを，CIDR（Central Identities Data Repository）と呼ばれる処理センターに集め，重複があるかどうかの確認を行い，重複がないと判断された申請者にIDカードを発行する。この重複チェックはチェックの漏れがないように，厳密に行う必要があった。

すべての申請者の生体情報をいったん登録し，再度申請者の生体情報を全登録者に対して照合して，照合結果が申請者自身以外にない場合に限り，重複のないことを認定する手法だった。

❷　重複チェック方式 (Deduplication)

国民ID含め，ID業務システムは通常，重複を排除する必要がある。運用中のシステムは登録しながら進行するため，固定済のデータベースのように，先頭レコードk_iから（$k_i + 1 \sim k_n$）の探索範囲の照合はできない。重複チェック方式は，次に示す照合先行方式と登録先行方式の2通りがある。

照合先行方式はシングルタスクで考えられる。処理フローは**図8.7**に示す。

1. ｜登録済データ｜に対して｜新規登録データ｜を照合
2. 照合の結果が「ヒット」の場合，重複として，登録しない
3. 結果が「ノーヒット」の場合，｜登録済データ｜に｜新規登録データ｜を追加登録

このフローにおいて，全体の照合コストは$(n)(n-1)/2$となる。大規模であれば，$n^2/2$となる。

大規模システムでは上記**1**の照合処理時間が長く，処理**3**が終わるまでにほかの新規登録者が照合・登録を行うと，重複検知の漏れが起こる。例えば，同一人物が異なる2か所（A, B）で登録申請した場合，Aから開始した照合・登録が終わる前にBからの照合が行われ，Aから追加されたデータとの重複を検出できず，A, Bの両方から同一人物を二重登録することが起こり得る。このため，

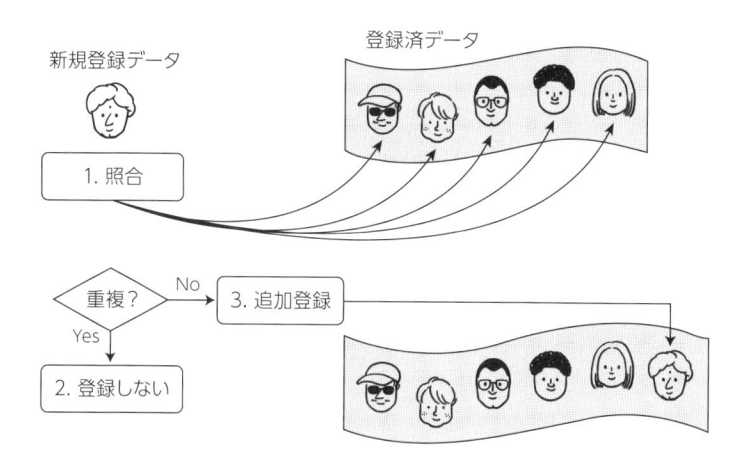

図8.7　照合先行方式の重複チェック処理フロー

大規模システムでは照合先行方式は使えない。

　検知漏れを防止できる登録先行方式のフローを**図8.8**に示す。

1. ｜登録済データ｜に対して｜新規登録データ｜を追加登録
2. ｜登録済データ｜に対して｜新規登録データ｜を照合
3. ｜新規登録データ｜自身以外のデータと「ノーヒット」の場合，完了
4. 自身以外のデータと「ヒット」とした場合，重複と判断，別のタイミングで重複を削除

　登録先行方式の照合コストはn^2となり，照合先行方式よりコストが高い。ただし，検知漏れを防ぐことができ，複数の登録と照合を並列に実行できるため，Aadhaar含む大規模システムはこの方式を利用している[13],[14]。

❸　システムの実現

　上記の手法によって，システム全体の照合回数は，予測人口の2乗のコストが発生する。12億人で計算してみると，照合回数は1.44×10^{18}回という天文学的数字になる。UIDAIが設定した要件は，システムが毎日100万人の登録と重複チェックを実施できることである。

　生体認証によって，重複の可能性があるとピックアップされた登録者の候補は，職員が写真の確認を行い，身上情報の精査で最終的な重複の有無を判断する必要がある。この確認は手作業であるため，人的なコストも抑えなければならない。「他人受入率が100万分の1」は一般的な規模のシステムでは十分な精

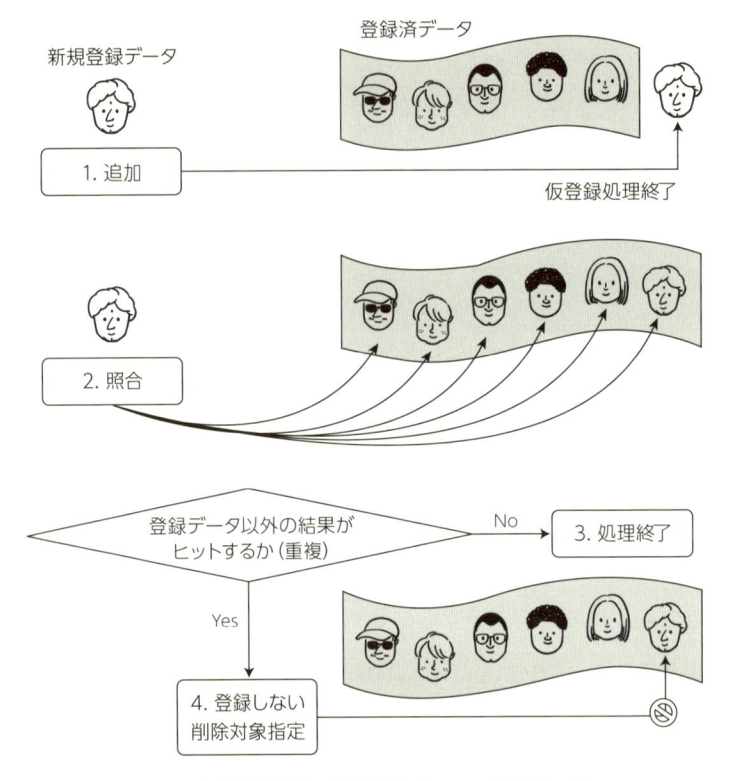

図8.8　登録先行方式の重複チェック処理フロー

度であるが，UIDAIの規模が10億に到達した際，1つの重複チェックのトランザクションが，登録済データベースから「重複かも知れない」候補を1,000人も（10億の100万分の1）あげてくることになる。1日は100万件の申請を処理するため，この作業量は（100万件×候補1,000人＝）10億人分の身上情報確認となり，途方もない作業になる。UIDAIとCIDRはこのコストを抑えようと，投入の限界を先に決めた。

　この人的コストの投入限界としてUIDAIがシステムに課した精度要求が，FPIR（False-positive Identification-error Rate）とFNIR（False-negative Identification-error Rate）である。要求されたFPIRは0.1％以下である。つまり1,000回のオペレーションにつき，重複を誤検知するのは1回以下まで許容する。しかし登録者が10億に到達した際，このときのFPIRは約1兆分の1（＝1÷10億

÷1,000）以下という過酷な要求だった。一方，FNIRも0.1％（プロジェクトの初期は1％）と定義され，重複未検知の確率は1,000分の1以下だった。

　インド政府，UIDAIは2009年の初期稼働前に，ビジネス面でも十分検討した。この規模のシステムをベンダー1社からの納入とした場合，長期的なリスクは高いと考えた。UIDAIが採用した方式は，ベンダーのシステムを買い上げせず，重複チェックの照合トランザクション件数ごとにサービス料を支払うモデルだった。このモデルでは，ベンダー3社のシステムを並列に稼働させ，登録は全ベンダーのシステムに行い，照合は3社のシステム間に分散させ，より高速に高精度で照合できるベンダーに多くのトランザクションを振り与えてサービス料も多く支払う方式でベンダー間に競わせる。

　このシステムの入札ベンダーはPOC（Proof of Concept）を通して，機能面はRFP（Request for Proposal）要求した機能を満たし，処理の精度と性能を示し，SPOF（Single Point of Failure）無停止の実証を得て，CIDRに提供されたハードウェアで生体認証サービスをUIDAIに提供する。この方式により，サービスを提供するベンダーの間では，常に精度性能を競争し合う状況が続いている。

❹　Aadhaarの現在・未来

　UIDAIの公式発表によると，2016年4月にシステムの登録者は10億人を超え，2018年2月に12億人を突破した[15]。インド全域においてほぼ登録を完了し，東部の一部地域を残して全国民を登録する目標を達成している。2018年9月時点での登録者数は12億3千万人，Aadhaarを利用した本人確認の回数は233億回を超える。この期間中，何らかの理由による重複登録は9,000万件も摘出され，不正な発行を免れた[16]。UIDAIのプレスリリースによると，Aadhaarでの個人識別が可能になったことによって，利用前の2014年と利用開始後の2016年との比較で，貧困層のLPGガス援助は2千8百万人から1億2千3百万人に拡大させることができた。また，食糧の支援も，1千2百万人から1億1千4百万人になった。ほかにも多くのサービスがAadhaarを通して利用できるようになった[17]。

　一方，Aadhaarの利用は，銀行口座開設以外に，退職金の受領，政府年金の受領，学校への入学，試験等の出席確認，生命保険，携帯SIMの購入用途にまで義務化されている。また，長期滞在している外国人でもAadhaarのID取得が可能で，法的には任意であるものの，実質的には義務となりつつある。利便性が拡大すると同時に，反対する人が多いのも事実である。

　12億人規模の生体認証システムについては，機能，性能，精度が期待どお

り実現されるか，多くの国からもUIDAIの行方に注目している。実証された結果は，今後多くの国で，国民IDシステムのリファレンスとして活用されていくだろう[18]。

8.5 ● オフィス

8.5.1　入退室管理

　物理セキュリティ分野での生体認証装置は，これまで，セキュリティレベルの高いエリアで，特に本人特定を厳格に行う必要があるとされてきた。以下にあげる場所などで，多く用いられている。

- サーバルーム，データセンター
- VIPルーム
- 個人情報，財産などを扱う総務・経理部門の部屋
- 荷物の着荷等の郵便室
- 守衛室，警備室

サーバルーム等は，従来の虹彩認証などの大掛かりな装置から，近年では，指静脈認証，手のひら静脈認証など小型化した装置への転換・普及が進んでいる（**図8.9**）。

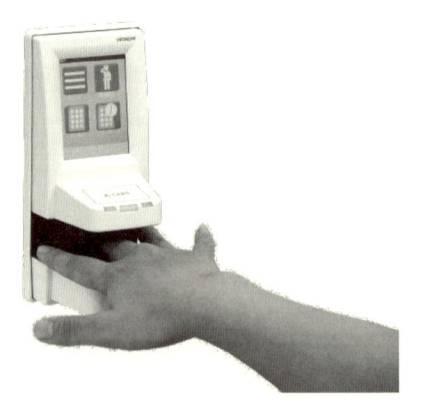

図8.9　FVA-100セキュアベインアテスター[19]

また，高層オフィスビル等のエントランス部分においては，フロアのテナント化によってビルを共用することが多いため，フラッパーゲートによる入場制限を行っているが，近年では，顔認証装置を用いたウォークスルー型の入退室管理システムも登場している。

さらに，まだ研究段階であるが，指静脈を使った非接触型のフラッパーゲートなどの実証実験も始まっている。

8.5.2　勤怠管理

労働基準法の改正や，働き方改革などのガイドラインの施行により，タイムレコーダー等の就業管理システムの出勤，退勤等の打刻手段として，従来の紙媒体，カード媒体の方式から，本人のなりすましができない生体認証方式の普及が進んでいる。

2010年度前半には，流通・多店舗産業においてアルバイト等の従業員管理などの用途で，指静脈認証装置を用いた，クラウド方式（ASP）での勤怠管理・就業管理システムが大手飲食チェーン等を中心に普及され始めた（**図8.10**）。

図8.10　KING OF TIME[20]

2017年度以降は，働き方改革のブームもあり，過重労働，残業時間の抑制，健康管理などの用途で，一般のオフィスにおいても生体認証方式の導入が加速している。

8.5.3　ログイン

オフィスのPCにおいては，個人情報など機密情報を扱う業務においては，指紋，指静脈，手のひら静脈，顔認証など，生体認証の導入が一般的となってきている。

Windowsログオンセキュリティ用途にとどまらず，業務アプリケーションへのシングルサインオン連携などにも使われ始めており，生体認証で，あらゆる業務でも，確実な本人確認でのログインが可能となってきている。

また，複合機や，ページプリンタなどにも，指静脈認証などの生体認証がオプションで取りつけられる製品が発売されている。印刷指示を出した本人がプリンタのそばに来ないと印字できない仕掛けのため，印刷物での取り違いなどの情報漏洩を防止できるシステムになっている（**図8.11**）。

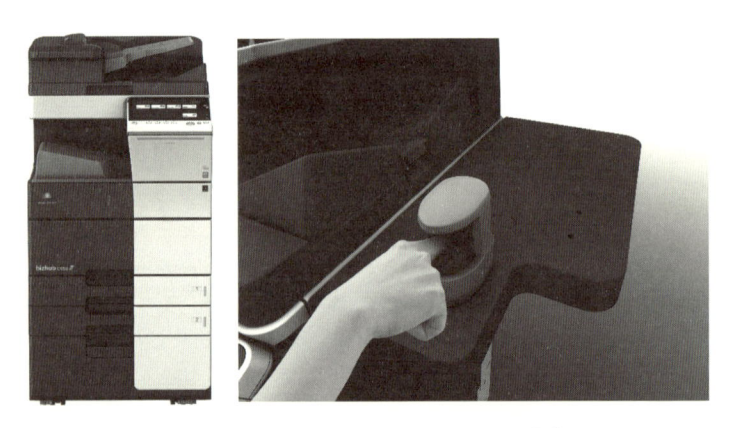

図8.11　コニカミノルタ　複合機[21]

8.6　モバイル機器とPC

8.6.1　モバイル機器への適用拡大

生体認証のモバイル機器への適用拡大が加速している。2003年7月に，NTTドコモから日本初の指紋認証つき携帯電話F505iが発売されて以降，日本は最

もモバイル機器への生体認証の普及が進んだ国となっている。いまやスマートフォンやPCなど指紋認証機能が搭載された製品が一般製品として店頭に並んでいる。最近では指紋認証だけでなく，顔認証，虹彩認証を搭載したスマートフォンも製品化されている。

　これらの生体認証機能が搭載されたモバイル製品の活況には，モバイル端末でセキュリティが重視されているという背景があり，個人認証を必要とするアプリケーションやサービスの普及が後押ししている。

　携帯電話の時代には，電話帳やメールの管理，内蔵されたICカード機能へのアクセス管理というアプリケーションへの適用が主であったが，スマートフォンの時代に入り，決済やオンラインバンキングでの利用が増えている。

　ノート型PCやタブレットでは，指紋認証，手のひら静脈認証，顔認証，虹彩認証機能を内蔵した機種が提供されている[22]。また，持ち運びが容易なUSB（Universal Serial Bus）キータイプの指紋認証装置や手のひら静脈認証装置も販売されている。PC周辺機器での生体認証の歴史は古く，利用可能な認証方式は，指紋，顔，虹彩，静脈，署名など，モバイル機器よりも選択の幅が広い。

　ノート型PCでの生体認証の利用は，従来からのOS（Operating System）へのログイン，アプリケーションログイン，ハードディスク内の情報セキュリティ管理などに加え，仮想デスクトップへのログイン，クラウドサービスへのアクセスでも用いられるようになった。

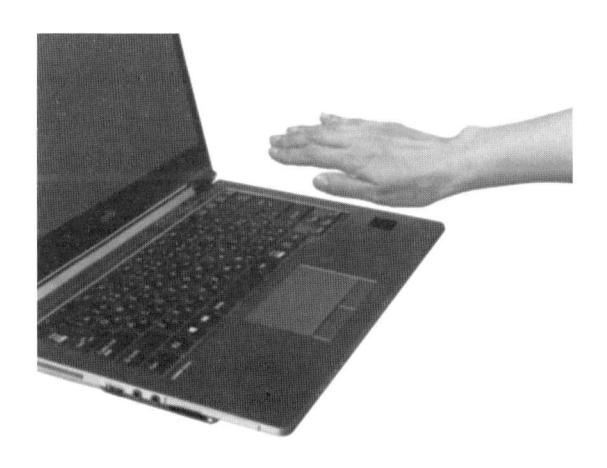

図8.12　PCに実装された手のひら静脈認証

8.6.2 モバイル機器での生体認証実行環境

モバイル分野での生体認証の普及は，アプリケーションやサービスの後押しで進んでいるが，それを支える技術の進歩にも起因している。スマートフォンでの生体認証の実装が進んだ背景にはプロセッサの処理能力やメモリ容量の向上が大きく寄与している。生体認証は，センサから入力された画像や信号を使う認証技術であるため，旧世代の携帯電話では，プロセッサの処理能力が不足気味であった。

近年，スマートフォンがインターネット接続や動画撮影などで高機能化するに伴い，ハードウェア性能も大きく向上し，生体認証が可能なプロセッサが搭載されている。近年のスマートフォンでは，虹彩認証を使い勝手よく動かすことも可能になっている。また近年のスマートフォンではセキュリティの強化が進み，生体情報をハードウェアのセキュア領域に格納し，TEE（Trusted Execution Environment）と呼ばれるセキュアな実行環境で認証処理を行っているものもある。

また最近では，プラットフォームベンダーが，生体認証を組み込む環境を提供するとともに，その環境で使う生体認証の性能を規定する場合がある。

PC OSの世界では，マイクロソフト社がWindows Biometric Framework（WBF）という枠組みを提供している。この仕組みに対応している生体認証機器であれば，Microsoft Windowsが提供しているAPIを通じて生体認証の利用が可能である。ログイン機能として利用するときは同社が提供しているWindows Helloの枠組みと組み合わせる。また，USB等で接続される外部認証器を用いてログインするCompanion Device Framework（CDF）という枠組みも提供されており，CDF対応の生体認証機器とWindows Helloの組み合わせでログイン機能を利用することが可能となる。CDFを用いた場合には生体情報は外部認証機器に保存される。今のところ，WBFは指紋認証と顔認証にのみ対応しており，他の生体認証方式への対応も待たれるところである。

8.6.3 FIDO認証 (Fast IDentity Online)

FIDO（Fast IDentity Online）アライアンスは，シンプルで強力な認証の実現を目的に2012年7月に設立，2013年2月に一般公開された団体である[23]。2014年12月9日，パスワードレスプロトコルのV1.0（UAF：Universal Authentication Framework) と 2 要素認証プロトコル (U2F：Universal 2nd Factor) が完成し，同時公開された。その後，規格に適合したデバイスとサーバが製品化され，適用が拡大している。また，Web ブラウザ対応の FIDO2 についても規格が作成されており，FIDO 認定を受けた製品が提供されている[24]。

2014 年 4 月に PayPal 社が，指紋センサ搭載のサムソン Galaxy S5 でオンライン決済サービスを提供したのが最初のユースケースである。

日本では，NTT ドコモが 2016 年 3 月に d アカウントログインに FIDO UAF を適用し，4 月には決済利用までサポートした。携帯電話キャリアが採用を決めたことで，FIDO 対応のスマートフォンが世の中に広がることになった。金融用途では，2017 年 10 月にみずほ銀行がオンラインバンキングシステムに導入している。

また，U2F では Google が 2017 年に 8 万 5000 人以上の全従業員に対し，U2F 仕様の USB セキュリティキーの使用を義務づけ，フィッシング被害の報告が 0 件になったとの報告がなされている。

Web ブラウザ対応の FIDO2 では，ヤフーが 2018 年 10 月に Android スマートフォンの Google Chrome ブラウザで生体認証を使用したログインを可能とした。これにより，従来はログインするためにパスワードや SMS・メールに送信された確認コードを入力する場面で，指紋認証などの生体認証が使用できるようになった。

現在でも FIDO アライアンスは仕様の改訂を進めるとともに，Web API での認証を実現する FIDO2 規格の作成を進めている。FIDO2 規格は Web の国際標準を推進する World Wide Web Consortium (W3C) と連携して推進しており，Microsoft Edge, Google Chrome, Mozilla Firefox が Web ブラウザでの FIDO2 サポートを表明している。

FIDO 認定には，互換性テストとセキュリティ要件の両方をクリアする必要がある。セキュリティレベルは L1 から L3+ まで 6 段階に設定されており，L2 では TEE (Trusted Execution Environment) での生体認証処理の実装が要求されている。

FIDO プロトコルの基本は**図8.13**に示すように，公開鍵認証とチャレンジレスポンスを組み合わせたものである。端末のセキュア領域に格納された秘密鍵を生体認証で活性化して，サーバからのチャレンジに対して秘密鍵で電子署名を行う。生体情報は端末の外に持ち出されない仕組みとなっている。

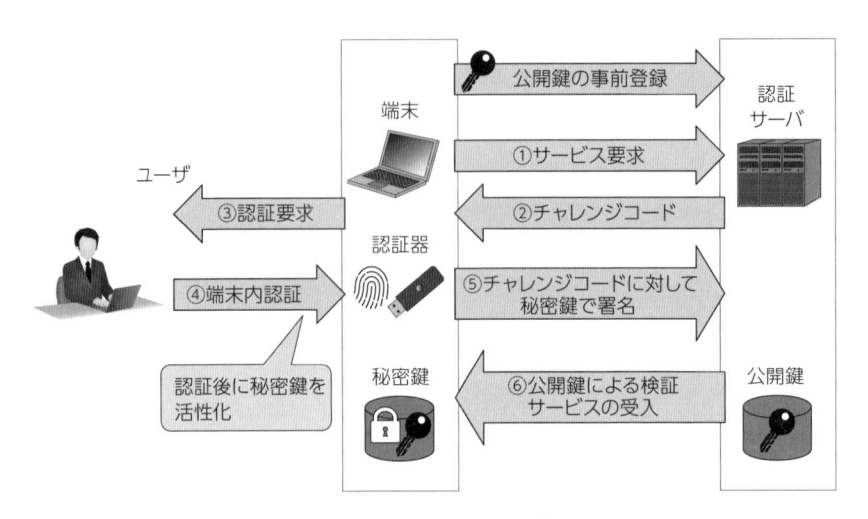

図8.13　FIDO認証の流れ

　FIDOは認証のエコシステム実現のため，政府機関向けのメンバーシッププログラムを導入し，米国，英国，ドイツ，オーストラリア等の政府機関が加盟している。これに加え，各団体との提携やリエゾンについてのプログラムを結んでいる。NIST SP800-63，GDPRやPSD2への適合についても，関係者との協議を行いながら積極的に進めている。

8.6.4　モバイルバイオメトリクスとセンサ

　生体認証では，身体情報を入力するためのセンサコストがコスト全体に対して支配的である。指紋認証のモバイル機器への普及は，小型で低コストの指紋センサの大量生産ができるようになったことが理由である。また，指紋センサチップも，モバイル機器というデバイスビジネスとして大きな市場を得たことで，チップの性能改良と低コスト化が進んでいる。

　従来，実装の省面積化が可能で低コスト化しやすいスライド（Swipe）型センサを搭載したモバイル機器が数多く販売されていたが，近年は，小型の面型センサを搭載したモバイル機器が増えている。スライド型のようにセンサ面をなぞる必要がなく，触れるという簡単な操作で認証可能なためである。

　モバイルでの生体認証ビジネスが拡大したことで，虹彩認証や手のひら静脈認証においてもモバイル機器への内蔵を目的にセンサ小型化が進められており，

虹彩認証ではスマートフォンやタブレット，手のひら静脈認証ではノート型PCやタブレットに内蔵された製品がある。

　近年，スマートフォンで注目されているのは顔認証である。モバイル機器にすでに内蔵されている汎用カメラを用いたソフトウェア製品が増えてきている。また，顔認証以外でも汎用カメラを用いた生体認証技術の研究開発が行われている。

8.6.5　利用環境とモバイルバイオメトリクス

　コストや大きさだけでなく，モバイル端末向けの生体認証では，さまざまな環境変動の中で利用できることが必要である。モバイル環境での生体認証は，屋内でも屋外でも，昼でも夜でも，夏でも冬でも，あらゆる局面で利用されている。例えば，電車に乗っているときのように，身体が不安定な状況での利用も想定される。

　図8.14にモバイル機器において考慮する必要がある性能を列挙した。これらの優先順位は，用途に応じて変わる。しかし，モバイル機器での認証性能では，耐環境性が重要であることに変わりはない。例えば，虹彩センサや手のひら静脈センサのモバイル機器への搭載に際しては，小型化，低コスト化と並行して，外光耐性の強化も進められている。

　モバイル機器に適用したことでユーザビリティがよくなった事例として，虹彩認証がある。従来の据え置き型の装置では，目をセンサ位置に合わせることが必要であった。モバイル機器では手持ちでセンサを合わせることができるた

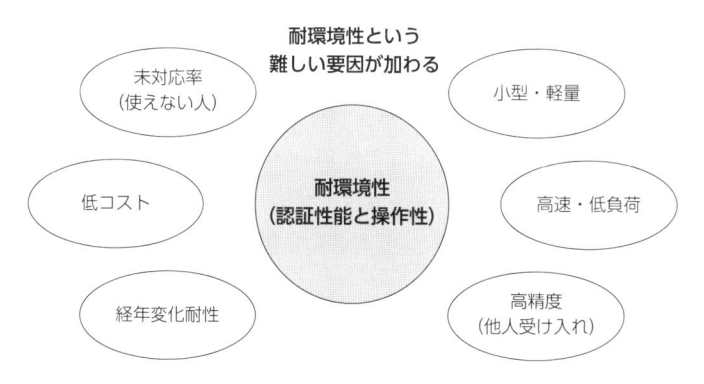

図8.14　モバイル機器で考慮する性能

め，利便性が向上しており，新しい適用分野が開拓された例といえる。さらに2017年には，虹彩認証と指紋認証の両方が搭載されたスマートフォンも実用化されている。ユーザは利用シーンに応じて，利便性の高い認証方式を選択して使うことができる。

モバイル機器でもマルチバイオメトリック化が進み，将来は利用局面に応じて最適な認証方式が選択できるようになることが期待できる。

‖ 8.6.6　業務端末への適用

生体認証のモバイル機器への普及は，PCへの普及にもよい影響を与えている。日常生活に生体認証が浸透し始めたことで，業務向けの分野での採用も加速している。

業務分野での普及に伴い，従来からの本人拒否率，他人受入率という性能指標に加えて，未対応率や登録拒否率という性能指標が重要視され始めている。

各ベンダーも，PCの豊富な演算処理機能も背景として，未対応率や登録拒否率という性能を重視して開発を行っている。

生体認証システムの可用性が重視されるということは，生体認証が先端的な認証技術という位置づけから，真の実用的な個人認証システムとして認知され始めたといえる。

PCでの利用用途は，以前はOS（Operating System）へのログインがほとんどであったが，現在では業務での企業情報保護や個人情報保護のための電子的アクセスコントロールやワークフロー管理などでの利用が増えている。

なりすましが困難という特徴を活かして，情報アクセスログの管理にも利用されている。また，出張先から社内の仮想化環境に接続する際の本人認証にも用いられ始めている。

ノート型PCのセキュリティという領域では，内蔵の機能を活かし，ICカードリーダ/ライタや，TPM（Trusted Platform Module）などのセキュリティチップによる機器認証機能と生体認証との連携ソリューションも導入されている。

生体認証がPCの情報セキュリティ管理システムの一環として大規模なシステムで導入されるに伴い，運用管理技術の必要性が高まっている。ひとつのソリューションとして十万人規模での電子的アクセス管理をクライアントサーバ型認証で行う，生体認証サーバの導入も進んでいる。クライアントサーバ型の

利点は，システム管理者がユーザ情報を一元管理できることである。このシステムでは生体認証データを一括管理するため，高いセキュリティを保ちながら運用管理することも必要である。

ICカードに生体認証データを格納するシステムでも大規模化に伴うユーザ数の増大に対応したICカードの運用管理システムが提供されている。

人事異動や組織変更に伴う生体認証データの一括登録方法など，運用面でのソリューション開発の必要性は増している。

今後も，モバイル機器やPCはさまざまなシステムと接続されていく。

情報アクセスやデータ流通の制御機能としての個人認証機能は，今後もますます重要になる。生体認証技術も，さまざまなサービス機能と連携した形での応用が進むとともに，個人認証用途に加えデータ利活用での本人同意にも活用されていくと考える。

8.7　金融

8.7.1　ATM

各企業が生体認証を扱い始めた当初から，金融業界はもっとも重要な顧客であり，マーケットであると認識されていた。バイオメトリクスセキュリティコンソーシアムが国内で立ち上がった2003年6月の時点で，現在のような大きな動きがあるとは想像できなかったが，2004年10月に東京三菱銀行が富士通の手のひら静脈認証技術を活用したICキャッシュカードの導入に踏み切ってから，一気に加速し始めた[25]。日立製作所の指静脈技術が三井住友銀行（2005年度)[26]，みずほ銀行（2006年度）および日本郵政公社（2006年度）で採用されて，現在でもさまざまな場所で利用されている。海外でも，ブラジルのブラデスコ銀行が手のひら静脈認証技術[27]を，ポーランドのPBS銀行グループなどが指静脈認証技術[28]をそれぞれ導入，利用が進んでいる（**図8.15**）。

8.7.2　手ぶら認証への動き

ATMへの生体認証の導入が進む中，2011年の東日本大震災時には，新たな課題が明らかになった。大規模な津波等により多くの家屋が被害を受け避難を

図8.15　生体認証に対応したATMの例

余儀なくされたが，このとき，通帳やキャッシュカードを紛失した人が必要な資金を即座に引き出せなかったのである。このことを業界の課題と捉え，通帳・キャッシュカードなどのモノがなくても利用できる金融サービスが必要と考えられた。

　大垣共立銀行では，2012年9月から，全国で初めて，通帳やカードを使わずにATMを利用可能な金融サービスを提供している[29]（**図8.16**）。

　また，山口フィナンシャルグループ（以降，山口FG）では，指静脈認証を使ってキャッシュカードや通帳・印鑑なしで預金を引き出せるシステムを，山口FG傘下の山口銀行，北九州銀行およびもみじ銀行の全店舗に導入している[30]。

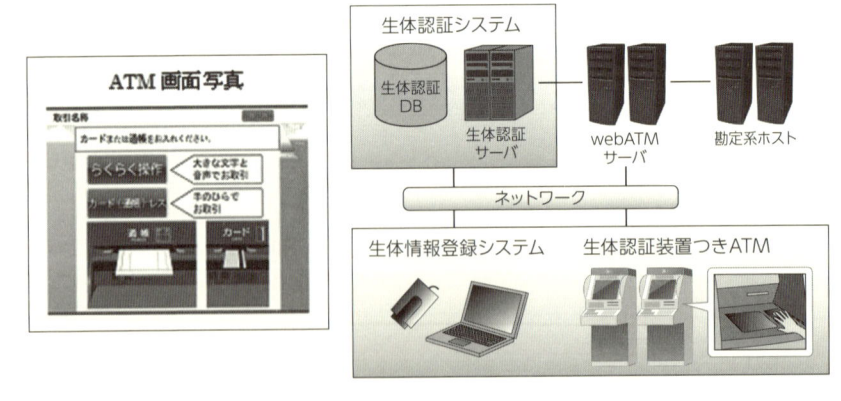

図8.16　カードレスに対応したシステムの例（1）

ユーザは，指静脈データを事前に登録すれば，現金自動預払機（ATM）において キャッシュカードレスで預金を引き出すことができる。また，窓口取引では， 伝票記入や印鑑が不要になり，利便性の向上やペーパーレスの推進，業務の効 率化，厳正化を実現している（**図8.17**）。

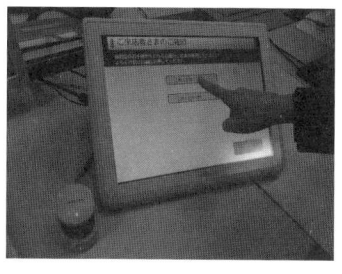

図8.17　カードレスに対応したシステムの例 (2)

8.8 ● 店舗応用

8.8.1　店舗におけるマーケティング利用

❶　概要

　バイオメトリクスをパスワードの代わりに使う認証用途だけではなく，AI 技術やビッグデータ解析などと連携し，データ分析を行うサービスも登場して いる[31]。

　バイオメトリクスの識別性に着目した行動ターゲティング広告とは，広告の 対象となる顧客の行動履歴をもとに，顧客の興味関心を推測し，ターゲットを 絞ってインターネット広告配信や顧客の行動履歴分析を行う手法である。追跡 型広告とも呼ばれる。

　例えば，デパートなどの小売業において，来訪する多数の顧客の性別，年齢， サービスへのリピート数などを効率よく数値化することにより，実際の来場者 に合った店舗展開や商品の品揃え，展示方法に関する戦略を立案できる。立案 した店舗戦略を試行し，来場者層の変化を定量的なデータとして，素早く正確 に把握することで，店舗戦略継続の判断ができる。さらに，購買情報・会員情

報などの従来の情報と，気象・交通・位置などのビッグデータと組み合わせて分析を行うことで，顧客向け新サービスの立ち上げや売り上げ拡大につながるマーケティングが可能となる[32]。

　店舗に設置したカメラの情報から取得した来場者情報とPOS (Point Of Sale System) などで取得した購買情報をもとに，購買者の傾向分析ができる。さらに，複数のカメラを活用することにより，店舗動線，店内滞留時間，非購買者情報の取得も可能となり，マーケティング分析に活用できる[33]。

❷　カメラ画像によるマーケティング分析事例

　ABEJA社 (2012年設立) によると，入店から購買までの顧客の行動を可視化などする店舗解析サービスが展開され始めている。例えば，2017年11月にパルコが東京・上野に開業した「PARCO_ya (パルコヤ)」には全館に230台のカメラを設置している。また，テナントごとの来店者数を測るカウントカメラを店舗の入り口に設置し，約60店のテナントの来客者数や客層分析に用いている。

　図8.18は来客数の測定，図8.19は年齢・性別分析，図8.20は客の店舗内での動線分析の例を示している。顔画像の処理はAI技術，顧客分析はビッグデータ解析技術を利用している[34]。

　テナントでは，これらの顧客属性分析データを利用し，店舗のコンセプトや品揃え，陳列の見直しに役立てる。

　このほかにもいろいろなマーケティング事例がある。例えば，JR東日本ウォータービジネスによれば，図8.21に示すようなスマート飲料水自販機を

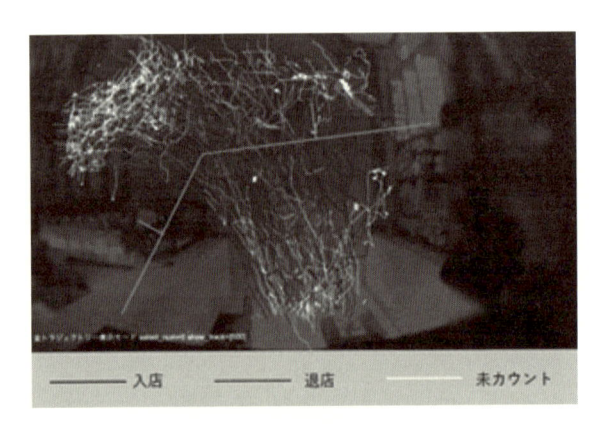

図8.18　来客数カウント

図8.19　年齢・性別推定

図8.20　動線分析

図8.21　スマート自販機

各駅に設置している[35]。自販機前に人が立つと，自販機上部に設置したカメラが人の顔を感知し，性別・年代を分析する。分析結果により性別・年代別のおすすめ画面に変わる行動ターゲティング広告を実施している。行動ターゲティング広告とは，広告の対象となる顧客の行動履歴をもとに，顧客の興味関心を推測し，ターゲットを絞って広告を行う手法である。性別・年代別に応じた商品をおすすめすることにより，購買動機を盛り上げ，売り上げを拡大する。性別・年代別に購入データを取得できるため，そのデータによる性別・年代別の販売傾向を把握し，販売戦略を立てることができる。また，デジタルサイネージ機能と連携し，天気情報や一般のニュース，または，設置場所の地域に合わせたコマーシャルなどの情報を流すことで，新たな情報発信を行うことができる。

　バイオメトリクスビジネスの展開が新たなフェーズに入ったことを示しているポイントは下記の3つである[31]。

- 顔認証技術の開発には高度な画像解析技術と経験が必要であるが，ディープラーニングなどのAI技術を利用することでベンチャー企業など新規企業が参入可能となった。
- 従来のビジネスはカメラや顔認証製品関連であったが，ビッグデータ解析技術などの利用によりデータサービスビジネスが立ち上がった。
- バイオメトリクスの機能は，認証，識別に限られていたが，追跡機能の応用が新たな分野として加わった。

　バイオメトリクスを利用した顧客サービス分野の応用は，今後大きく伸びる分野と考える。

8.8.2 店舗における防犯利用

❶ 概要

　店舗における防犯用途でのバイオメトリクス活用事例は，近年増加傾向にあり，さまざまな業種，地域にて導入が進みつつある。主に万引き防止目的で，店頭に設置されている防犯カメラや他の防犯設備機器と併用して活用される事例が多くみられる[36]。

　ウォークスルータイプと呼ばれる顔認証システムは，大型商業施設やスーパー，ドラッグストア，書店をはじめとする専門店などで導入され，その利用用途，効果は導入業種により異なるが，小売業において，年々悪質になる万引き行為の対策，その他の店舗保全のためのコスト削減に大きく貢献している。

　顔認証システムによる店舗防犯の仕組みは，従来の防犯カメラ，防犯設備機器の映像記録や，過去の来店時に万引き行為が発生した事実に基づき登録を実施，再度来店した際に顔認証システムが発報（認証）することで，未然に行為を抑止できる仕組みとして活用されている。顔認証システムが対象者の来店を通知することで，どの入口から，いつ訪れるかわからない対象者に対し，店舗関係者が効率よく注意喚起を行うことができるため，店舗の警備・保安業務の支援システムとして威力を発揮している[36]。

　その仕組みは，店内カメラに映る対象者の顔画像から，顔の特徴量を抽出・分析，各社独自のアルゴリズムでテンプレート化された情報が登録されるとい

うものである。登録されたテンプレートデータは来店者の顔と都度照合され，一定のしきい値を上回ると，あらかじめ設定された内容に基づき，顔認証システムから，音声・スマートフォンへメール通知され，他の設備システムへ通知される。

2　書店における顔認証活用事例

　丸善ジュンク堂書店では，2014年から万引き被害が多い店舗に顔認証システムを順次導入している。書店での万引き行為は，換金目的で行われ，コミックや話題書，専門書などを大量に窃盗する行為が発生，年々多様化しつつあり，人手による防犯では限界があった。また，一度犯行に及んだ対象者は，常習化する傾向があることから，その対策として，万引き被害を最小限に予防するため，悪質な万引き行為や店内で犯罪行為に及んだ対象者を登録し，次回来店時に同じ行為に及ばないよう保安員・店舗責任者による対象者への注意喚起に活用している。導入した店舗では，保安員・店舗関係者の情報共有や注意喚起により抑止力が高まったことで，万引き行為を未然に防ぐことができ，導入後の万引き検挙率は大きく改善している。

　対象者のシステムへの登録は，個人情報とプライバシーに細心の注意を払い，確実に犯行に及んだことを確認した後，店舗責任者の判断をもって実施している。防犯カメラのレコーダと同様，蓄積された来店者の画像データは一定期間で削除され更新される。一方，登録した情報については，登録後の来店内容の実績から，データ保管の必要性を定期的に判断し，不要と判断したものはデータから削除している。

図8.22　グローリー社製　来訪者検知システム

丸善ジュンク堂書店は，全国で発生する万引き対策のためにさまざまな防犯機器を導入しているが，2014年に導入された顔認証システム（**図8.22**）は，保安員と連携し，スマートフォンを通じて，あらかじめ登録した対象者を再来店時に検知し，対象者が再び犯行に及ばないよう注意喚起している[37]。通常，保安員は店内にて巡回していることが多く，対象者が来店しても気づかないことがあった。また，大型店では複数の保安員が警戒するものの，対象者の限られた情報（服装・年齢など）の共有となっていたため，来店時の服装や持ち物によって容姿が異なる場合には，見落とすケースも発生していた。顔認証システムを導入することで，悪質な万引き行為者については，丸善ジュンク堂書店内の近隣店舗で情報を共有し，顔認証システムにて警戒し，効果を上げている。なお，丸善ジュンク堂店舗間にて，必要最低限の万引き情報のみを共有しており，他店との共有は実施していない。

❸ 防犯目的の顔認証はさらなる性能・機能向上へ

防犯目的の顔認証システム関連の商品や技術は，開発企業各社において，認証精度・操作性・システム化が日進月歩で，AIや深層学習を活用したアルゴリズムなども導入され，さまざまな環境に適応したシステムが登場してきた。従来の顔認証システムの歩行する対象者の顔をサーチし認証するだけでなく，顔から得られるより詳細な情報を活用し，時間軸上の変化や，顔方向の変化への対応を可能としている。さまざまなシミュレーションやデータ解析により，レベルの高いシステムへと進化を遂げ，多くの業務に役立てられる。**図8.23**のグローリー社製顔認証エンジンは，1枚の顔画像から得られる情報をもとに上下・左右さまざまな角度の顔を推定しテンプレート化することで，システムの性能向上を図っている。異なった角度の顔を推定することで，一瞬しか映らない入店時の対象者の顔情報の解析や顔認証カメラの設置条件の緩和・改善に役立っている[38]。

1. **顔認証エンジンの性能向上**
   - メガネ，サングラス，マスク等，顔への装着物の認識精度の向上
   - 顔方向の角度認識精度の向上
   - 笑顔や会話など表情変化への対応
   - テンプレートの軽量化，PC性能向上による検索スピード向上，データ処理量の大規模化

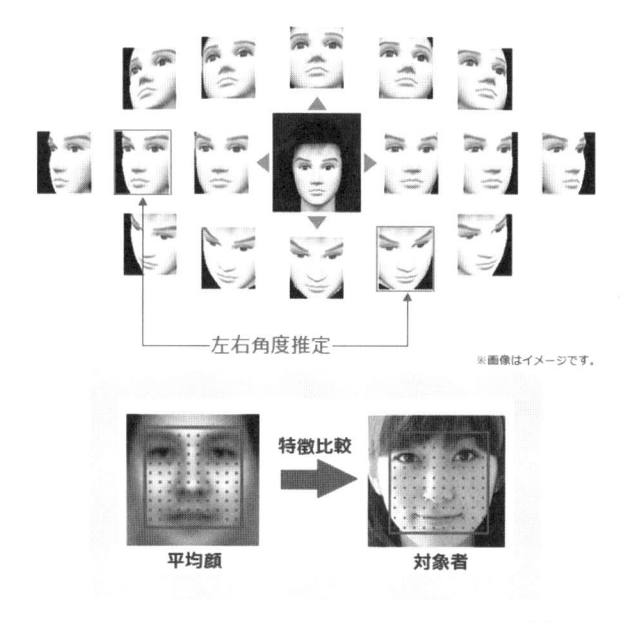

─左右角度推定─

※画像はイメージです。

特徴比較

平均顔　　　　　　　　　対象者

図8.23　グローリー社製　顔認証エンジン[38]

2.　防犯システムとしての機能強化

- システムのクラウド化対応による大規模チェーン店対応
- 4Kなどの高解像度IPカメラへの対応
- 防犯カメラシステムとのシステム連動

8.8.3　手ぶらショッピングなどへの展開

1　概要

バイオメトリクスを顧客の利便性向上に活用する動きが活発になってきている。カードなどの携行を不要とし，本人がいるだけで決済を可能とすることをねらって開発が進められている。以下，国内外の代表的な事例を紹介する。

2　手ぶらで図書貸出

図書館を利用する際には，発行された利用者カードを携行し，図書の貸出等の度に窓口に提示するのが一般的である。これに対して，那珂市立図書館では，2006年から従来の利用者カードだけでなく，手のひら静脈認証を使いカードレスで図書を借りるなどのサービスを受けることができるシステムを導入して

いる[39]。これを**図8.24**に示す。同図書館では導入にあたり，以下の3点を重視し，手のひら静脈認証を採用した。

- 本人確認の確実性
- セキュリティの確立
- 利用者の利便性

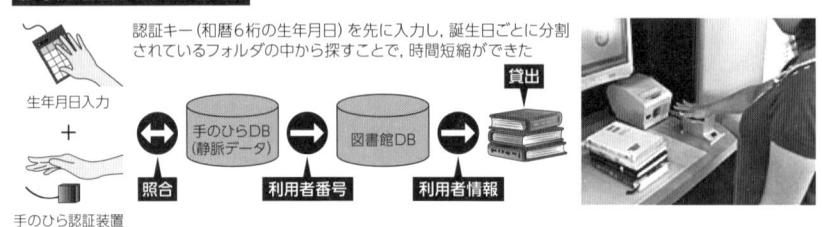

那珂市立図書館　システム構成図

認証キー（和暦6桁の生年月日）を先に入力し，誕生日ごとに分割されているフォルダの中から探すことで，時間短縮ができた

生年月日入力
＋
手のひら認証装置

照合　手のひらDB（静脈データ）　利用者番号　図書館DB　利用者情報　貸出

図8.24　那珂市立図書館の図書貸出[39]

　これにより，利用者はあらかじめ手のひら静脈の特徴情報を暗号化してシステムに登録しておくだけで，カードレスでの図書館サービスを利用することが可能となった。2008年からは利用者カードの不携帯・紛失等の可能性の高い小学生も手のひら静脈認証の対象としている。

　利用者の認証への手のひら静脈認証の採用とともに，図書の管理にRFIDを活用している。これらの取り組みにより，スピーディーな図書貸出と盗難防止を両立している。利用者は，図書を貸出テーブル上の所定の位置に置いた後，センサ横に設置したキーを使い生年月日を入力し，手のひらをセンサにかざすだけで，貸出の手続きが完了する。このとき，画面表示およびレシート印刷により，貸出一覧・返却日が確認できる。

　システム導入側での生体認証によるカードレスシステムの利点は，以下のとおりである。

- 将来的にもカードを購入する必要がなく，省資源化を図れる
- カードの紛失による個人情報の流失，不正利用を回避できる
- カード発行費用による無駄が生じない
- 「利用したいが，カードを携行していない」等の心理的負担，機会損失がない

同図書館では生体認証への抵抗感を考慮し，カードでの図書館利用登録も可能としたが，8割程度の利用者は手のひら静脈登録（カードレス）を選択している。また，同図書館は開館から2年10か月で来館者が100万人を超え，1日平均1,200人以上の利用となった。年間貸出冊数は50万冊に達し，同規模の図書館326館で全国1位，対所蔵冊数の貸出回転数が高いという実績（人口4万〜6万の1館構成，7万5千冊[10]）を残している。これは手のひら静脈認証による手ぶらでの貸出の効果も大であるとされている[41]。

❸　手ぶらで食事決済

近年，店舗等での決済に生体認証を適用することが増えてきている。

中国では，2017年に「smile to pay」を中国・杭州のケンタッキー・フライド・チキンが導入している。これは，アリババグループが運営する「Alipay」と顔認証技術を使ったものである（**図8.25**）[42]。

このシステムでは，モバイル決済のできる「Alipay」のアカウントに顔情報を紐づけている。これを使って，支払いの際に，顔認証と携帯電話情報を入力して支払いを行う。手順は以下のとおりである。

1. 店頭の端末でメニューを選択する
2. 顔認証を選択すると，顔認証画面が現れ，上部に設置されたカメラで顔を撮影する
3. システムで顔を識別後，携帯電話情報を入力して決済する

図8.25　smile to payの端末

❹　手ぶらでショッピング

政府主導でFintech産業の活性化に取り組む韓国では，2017年5月から，ク

221

レジットカードを携帯しなくても生体認証だけで本人認証からクレジットカード決済までを一括して行うことができる韓国初のバイオペイサービス・韓国ロッテカードの「HandPayサービス」が提供されている[43]。これを**図8.26**に示す。このサービスは**図8.27**のような構成であり，利用者はあらかじめ暗号化された手のひら静脈の特徴情報をシステムに登録しておく。このとき，利用者の特徴情報はクレジットカード情報に紐づけられる。商品購入時には，決済装置に携帯電話番号を入力して，手のひらをかざすだけで決済が完了します。決済時には財布もモバイル端末も必要なく，携帯電話番号の入力と手のひらをセンサにかざすことで完了する。

このシステムは大手コンビニエンスストアを含めて，2018年5月時点で30店舗以上に導入され，韓国ロッテグループの流通会社に段階的に導入が進んでいる。

日本国内においても，近年，スマートデバイスを使ったさまざまな決済手段が実現されている。2018年9月には，顧客がより便利に安心して利用できるク

図8.26　HandPayサービスの認証装置と利用イメージ

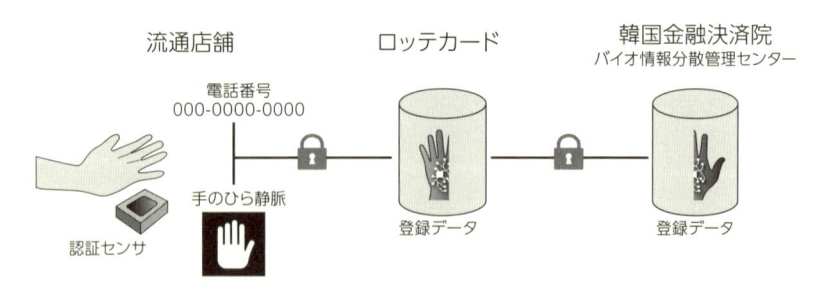

図8.27　HandPayシステム構成

レジットカード決済の実証実験を，イオンクレジットサービスが開始している（**図8.28**）。ここでは，生体認証技術の中で，認証精度が高く，かつ非接触で衛生的な富士通の手のひら静脈認証を決済スキームに活用した。これにより，クレジットカードやスマートデバイスが不要な「手ぶら」の買物の実現を図っている[44]。

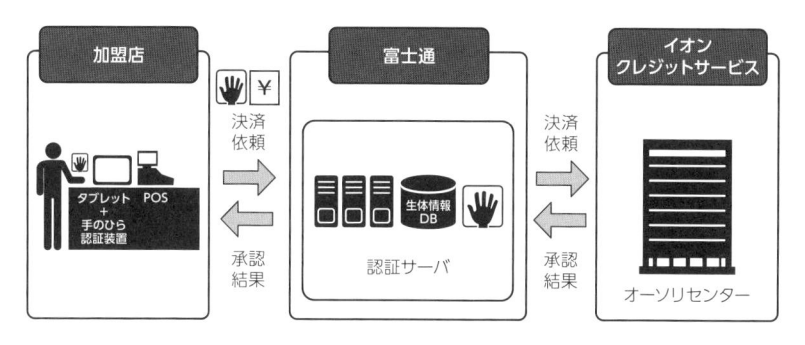

図8.28　イオンクレジットサービスのシステム構成

8.9 ● 自治体応用

8.9.1　人流監視

　生体認証以外にも，パターン認識技術を応用した事例が増えつつある。東京都豊島区では東日本大震災を踏まえて，「総合的な震災対策の推進に向けた基本方針」を策定し，防災対策基本条例に基づく「災害に強いまちづくり」を推進している。豊島区には1日に200万人以上が利用する池袋駅をはじめとする大規模な駅や幹線道路があり，それらの周辺の映像を防災カメラシステムによって収集して災害対策センターに集約している[45]。

　災害等が発生したとき，多くの人が集う公共空間や大型施設では異常な混雑が生じやすく，集団での転倒事故あるいは犯罪が発生するリスクがあることから，未然の防止あるいは被害の最小化を図る目的で，人の混雑度合いを自動的に検知して混雑度合いや動きに異常がみられる場合にアラートを発報することができる。**図8.29**に群衆行動解析システムの画面例を示す。混雑度合いに応

図8.29　群衆行動解析システムの画面

じてヒートマップが映像に重畳されており，一目で状況が把握できるように
なっている。

8.9.2　自治体システムのセキュリティ強化

　日本国内では，2016年（平成28年）1月，個人番号カード（通称「マイナン
バーカード」）の交付が開始された。総務省は，各都道府県に対して，2017年6
月までに，マイナンバーカードを取り扱う自治体（区役所，市役所，町役場等）
のクライアントPCのシステム等においては，セキュリティ強化の目的として
2要素認証の対策を施すよう，2015年度後半に「地方公共団体情報セキュリ
ティ強化対策」（通称「自治体強靭化」）の指示を出した。

　2要素認証とは，従来のキーボード入力によるパスワード（PW）のみの1要
素認証とは異なり，「生体認証」＋「記憶PW」，または「ICカード等の媒体」＋
「記憶PW」，または「ICカード等の媒体」＋「生体認証」のような2つの本人確
認要素により，Windowsログオンなどの認証の際に，セキュリティを強化す
る方式のことをいう（**図8.30**）。

　この「自治体強靭化」のガイドラインについては，総務省から各都道府県に
対し，導入にかかる費用の一部として国から補助金が交付されることもあり，
「生体認証」＋「記憶PW」の2要素認証の導入を希望する自治体が多く，全国に
約1,700ある自治体の半数以上が，「手のひら静脈」「指静脈」「顔認証」など生
体認証を採用したといわれている[46]。

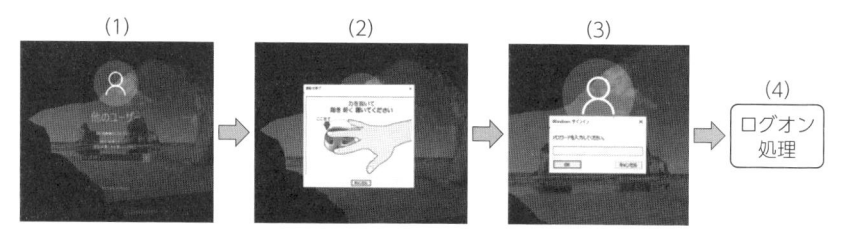

(1) ID を入力して(→)をクリックする
(2) 登録された生体(指静脈)を装置に置く
(3) 記憶パスワードを入力して[OK]ボタンをクリックする
(4) Windows へのログオン処理が行われる

図8.30　2要素認証　「生体認証」＋「記憶PW」の入力例

　また，2017年秋には，文部科学省から，各都道府県の教育委員会向けに，「地方公共団体情報セキュリティ強化対策」の2要素認証のガイドラインが設けられるなど，自治体においては，役場，および教育現場等における，クライアントPCへの生体認証の導入が勢いを増している。

8.10　医療

　医療における生体認証の利用は，主として電子カルテのセキュリティの強化という面である。NTT東日本関東病院（東京・五反田）[47]や，神戸大学付属病院（接触型ICカードとの併用）などで生体認証を利用した電子カルテが稼働している。

　また，アメリカでは医療情報の携帯性と責任に関する法律（HIPAA）に基づく厳格なデータへのアクセス管理に生体認証の応用が広く検討されるなど，この流れを受けて医療分野における情報セキュリティ分野への応用での市場が立ち上がっている。

　日本では，2004年にバイオメトリクスセキュリティコンソーシアムが医療タスクフォース（主査は富士通，幹事は亀田医療情報研究所）を設け，医療分野における生体認証技術普及の問題点や解決策を探ったが，生体認証に関して確実にニーズが存在するものの，どういう形でどういうソリューションを提供できるかは引き続きの検討課題として活動を終了している。その際の成果としてま

とめられた医療分野でのバイオメトリクス技術の利用考察と医療分野での応用を，それぞれ**表8.1**と**表8.2**に示す。なお，本書では「バイオメトリクス」はできる限り「生体認証」で統一を図っているが，ここでは引用元の表題をそのまま踏襲した。

2004年度の活動を通じて，具体的には，以下のことがあげられた。

1. **医療過誤の防止**：正確な患者識別による取り違い防止
2. **医療従事者による正確な情報管理**：電子カルテの普及による個人（患者）情報の保護／適切な取り扱いの重要性
3. **複数医療機関をまたがる個人医療情報管理（医療情報のネットワーク化）**：1生涯1患者1電子カルテ，電子健康手帳の利用キー

また，利用シーンの分類を試みたところ，下記の観点から，「患者」に対しての「院内」での生体認証技術の活用を積極的に検討すべきではないかということが議論された。

1. **利用者**：医療従事者（職員）なのか患者なのか
2. **利用場所**：院内なのか院外（他医療機関，調剤薬局，自宅など）なのか

表8.1　医療分野でのバイオメトリクスの利用考察[48]

医療分野での考察	ポイント
身体欠損患者の認証	病院では事故などによる身体欠損患者が珍しくない →複数の認証を組み合わせる必要がある
新生児の認証	新生児は成長速度が非常に速い →新生児に対する各種バイオメトリック認証の実用性の検証が必要
正確性と高速性に対する要求レベルが高い	生命に関わる行為であり，正確性と高速性が同時に必要（特に他者と間違って認証することは医療事故に直結するため絶対に避ける）。医療現場の利用シーンごとに求められる正確性と高速性を検証し，シーン利用指針を設定
衛生面への配慮	生体認証による院内感染の可能性防止 →衛生上は非接触認証が望ましい（非接触式身体認証，ICカード併用の場合は非接触型ICカードを使うなど）
初期登録時の本人確認方法	悪意の患者なりすましなどの防止手段が必要
コストをあまりかけられない	患者負担費用への転稼が困難 →正確性，確実性のうえからすべてのシーンに複数認証を採用することは現実的ではない。プライオリティの設定が必要
他手段との最適な組み合わせ	バーコード，RFID (Radio Frequency Identification) など

表8.2　医療分野での応用[48]

	想定シーン	身体欠損患者	新生児	正確性	高速性	衛生面	コスト	他手段組み合わせ
外来	受付（新患，再来）	○			○	○	○	ICカード
	診察	○				○	○	ICカード
	検査（採血，放射線検査，生体検査）	○		○		○	○	
	治療（処置，注射）	○		○		○	○	
	会計（自動精算機）	○			○	○	○	ICカード
	薬の受取り	○		○	○	○	○	ICカード
入院	入院登録	○				○	○	ICカード
	診察	○				○	○	
	配膳	○				○	○	バーコード
	検査（採血，放射線検査，生体検査）	○	○	○		○	○	
	治療（処置，投薬，注射・点滴，放射線治療）	○	○	○		○	○	
	手術	○	○	○		○	○	
	退院手続き	○				○	○	ICカード

8.11 アミューズメント

8.11.1　イベント入場管理

　コンサートやスポーツなどのイベント入場管理は，これまでチケットにより行われてきた。特に高い人気のイベントでは，高額な転売行為（いわゆるダフ屋行為）が問題視されている。転売による利益は，直接的にアーティストやスポーツに関わる人々に還元されないという問題点がある。さらにイベントはグッズ販売などのビジネスとも密接に関わっているが，ファンが高額な転売チケットの購入と引き換えに，グッズ購入ができなくなるという問題も指摘されている。

　ダフ屋行為は迷惑防止条例により取り締まることは可能なものの，公共の場

8章

所での活動のみの規制であるために，例えばインターネットなどでのダフ屋行為には適用可能な法規制が存在しない状況である。また購入時の身分証明書による確認，あるいはファンクラブでの予約を前提とした購入を想定したとしても，名義貸しや書類偽変造によるなりすましなどもあり得る。さらに，会場で本人確認を実施する際には，入場に要する時間が増大する課題も生じた。

そこで，効果的な水際対策として，ファンクラブ会員には事前に顔画像を登録してもらうとともに，当日の入場時にカメラに顔をかざすだけで本人かどうかの確認をすばやく可能とする本人確認システムが使われ始めている[49]。これによりなりすまし等を防止するとともに，従来の目視による本人確認に比べて確認時間を短縮することも可能となり，来場者の円滑な入場を実現することができる。**図8.31**に，コンサート会場での顔認証による本人確認システムの一例を示す。

図8.31　コンサート会場での顔認証による本人確認システム[49]

8.11.2　アミューズメント

近年，会員制施設のメンバーシップ管理用途や，現金やカード不要のキャッシュレス決済用途などで，生体認証技術が多く使われるようになってきている。

フィットネスクラブやゴルフ場などでは，利用者が会員証やIDカードなどを持ち歩きたくないというニーズがあり，2008年頃から，静脈認証技術などがメ

ンバーシップ管理や本人確認用途のために使われている。

　2016年度以降は，生体認証に「キャッシュ」を紐づけした，いわゆる「キャッシュレス決済」の実証実験も相次いでいる。

- 社員食堂，売店等での「手ぶらキャッシュレス」用途[50]
- 温泉，テーマパークでの「クーポン券」，または「ローカルマネー」用途[51],[52]
- ホテルの受付（おもてなし）でのサインレスチェックイン用途[53]

などの分野では，指紋認証技術や顔認証技術を用いた検証が多くみられる。

　さらに，2017年度以降では，フィットネスクラブで，顔認証技術や指静脈認証を使ったチェックイン，チェックアウト，自動精算システム（決済）など，数十店舗での試行運用が始まっている[54],[55]。近い将来には，フィットネスクラブの利用者は，貴重品を含む手荷物をすべてロッカーに預け，フィットネス中は運動着以外何も身に付けないという，「完全手ぶら」での施設利用の実現が期待されている。

参考文献

◆8.2節

[1] 画像電子学会 編，星野幸夫 監修：指紋認証技術，東京電機大学出版局（2005）

◆8.3節

[2] 外務省：国際民間航空機関（ICAO）
　　URL：https://www.mofa.go.jp/mofaj/gaiko/page22_000755.html

[3] Doc 9303 Machine Readable Travel Documents
　　URL：https://www.icao.int/publications/pages/
　　　　　publication.aspx?docnum=9303

[4] 外務省：パスポート申請用写真の規格
　　URL：http://www.mofa.go.jp/mofaj/toko/passport/ic_photo.html

[5] 外務省：パスポート用提出写真についてのお知らせ
　　URL：http://www.mofa.go.jp/mofaj/files/000149961.pdf

[6] Australian Border Force: SmartGates
　　URL：https://www.abf.gov.au/entering-and-leaving-australia/smartgates

[7] UK政府：Entering the UK - At border control
　　URL：https://www.gov.uk/uk-border-control/at-border-control

［8］IATA：Automated Border Control Implementation
　　URL：https://www.iata.org/whatwedo/passenger/Pages/
　　　　automated-border-control-maps.aspx

［9］法務省：顔認証ゲートの本格導入について（お知らせ）
　　URL：http://www.moj.go.jp/nyuukokukanri/kouhou/
　　　　nyuukokukanri07_00168.html

［10］法務省：新しい出入国審査について
　　URL：http://www.moj.go.jp/nyuukokukanri/kouhou/
　　　　nyukan_nyukan65.html

［11］法務省：自動化ゲートの運用について（お知らせ）
　　URL：http://www.moj.go.jp/nyuukokukanri/kouhou/
　　　　nyuukokukanri01_00111.html

◆8.4節

［12］『日本経済新聞』2017年5月1日朝刊「11億人にID　貧困改善へ　ナンダ
　　ン・ニレカニ氏　インド固有識別番号庁初代総裁」
　　URL：https://www.nikkei.com/article/
　　　　DGKKZO15870920Y7A420C1M11600/

［13］UIDAI：UIDAI STRATEGY OVERVIEW（2010）
　　URL：https://www.prsindia.org/uploads/media/UID/
　　　　UIDAI%20STRATEGY%20OVERVIEW.pdf

［14］UIDAI：Report on Aadhaar Enabled De-duplication & Verification Exercise
　　（2014）
　　URL：https://stateofaadhaar.in/wp-content/uploads/
　　　　UIDAI_Deduplication_2014.pdf

［15］日本電気株式会社：NECが生体認証システムを提供しているインドのア
　　ドハープログラムの登録者数が10億人を突破
　　URL：https://jpn.nec.com/press/201610/20161012_02.html

［16］India news：Over 9 crore Aadhaar enrolments rejected by UIDAI
　　URL：https://zeenews.india.com/news/india/
　　　　over-9-crore-aadhaar-enrolments-rejected-by-uidai_1592052.html

［17］Press Information Bureau Government of India Ministry of Communica-
　　tions：UIDAI generates a billion Aadhaars A Historic Moment for India

（2016）

URL：http://pib.nic.in/newsite/printrelease.aspx?relid=138555

[18] UIDAI：Introduction to Aadhaar（2017）

URL：https://trai.gov.in/sites/default/files/presentations_&_cv/
Day-3_25Aug2017/Session2_Digital%20world/
Digital%20Identifiers_Ashok%20Kumar.pdf

◆8.5節

[19] 日立産業制御ソリューションズ：指静脈認証入退室管理システム

URL：http://info.hitachi-ics.co.jp/product/urban/secuavein/

[20] 勤怠管理システム「KING OF TIME」

URL：https://www.kingtime.jp/campaign/

[21] コニカミノルタ：セキュリティー強化「生体認証装置」

URL：https://www.konicaminolta.jp/business/solution/business_type/
manufacture/biometrics/index.html

◆8.6節

[22] 横澤宏，新崎卓，米永彰，和田篤志：セキュリティと利便性を追求したク
ライアント端末向け生体認証技術，雑誌FUJITSU，Vol.67，No.1，pp.21-
25（2016）

[23] FIDO Alliance

URL：http://www.fidoalliance.org/

[24] 五味秀仁，大神渉：FIDO（ファイド）認証とその技術，電子情報通信学会
基礎・境界ソサイエティ Fundamentals Review，Vol.12，No.2，pp.115-
125（2018）

◆8.7節

[25] 富士通：導入事例　株式会社東京三菱銀行

URL：http://jp.fujitsu.com/featurestory/2004/1027btm/

[26] HITACHI：三井住友銀行のATM「@BΛNK」で日立の指静脈認証装置が
稼働

URL：http://www.hitachi.co.jp/New/cnews/month/2006/03/0303.html

[27] 富士通：ブラジルで，ATM向けの新しい生体認証ソリューションを提供
開始

URL：http://pr.fujitsu.com/jp/news/2006/07/13-1.html

8
章

[28] 日立：社会イノベーション：安全で効率的な銀行サービスを実現した指静脈認証システム

URL：http://social-innovation.hitachi/jp/case_studies/
banking-services-at-your-fingertips/

[29] 大垣共立銀行：全国初！「生体認証ATM」の取扱開始

URL：http://www.okb.co.jp/all/news/2012/20120411.pdf

[30] 山口フィナンシャルグループ：新営業店システムの導入について

URL：http://www.ymfg.co.jp/news/2016/news_1007.pdf

◆8.8節

[31] 瀬戸洋一：AI・IoT・ビッグデータ時代のバイオメトリック技術，自動認識増刊号，日本工業出版 (2017)

[32] 坂本静生：バイオメトリクス製品とソリューションの現状と展望，NEC技報，Vol.63，No.3，pp.14-17 (2010)

[33] 日経xTECH：大量の顔認証カメラで来店客を分析，パルコヤが新たな店舗支援

URL：https://tech.nikkeibp.co.jp/atcl/nxt/column/18/00194/031300003/

[34] 株式会社ABEJA

URL：https://abejainc.com/insight/retail/ja/

[35] 顔認識機能付き，デジタルサイネージ自販機の概要説明書

URL：https://messe.nikkei.co.jp/files/SS1020/7-201403021646000343.pdf

[36] 神戸新聞NEXT：入店時顔認証で万引警戒　大型書店など設置広がる

URL：https://www.kobe-np.co.jp/news/shakai/201705/0010239823.shtml

[37] グローリー株式会社：顔認証システム

URL：https://www.glory.co.jp/product/detail/id=70

[38] グローリー株式会社：従来比50倍の高精度顔認証技術を開発

URL：http://www.glory.co.jp/company/news/detail/id=632

[39] 富士通フロンテック：導入事例　那珂市立図書館

URL：http://www.fujitsu.com/jp/group/frontech/resources/
case-studies/nakacity/

[40] 日本図書館協会図書館年鑑編集委員会，日本図書館年鑑2008，日本図書館協会 (2008)

[41] 小泉周司：いつでも気軽に立ち寄れる図書館を目指して，情報管理，Vol.49,

No.11，pp.611-621（2007）

URL：https://www.jstage.jst.go.jp/article/johokanri/49/11/
49_11_611/_pdf/

[42]ITmedia NEWS：中国5.5兆ドル市場狙う　アリペイの「顔認証決済」

URL：http://www.itmedia.co.jp/news/articles/1710/26/news006.html

[43]富士通：Fujitsu Technology and Service Vision 2018　お客様事例

URL：http://www.fujitsu.com/downloads/JP/vision/2018/
download-center/FTSV2018_customerstories_10_JP-1.pdf

[44]富士通：生体認証技術を活用したカードレス決済の実証実験開始について

URL：http://pr.fujitsu.com/jp/news/2018/07/12-2.html

◆8.9節

[45]日本電気株式会社：NEC，豊島区で，世界初の「群衆行動解析技術」を用いた総合防災システムを構築

URL：https://jpn.nec.com/press/201503/20150310_01.html

[46]総務省地域力創造グループ：新たな自治体情報セキュリティ対策の抜本的強化に向けて（2015）

URL：http://www.soumu.go.jp/main_content/000387560.pdf

◆8.10節

[47]村田裕一：10年目を迎えた電子カルテ，広報もしもし，Vol.33（2010年3月・4月号），NTT東日本　関東病院

URL：https://www.ntt-east.co.jp/kmc/mosimosi/pdf/33/02_03.pdf

[48]バイオメトリクスセキュリティコンソーシアム医療タスクフォース資料

◆8.11節

[49]NECソリューションイノベータ：顔認証本人確認ソリューション/イベント向けシステム

URL：https://www.nec-solutioninnovators.co.jp/sl/face_authentication/
forevent.html

[50]ニュースイッチ：指にお金をチャージする！？　日立製作所，「指チャージマネー」の普及に乗り出す

URL：https://newswitch.jp/p/13573

[51]湯河原温泉観光協会公式サイト：新着情報

URL：http://www.yugawara.or.jp/news/details.php?log=1469577806

[52] ハウステンボスリゾート：ハウステンボスマネー
　　　URL：https://www.huistenbosch.co.jp/familie/point.html
[53] 変なホテル：ご利用方法
　　　URL：http://www.h-n-h.jp/guidance/
[54] ゼクシス浜松：お知らせ
　　　URL：https://zexis-net.jp/hamamatsu/news.php?pid=8483
[55] コナミスポーツクラブ：ニュース
　　　URL：https://www.konami.com/sportsclub/corporate/press/
　　　　2018/07/05/

AIと生体認証

　AI技術の進展は，生体認証の世界にも大きな影響を与えています。従来から生体認証では性能の向上のために機械学習技術が取り入れられていましたが，ディープラーニング（深層学習）技術の広まりとともに，より積極的に学習技術を活用していく傾向が進んでいます。大量のデータを用いることで，短期間で一定の性能向上が見込めることもあり，研究開発の現場にも変化をもたらしています。よく知られている例として，顔認証への応用があります。顔検出，顔認証に加えて，年齢・性別の推定にもディープラーニング技術が導入され性能改善が進んでいます。また最近の生体認証関連の研究論文では，顔認証以外の認証方式でもディープラーニング技術を適用した事例が増えています。

　この開発環境の変化は，大量の学習用データを持つ企業の生体認証領域への参入も促しています。そして今では，クラウドサービスで提供されるAPIの中に顔認証関連のAPIも含まれるようになり，サービス利用者が簡単に使えるようになっています。

　一方で，ディープラーニングに代表される学習技術を生体認証に適用していくためにはいくつかの課題があります。

　1つ目はデータ収集の課題です。ディープラーニング技術は大量のデータを必要とするため，学習用の生体情報を法律に則り収集することが必要です。生体情報は個人情報でもあるため，提供してもらうためには利用目的を説明したうえでの本人同意が必要です。適切な手続きで大量のデータを集めるためは，かなりの労力と費用がかかります。このため，最近では，大学を含む研究機関のためにいくつかの学術向けのデータセットが提供されるようになっています。

　2つ目は，学習データのカバー領域の課題です。学習に使用する生体情報が年齢，性別，地域（人種）で特定の傾向を持つ場合は，これらをカバーするような学習データセットを用いることが必要です。2017年にNISTの研究者がドイツのカンファレンスで顔認証ソフトに関する興味深い調査結果を示しました。顔認証ソフトを開発した会社・機関の所在地域にいる人

たちに対する認証性能が，他の地域よりもよい傾向があるという結果です。例えば，北米の会社が開発したソフトは，北米の人の認証性能に比べてアジアの人の認証性能が悪い傾向があるというものです。アジア系の会社のソフトでは北米系の会社とは逆の結果の傾向が出たそうです。研究開発に用いている顔画像データセットの偏りが原因ではないかと考えられています。

　このような課題はありますが，ディープラーニング技術導入のメリットは大きく，生体認証への適用は進んでいくと考えます。
　AIサービスから見たときには，生体認証は人に対するインタフェース機能として重要な位置を占めていくと予測できます。AI技術が生体認証技術の性能向上をもたらし，向上した生体認証技術をAIサービスが取り入れていくというサイクルが廻っていくと考えます。（新崎卓）

9章

市場の動向

9.1　市場概観

　究極の本人認証技術として生まれた生体認証技術は，経済社会の安心や信頼を支える基盤技術のひとつとして，出入国時の本人確認，勤怠管理，入退出管理，スマートフォンやPCのログインなど，広範な用途に使われている。最近は，FinTechに代表されるキャッシュレス決済での本人確認やインターネットなどのネットワーク上における非対面の本人確認などにも使われ始め，利用範囲が拡大している。ここでは，生体認証に関わる今日までの動きを整理するとともに，世界市場調査レポートをもとにして生体認証製品の市場について紹介する[1]。

9.1.1　市場形成の経緯

　生体認証は本人認証の手段として用いられているが，本格的に用いられ始めたのはここ四十数年である。コンピュータによるデジタル画像処理技術が実用化され始めた1970年頃，日本では，警察庁において，採取した犯罪者の指紋から容疑者を探し出すというところから生体認証の活用が始まった。以降その活用が徐々に広がり始め，原子力機関などの厳重な入退室管理などのアクセスコントロールを中心にセキュリティ市場に広まった。

　1995年頃から企業などで1人1台のPC活用が一般化したことが生体認証技術の市場普及にはずみを付けた。この頃から，指紋認証を中心にPCやモバイル端末からの業務用システムへのログイン管理などに使用され始め，普及が進んだ。同時にモジュールのコンパクト化が進み価格も急激に低下した。指紋認証以外にも，顔認証，虹彩認証や静脈認証などの開発，製品化が進み，それぞれに使い分けされた活用が進展した。最近では出入国管理やスマートフォンでの使用者認証への応用にまで広がり，生活，ビジネス，行政の各分野において，特に「安全」「信頼」「使いやすさ」のニーズに応える社会の本人認証の基盤技術として位置づけられるようになっている。

　生体認証を必須にしたのが，2001年9月11日のニューヨーク貿易センタービルのテロ事件であった。偽造パスポートが所持されていたことと国境警備強化の必要性とが相まって，生体認証を採用したパスポートの電子化が決定された。この流れの中で，国際標準化ISO/IEC JTC 1/SC 17において生体認証を適用す

るにあたっての検討が開始され，続いてISO/IEC JTC 1/SC 37が設立されて，生体認証に関する標準化が本格化した。この標準化活動と連携してICAO（国際民間航空機関）における電子パスポート，国際運転免許証，さらにILO（国際労働機関）185号条約における船員手帳への生体認証技術の採用など，IDカードへの生体認証採用の動きが活発になった。

さらに，最近のスマートフォンの普及とそれに呼応するかのように始まったFinTechなどに代表される金融・決済系の新サービスの進展に伴い，スマートフォンの使用者認証やFIDO（Fast IDentity Online）の使用者認証として活用されている。

また，日本では，生体認証データは2017年5月30日に全面施行された改正個人情報保護法の中で個人識別符号と規定され，また個人情報保護委員会のガイドラインの中で個人情報として取り扱う管理基準も示されたことで，使用時に配慮する事項に関する法的環境が整ってきた[2]。

9.1.2　応用先の概観

生体認証技術の普及は，9.11アメリカ同時多発テロをはじめとしたセキュリティ意識の高まりや，インターネットの爆発的な普及による「見えない相手」との情報のやりとりにおけるセキュリティ対策，あるいはデジタル情報化された社会で日々増えるパスワードやカードなどによる本人確認をより簡単・便利にするなど，セキュリティ面と利便性の両面に理由があると考えられる。

生体認証は，第8章に記載したように，すでに多くの用途で使われており，今後の技術進歩は，ますますその応用範囲を広げるものと思われる。例えば，ATMでは静脈認証を用いて預金者の確認をしており，オフィスでのコンピュータシステムへのアクセス時の使用者認証には指紋認証や顔認証をはじめとした生体認証が使用されている。また，金庫やロッカーなどでも，生体認証を用いて使用者の確認をすることで安全性と利便性をより高めたものがみられる。

監視システムでは，生体認証，特に顔認証や指紋認証を利用して，より効率的かつ効果的な監視システムを構築している。例えば，米国では，国土安全保障省が入国管理や，犯罪者やテロリストを特定し不法入国を取り締まるためにUS-VISITプログラムを導入している。日本でも出入国審査の効率化と省力化のため，顔認証と指紋認証を活用した自動化ゲートの本格運用が始まった。

さらに，オンライン決済と電子的金融取引が増加している電子商取引業界で

は，オンラインあるいはスマートフォンで行われる決済時に生体認証により本人確認を行い，セキュリティ性を高める活用が始まっている。また，スマートフォン，ラップトップなどのモバイル機器にも，使用者認証のために生体認証装置が組み込まれており，今では，ほとんどのスマートフォンで起動時の使用者認証やアプリケーションと連携した使用者確認に，指紋認証をはじめとした生体認証が利用されるようになった。

　このように，現在，生体認証は多くの用途で使われており，将来的には，まだまだ数え切れないほどのアプリケーションに応用される可能性を持っている。

9.2　世界市場動向

9.2.1　世界市場規模と今後の予測

　2017年を基準として2018年から2026年の市場規模を予測した世界市場調査レポートでは，2017年の生体認証の世界市場は117億4千万ドルの規模があり，2018年から2026年までに17.41％のCAGR（年平均成長率，Compound Average Growth Rate）で成長し，2026年には474億6千万ドルに達すると予測されている（**図9.1**，**表9.1**）。背景には，市場での高度なセキュリティや社会的安全性への要望の高まり，ID/パスワード盗難の増加，電子パスポートの普及，スマートフォンに代表されるモバイル機器での生体認証を活用したシステムの進化や応用先の拡大などがある。

　また，市場の促進要因，抑制要因として，次の事項が報告されている。

1　促進要因

　市場拡大の主な要因のひとつは，電子パスポートの普及である。テロの脅威と事件数の増加は，社会的安全性確保の必要性を高めており，各国政府はそれぞれに電子パスポートを採用している。すなわち，社会安全性を確保するためにセキュリティ基盤の強化，機密データの盗難対策の強化や，政府施設の保護を目的とした電子証明書の各国政府による採用が進むことにより，生体認証市場の成長が促進される。

　もうひとつの大きな要因は，世界的なセキュリティ問題の深刻化である。多くの分野で，なりすましや識別コードの不正取得などによるセキュリティ攻撃

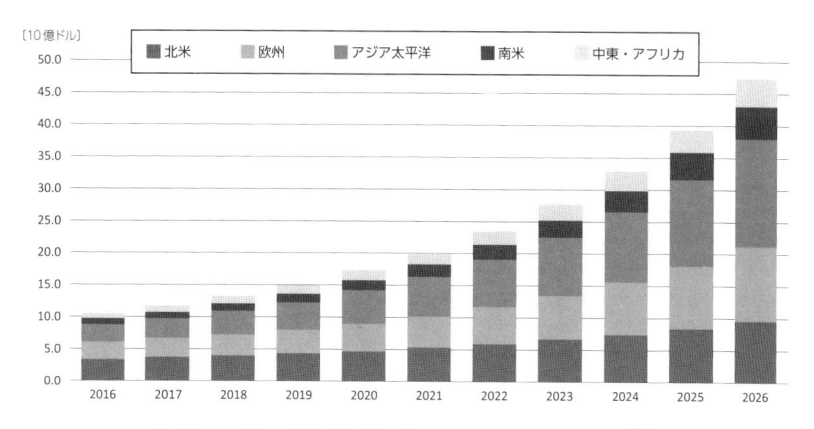

図9.1　世界市場規模　地域別　2018-2026[1]

表9.1　世界市場規模　地域別　2018-2026[1]

地域	2016	2017	2018	2019	2020	2021	2022	2023	2024	2025	2026	CAGR % (2018-2026)
北米	3.45	3.68	3.96	4.31	4.77	5.29	5.90	6.63	7.48	8.46	9.61	11.71 %
欧州	2.62	2.90	3.24	3.68	4.24	4.91	5.73	6.76	8.04	9.60	11.53	17.18 %
アジア 太平洋	2.80	3.20	3.71	4.35	5.18	6.19	7.45	9.05	11.08	13.61	16.81	20.80 %
南米	0.89	1.01	1.16	1.35	1.60	1.90	2.28	2.75	3.35	4.10	5.05	20.20 %
中東・ アフリカ	0.84	0.94	1.08	1.25	1.47	1.73	2.06	2.48	3.00	3.65	4.46	19.45 %
合計	10.60	11.74	13.15	14.93	17.25	20.02	23.42	27.67	32.95	39.41	47.46	17.41 %

*単位：10億ドル

9章

や被害が増加する中で，信頼性の高い検証と識別システムの必要性が高まっている。複製が困難な個人の身体的あるいは行動的な特徴を用いて個人を同定する技術である生体認証技術は，従来の技術に比べてより高い信頼性を持っているとして市場での採用が進むことにより，生体認証市場の成長が促進される。

❷　抑制要因

　前述のようにいくつかの促進要因があるにもかかわらず，いくつかの課題によって生体認証市場の成長は抑制されている。

　市場における重要な課題のひとつは，生体認証を活用するシステムのコストが高いことと，運用に必要なソフトウェアの保守および更新コストが必要なこ

とである。生体認証は，パスワード，PINコード，ワンタイムパスワード (OTP)，スワイプカード，トークンなど，コストが安い他の代替技術との競争に直面している。多くの組織は安価な代替技術を好む傾向があり，生体認証を活用するシステムの持つコストの高さは導入の際の決定に影響を及ぼす要因となっている。

もうひとつの大きな要因は，現在の生体認証製品に相互運用性や他の製品との互換性がなく，将来，システムのアップグレードにおいてリスクが内在していることである。これらは今後，生体認証製品各社が克服しなくてはならない課題である。

9.2.2　地域別市場動向

図9.2に地域別市場動向をグラフ化したものを示す。表9.1と図9.2を見ると，北米，ヨーロッパなど，個人認証のためのインフラがすでに整っていると思われるところは，現在の導入規模は大きいものの，今後の市場の成長度が他に比べて低く，アジア太平洋，中南米，中東・アフリカなど，個人認証のためのインフラが不足していると思われるところは，今後の導入にアクティブで，今後の市場の成長度が高いと思われる。特にアジア太平洋は，規模そのものの伸びも期待できる。

世界市場調査レポートでは，調査結果から導き出された主要なトピックスとして次の事項が報告されている。

❶　北米—生体認証市場における世界的リーダー

北米は，現在のところ生体認証市場全体で最大のシェアを占め，2017年には36億8千万ドルの売り上げとなり，2026年には最高で96億1千万ドルに達すると推定される（表9.2）。残念ながら市場の成長度は他地域に比べて期待できない。これは，インフラストラクチャの整備が進んでいるとともにベンダー数が多く，生体認証技術が早期に採用されたことによる。

米国およびカナダでは，生体認証は政府・行政機関，医療，運輸部門のプロジェクトに広く使用されており，例えばUS-VISITは，政府・行政機関で広く採用された生体認証技術を用いたプログラムのひとつである。

政府・行政機関は，北米の生体認証市場における重要なエンドユーザである。生体認証の採用は社会的安全と国家安全への脅威となっているテロ攻撃の脅威の増大に伴って増加しており，過去数年間，この地域では生体認証技術を用い

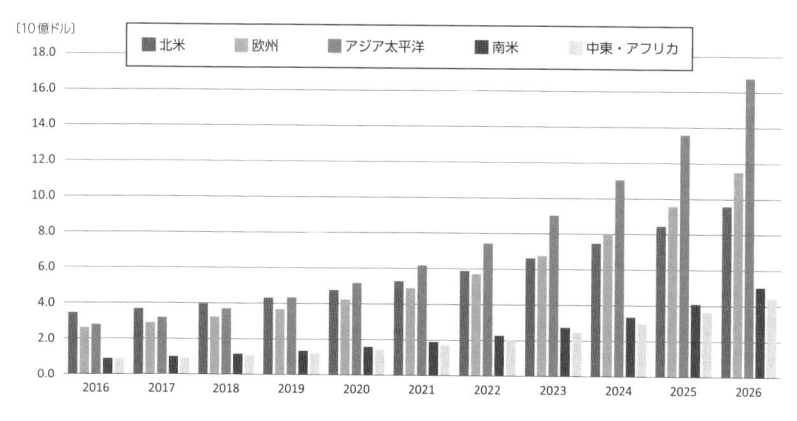

図9.2　世界市場規模　地域別　2018-2026[1]

表9.2　北米市場規模　2018-2026[1]

北米	2016	2017	2018	2019	2020	2021	2022	2023	2024	2025	2026	CAGR% (2018-2026)
米国	3.06	3.27	3.54	3.78	4.03	4.43	4.90	5.44	6.07	6.75	7.55	9.93 %
カナダ	0.39	0.46	0.54	0.63	0.73	0.86	1.03	1.22	1.46	1.73	2.05	18.07 %
合計	3.45	3.73	4.08	4.41	4.76	5.30	5.93	6.66	7.52	8.48	9.61	11.28 %

*単位：10億ドル

9章

た監視システムの導入が大幅に増加している。

　市場の主要な促進要因のひとつは，ユーザの生体認証を活用するシステムの運用コストを削減することのできるクラウドベースの生体認証システムであり，その採用が進んでいることである。また，複数の生体認証技術を使い正確かつ迅速に本人認証ができるマルチモーダル生体認証システムの利用も増加している。さらに，輸送およびヘルスケア部門も，北米市場の成長にかなり貢献している。

❷　アジア太平洋地域—最も速く成長する地域

　アジア太平洋地域は，生体認証分野で最も急速に進化する地域であることが予想される。2017年の市場は32億ドルで，2026年には168億ドルに達すると予測されている（**図9.3**）。アジア太平洋地域の市場は当期を通じて大幅な伸びを示すとともに，着実に伸びてゆくことが見込まれており，まもなくグローバ

ルな生体認証市場のひとつとなることが予想される。

　中国，日本，インド，韓国，オーストラリア，ニュージーランドなどの地域で生体認証システムの採用が拡大していることがこの地域の市場拡大の要因であり，この地域の政府・行政機関による国内へのIDカードや電子パスポートの配布などの取り組みが背景にある。さらに，欧州とアメリカの市場の伸びが鈍化していることにより，生体認証ベンダーがアジア太平洋地域に焦点を移していることも，この地域の成長が予測される背景となっている。

　このほかに，個人および国家安全保障の必要性の高まり，さまざまなエンドユーザ向けサービスでの採用の増加，電子商取引の拡大に伴うスマートフォンおよびインターネットとの連携の増加およびデジタル決済の増加が，アジア太平洋地域の生体認証市場の成長の主な理由である。

　セキュリティは，政府・行政機関，医療，交通，小売，教育，BSFI（銀行・金融サービス・保険）などの業界の主要な課題のひとつであり，運用プロセスの高いレベルの完全性，真正性，機密性を達成するために，生体認証システムが採用されている。

　また，近年のグローバリゼーションの広まりはグローバルな人・物の移動をもたらしており，交通・運輸業界もアジア太平洋地域の市場成長の主要な要素のひとつとなっている。例えば，職員の識別とアクセス制御の効率化のために，空港に生体認証システムが実装され始めている。

　アジア太平洋地域の中では，現在は，中国，インド，日本の市場が大きいが，今後，インド，日本，中国，韓国の順で市場が伸びると予測されている（**図9.3**，**表9.3**）。

　現在，中国はアジア太平洋地域で最大の市場シェアを占めている。これは，国として電子身分証明カード化を進めていることや，国内で安全な環境を作るため監視システムを強化していること，交通・運輸および教育分野で生体認証が使用されていることによる。

　インドは，アジア太平洋地域の中で中国に次いで2番目に大きな市場であり，高セキュリティ・イニシアチブ，スマートシティ・プロジェクト，民間企業，官公庁による生体認証の採用率の高さ，Aadhaarカードの導入，ヘルスケア，金融・決済サービス，保険，教育分野，労働力管理などにおける生体認証の採用がこの地域の市場成長をリードしている主な要因である。また，インドの食料，民事用品，消費者局で，写真と生体認証機能つきの配給用カード（Photo-

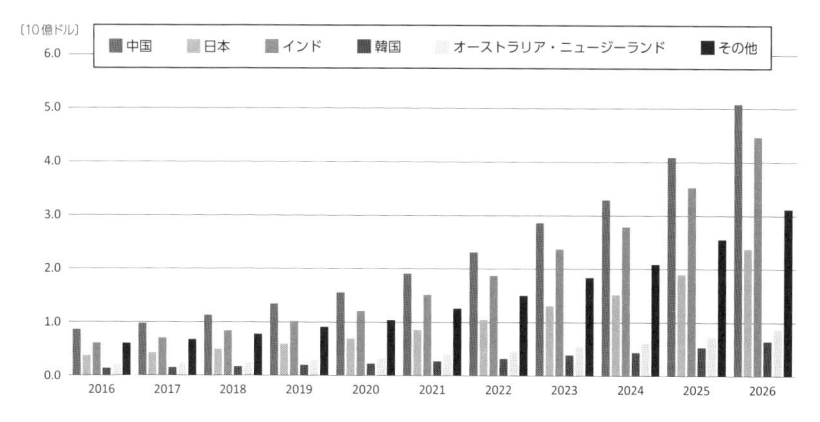

図9.3 アジア太平洋市場規模 2018-2026[1]

表9.3 アジア太平洋市場規模 2018-2026[1]

地域	2016	2017	2018	2019	2020	2021	2022	2023	2024	2025	2026	CAGR % (2018-2026)
中国	0.86	0.98	1.13	1.34	1.55	1.91	2.31	2.86	3.30	4.09	5.08	20.62 %
日本	0.37	0.43	0.50	0.60	0.70	0.86	1.05	1.31	1.52	1.90	2.38	21.48 %
インド	0.61	0.71	0.84	1.02	1.21	1.51	1.87	2.37	2.79	3.53	4.47	23.21 %
韓国	0.14	0.15	0.17	0.20	0.23	0.27	0.32	0.39	0.44	0.54	0.65	18.00 %
豪州・ NZ	0.21	0.23	0.26	0.30	0.33	0.39	0.46	0.55	0.61	0.73	0.87	16.52 %
その他	0.61	0.68	0.78	0.91	1.04	1.26	1.50	1.84	2.09	2.55	3.12	18.96 %
合計	2.80	3.17	3.69	4.37	5.05	6.20	7.51	9.32	10.74	13.33	16.57	20.67 %

*単位：10億ドル

biometric Ration Cards）を導入し始めたことも要因となっている。

　日本の政府・行政機関は電子パスポートに生体認証を採用している。また，出入国管理，空港業務，銀行や金融機関，医療機関や教育機関などの分野で生体認証の利用が大幅に増加している。

9.2.3　用途別市場動向

　世界市場調査レポートでは，調査結果から導き出された主要なトピックスとして次の事項が報告されている。

9
章

市場での生体認証製品への理解と重要性は急速に拡大している。また，生体認証を採用した多くの組織で生体認証の導入の有益性が確認されており，いくつかの分野で生体認証の採用は必要不可欠となっている。

　政府・行政機関系のエンドユーザ部門が現在生体認証市場をリードしており，2017年には約49.85％の市場シェアを獲得している。テロによる脅威の増大と高度なセキュリティの必要性は，政府・行政機関の生体認証システムに対する需要を増大させ，法執行機関，国境管理，アクセスコントロール，移民，観光管理，国民ID，およびその他の多くの政府・行政機関のアプリケーションで生

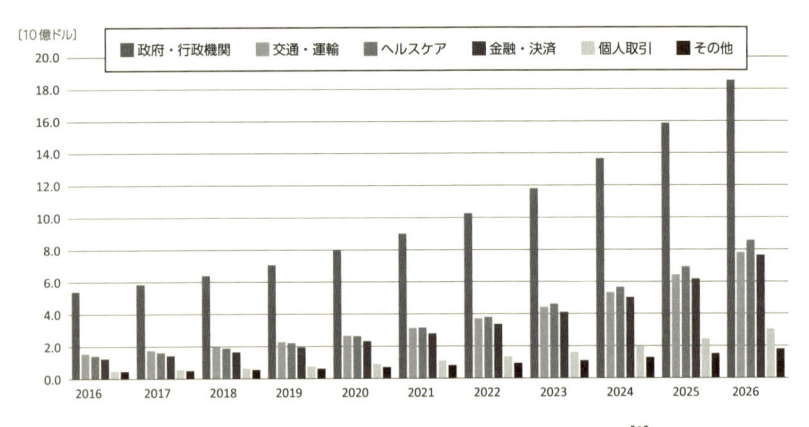

図9.4　世界市場規模　用途別　2018-2026[1]

表9.4　世界市場規模　用途別　2018-2026[1]

用途	2016	2017	2018	2019	2020	2021	2022	2023	2024	2025	2026	CAGR% (2018-2026)
政府・ 行政機関	5.41	5.85	6.40	7.09	7.98	9.02	10.27	11.81	13.67	15.88	18.56	14.24 %
交通・ 運輸	1.57	1.76	1.99	2.29	2.67	3.13	3.70	4.42	5.32	6.44	7.83	18.67 %
ヘルス ケア	1.42	1.63	1.89	2.21	2.64	3.15	3.80	4.62	5.65	6.95	8.59	20.86 %
金融・ 決済	1.24	1.43	1.66	1.95	2.33	2.79	3.36	4.10	5.02	6.18	7.65	21.06 %
個人取引	0.50	0.57	0.66	0.78	0.93	1.11	1.34	1.63	2.00	2.46	3.04	21.02 %
その他	0.46	0.50	0.56	0.62	0.71	0.81	0.94	1.09	1.28	1.52	1.80	15.82 %
合計	10.60	11.74	13.15	14.93	17.25	20.02	23.42	27.67	32.95	39.41	47.46	17.41 %

*単位：10億ドル

体認証が使用されている。

　次に大きな市場は交通・運輸に関わる部門であり，空港や港湾では，監視，入国管理で，識別およびスタッフと当局者のアクセスコントロールに使用されている。以上の2つに，ヘルスケア，金融・決済がほぼ同等の水準で続いている（**図9.4**，**表9.4**）。

9.2.4　認証技術別市場動向

　生体認証技術にはさまざまな技術があるが，世界市場調査レポートによると，指紋認証，虹彩認証および顔認証が主なもので，これらの3つの技術を合わせると，2017年のデータで市場の約71％を占めていると報告されている（**図9.5**）。

　指紋認証，虹彩認証および顔認証の需要の増大の主な理由は，モバイル用途の拡大とマルチモーダル生体認証の採用の増加である。

　最近では，例えば，2017年にApple社はTouch ID（指紋認証）システムをFace ID（顔認証）に置き換えたiPhone Xを発売するなど，顔認証で従来の指紋認証が置き換えられるものもあるが，大多数のスマートフォンやヘルスケア，銀行分野などでは指紋認証が採用されており，市場での指紋認証の支配的地位は変わらない。

　また，複数の生体認証技術を同時に使用するマルチモーダル生体認証の導入も始まっている。銀行，金融サービス，保険機関はマルチモーダル生体認証システムの主要ユーザであり，虹彩認証・顔認証と一緒に指紋認証を組み合わせ

9章

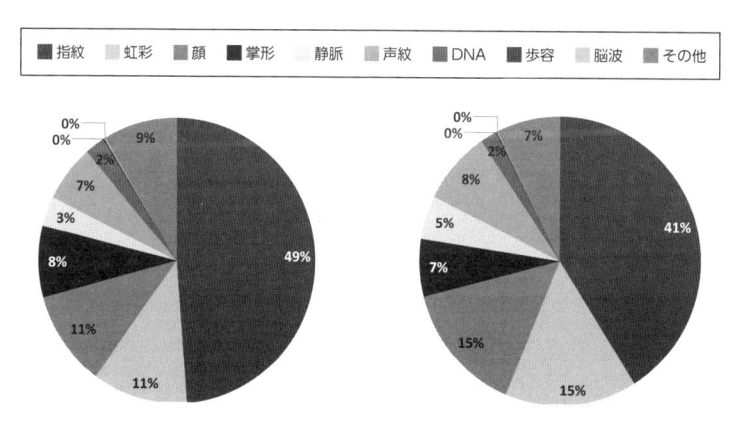

図9.5　世界市場規模　認証技術別割合　2018-2026[1]

て，より高いセキュリティと信頼性を実現している。また，医療分野における情報収集と検索用途用として指紋認証，顔認証および虹彩認証技術の統合化が始まっている。さらに，精度がよく処理時間が短いということで，指紋認証から虹彩認証および顔認証への移行が進んでいくと予測されている（**図9.6**，**表9.5**）。

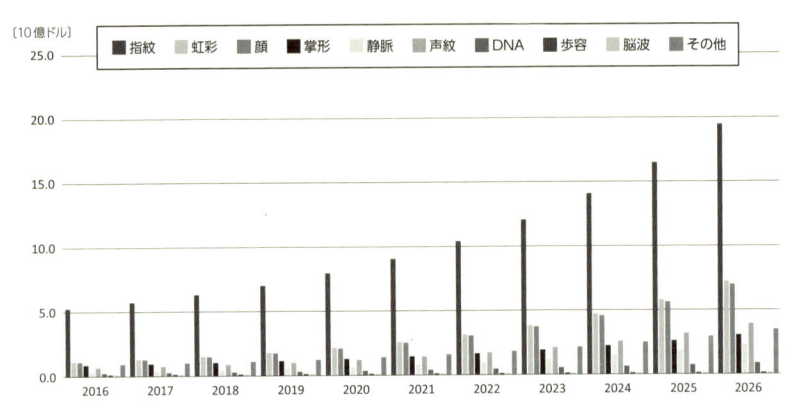

図9.6　世界市場規模　認証技術別　2018-2026[1]

表9.5　世界市場規模　認証技術別　2018-2026[1]

認証技術	2016	2017	2018	2019	2020	2021	2022	2023	2024	2025	2026	CAGR % (2018-2026)
指紋	5.26	5.72	6.29	7.02	7.96	9.06	10.40	12.05	14.07	16.49	19.45	15.14 %
虹彩	1.13	1.31	1.53	1.80	2.16	2.59	3.14	3.84	4.72	5.82	7.23	21.47 %
顔	1.11	1.28	1.49	1.75	2.10	2.52	3.05	3.73	4.58	5.65	7.00	21.36 %
掌形	0.88	0.95	1.04	1.15	1.30	1.47	1.68	1.93	2.24	2.60	3.04	14.40 %
静脈	0.34	0.40	0.47	0.56	0.67	0.82	0.99	1.22	1.51	1.87	2.33	22.16 %
声紋	0.67	0.76	0.88	1.03	1.22	1.46	1.75	2.12	2.59	3.17	3.91	20.51 %
DNA	0.24	0.27	0.29	0.32	0.37	0.42	0.48	0.55	0.64	0.75	0.88	14.76 %
歩容	0.03	0.03	0.03	0.03	0.04	0.04	0.05	0.06	0.07	0.08	0.09	14.78 %
脳波	0.01	0.02	0.02	0.02	0.02	0.02	0.03	0.03	0.03	0.04	0.05	13.44 %
その他	0.93	1.01	1.11	1.24	1.41	1.61	1.85	2.15	2.51	2.95	3.48	15.31 %
合計	10.60	11.74	13.15	14.93	17.25	20.02	23.42	27.67	32.95	39.41	47.46	17.41 %

*単位：10億ドル

9.2.5　モバイル用途市場動向

　生体認証におけるモバイル用途市場は，スマートフォン，PDA，ラップトップコンピュータなどのモバイルデバイスで使用される生体認証市場のことをいう。世界市場調査レポートによると，モバイル用途の出現は生体認証市場の需要を喚起し，市場拡大の要因となっている。また，近い将来，生体認証市場を支配することが予想される，とされている。

　モバイル用途市場は，2017年に30億ドルと評価され，2018年〜2026年でCAGR 26.09％と顕著な成長を示し，2026年には243.4億ドルに達すると見込まれている（**表9.6**）。

　スマートフォン，PDA，およびラップトップ等で使われるアプリケーションで使用されるIDやパスワードは盗難の傾向がますます高まっており，デバイス自体の盗難が発生する可能性もある。また，モバイル決済などの登場により，スマートフォン等モバイルデバイスを用いたオンライン取引が増加している。このため，モバイルデバイスは，セキュリティ上の脅威に対して安全性をより高める必要が生じている。主に安全な本人確認手段として，モバイル機器で生体認証技術が使用され始めており，装置に実装された生体センサまたはカメラを使用して，ユーザの指紋，顔，および声または虹彩等を使って本人認証を行っている。

　例えば，Apple社は，iPhoneやiPadなどのモバイルデバイスでTouch ID（指紋認証）を用いており，最近は顔認証によるFace IDも用い始めた。また，サムスンもモバイルデバイスでの指紋認証や顔認証をサポートしている。さらに，銀行や金融機関のほとんどは，FinTechなどに代表される金融・決済系の新サービスの進展に伴い，生体認証機能を持つモバイル機器を導入している。

9章

表9.6　世界市場規模　タイプ別　2018-2026[1]

タイプ	2016	2017	2018	2019	2020	2021	2022	2023	2024	2025	2026	CAGR % (2018-2026)
固定用途	8.12	8.66	9.34	10.19	11.29	12.54	14.02	15.79	17.88	20.30	23.11	12.00 %
モバイル用途	2.48	3.07	3.81	4.74	5.96	7.48	9.40	11.88	15.06	19.12	24.34	26.09 %
合計	10.60	11.74	13.15	14.93	17.25	20.02	23.42	27.67	32.95	39.41	47.46	17.41 %

*単位：10億ドル

英国のバークレー銀行は，音声認証をモバイルバンキングサービスと統合しており，彼らは顧客がより安全なモバイルバンキングプラットフォームを体験できるように，静脈認証技術も組み込んでいる。米国のインベステック銀行は，モバイルバンキングアプリケーションに指紋認証機能を統合した。

　また，米国では，法執行官が個人の生体認証データと既存のデータベースとの照合を行うMORISモバイルアプリケーションが使用されている。

参考文献

［1］INKWOOD RESEARCH：GLOBAL BIOMETRICS MARKET FORECAST 2018-2026（2018年9月取得情報）

［2］個人情報保護委員会：「個人情報の保護に関する法律についてのガイドライン」及び「個人データの漏えい等の事案が発生した場合等の対応について」に関するQ&A（2017）

　　URL：https://www.ppc.go.jp/files/pdf/180720_APPI_QA.pdf

　　※上記文献のうち，「Q12-11」「A12-11」を参照。

指紋認証はなぜ人差し指？

近年，海外旅行先で，入国時に指紋登録を要求されることが増えてきました。指紋登録で要求される指は，決まって人差し指であることが多いです。なぜ，親指や中指でなく人差し指なのでしょうか？ それには，大きく2つの理由があります。

ひとつは，単純にスキャナに置きやすいことですね。指紋認証は同じ部位がなければ認証できません。より再現性のある安定した置き方が，指紋認証には必要となります。例えば，親指は，他の指と比べて大きいため，2，3cm角の読み取りセンサに対して毎回正確に同じ部分を置くことが困難です。また，薬指や小指は細かい作業が苦手なため思ったように置くことが難しかったりします。

もうひとつが，指紋パターンのバリエーションの多さです。10指の指紋をよく観察してみてください。左右に流れているパターンや渦を巻いているパターンなど，大まかな紋様パターンが見て取れると思います。この紋様パターン，統計的には人差し指が最も出現頻度にばらつきがあることが知られています。紋様パターンにばらつきがあるほど指紋の特徴量にもばらつきが発生し，より高精度に比較することが可能となります。

日本では，古来より拇印と呼ばれる右手の親指を使うケースが一般的でしたが，認証精度という観点ではまた異なったポイントで利用する指が選択されているのですね。ちなみに，近年利用が進んでいるスマートフォンの指紋認証は，紋様パターン全体が撮れるほどセンサ面積が大きくありませんので，親指や中指など使いやすい指でお好きにどうぞ。（島原達也）

10章

用語および関係サイト

10.1 用語

用　語	カナ表記	内　容
AFIS (Automated Fingerprint Identification System)	エーフィス	警察において，犯罪捜査のために，現場に残された指紋を照合する目的で使用されるシステムの名称。
ANSI (American National Standards Institute)	アンシ	米国国家標準協会。 アメリカ合衆国の国内における工業分野の標準化組織。
BioAPI (Biometrics Application Program Interface)	バイオエーピーアイ	生体認証技術を用いるソフトウェアやハードウェア間で情報交換するための標準インタフェース規格。ISO/IEC JTC 1/SC 37で仕様が策定された。
CBEFF (Common Biometric Exchange File Format)	シーベフ	生体認証データが共通して持つべきヘッダ情報を規定する規格。NIST（アメリカ国立標準技術研究所）が仕様を発行している。
CC (Common Criteria for Information Technology Security Evaluation)	シーシー （コモンクライテリア）	情報関連製品・システムに必要となる基本的なセキュリティ機能要件と，その機能品質の保証要件および7段階の保証レベルを規定しているセキュリティ規準。現在はISO15408と国際規格になっている。生体認証製品も情報システムの中で利用されるため，セキュリティ製品の基準である本規格に準じて製品化が要求されている。 (1) Part1：導入と汎用モデル 　　（保護プロファイル・セキュリティターゲットの構造と記述） (2) Part2：機能要件 (3) Part3：保証要件 　　7段階の評価保証レベル（EAL）を規定している。
DETカーブ (Detection Error Tradeoff curve)	デットカーブ	生体認証システムの精度評価を行うときに，統計処理を施した後，認証しきい値ごとのFARとFRRを縦・横軸に取り表したグラフ。
DNA認証 (DNA data)	ディーエヌエーニンショウ	人間のDNAは，約30億個の塩基配列から構成されている。人によって異なる部分があり，IDとして取り出し本人認証することが可能である。その塩基配列を利用して本人認証する方式。 DNAから個人IDを取り出すのには，時間がかかる。また，DNA認証は，血縁や疾病歴など個人認証以外の情報を同時に簡単に得られるので，扱いには倫理的課題が多い。

用　語	カナ表記	内　容
EDI (Electronic Data Interchange) 電子データ交換	イーディーアイ	異なる企業間で，商取引のためのデータを，通信回線を介し，標準的な規約 (可能な限り広く合意された各種規約) を用いてコンピュータ (端末を含む) 間で交換すること。
EER (Equal Error Rate)	イーイーアール	FARとFRRが等しくなる点。通常，パーセントで表す。生体認証装置の精度性能比較に用いられることが多い。
FAR (False Acceptance Rate) 他人受入率	エフエーアール	システムが他人の認証要求を誤って受け入れる確率。
FIPS140-2	フィップス140-2	アメリカ連邦政府調達のためのセキュリティ実装要求基準。
FMR (False Matching Rate)	エフエムアール	本来は照合によって一致しないはずの対象物同士の照合の結果，一致と判定される確率。
FNMR (False Non Matching Rate)	エフエヌエムアール	本来は照合によって一致するはずの対象物同士の照合の結果，一致しないと判定される確率。
FRR (False Rejection Rate) 本人拒否率	エフアールアール	本人からの認証要求をシステムが誤って拒否する確率。
ICカード	アイシーカード	欧米ではSmart Cardと呼ばれる。プラスチックカードにICを埋め込んだもので，従来の磁気カードよりも大容量のデータを蓄積できる。磁気カードよりセキュリティ機能が高く，電子マネーなどへ適用されている。カードの持ち主の認証に，生体認証技術が使われているものもある。
INSTAC (Information Technology Research and Standardization Center, JSA)	インスタック	日本規格協会情報技術標準化センター。 日本規格協会の内部組織として，情報技術分野における標準化事業を推進した部署。 2010年 (平成22年) 5月に規格開発部に統合された。
ISO/IEC JTC 1/SC 37	アイエスオー/ アイイーシー ジェイティーシー ワン/エスシー37	JTC 1は，ISO/IEC合同専門委員会で情報技術を扱っている。 SC 37は，生体認証技術を担当する分科会。
ITU-T (International Telecommunication Union Telecommunication Standardization Sector)	アイティーユー・ ティー	国際電気通信連合 電気通信標準化部門 (http://www.itu.int/)。電気通信に関する国際規格を作成し，勧告する。電気通信におけるサービス，操作，装置のパフォーマンスおよび維持方法，システム，ネットワーク，課金体系などの標準化を図る。

10
章

用　語	カナ表記	内　容
PKI (Public Key Infrastructure) 公開鍵暗号基盤	ピーケーアイ	公開鍵暗号技術 (Public Key Technology) をベースとしたセキュリティ基盤。PKIとは公開鍵をベースに秘匿性, アクセスコントロール, データの完全性, 認証, 否認防止を確実にするための公開鍵暗号と, デジタル署名サービスを提供する包括的な認証基盤。電子商取引の普及とともに導入されている。
ROCカーブ (Receiver Operating Characteristic curve)	アールオーシーカーブ	DETカーブのこと。詳細はDETカーブの項目を参照のこと。
アイリス認証 (虹彩認証)	アイリスニンショウ	黒目のところにあるしわのことを虹彩 (アイリス) といい, その形状が人によってユニークなことを利用して本人認証する方法。
アクセス制御 (Access Control)	アクセスセイギョ	どのユーザに, どの資源に対して, どのようなアクセスを許すか・許さないかを, アクセス制御情報として管理し, この制御情報に基づいて, 本人認証を完了した相手へ, 資源のアクセスを制御すること。
インポスター (Imposter)	インポスター	故意または不注意で, 他の登録者として生体認証サンプルを提示する人。
塩基配列	エンキハイレツ	DNA認証において使用される識別用配列。A (アデニン), G (グアニン), C (シトシン), T (チミン) の4種類の配列。
狼 (Wolves)	オオカミ (ウルフ)	誤認証のきわめて大きい一部の対象者によって全体の認証性能が決まる現象があり, これを一般に「Sheep and Goats現象」と呼ぶ。このような特殊な現象を起こす原因となる対象者で, 他人であるが誤って受け入れられやすい特徴を持つ一部の者をいう。このほかに羊, 山羊, 子羊がある。
オーセンティケーション (Authentication)	オーセンティケーション	「本人認証」を参照のこと。
顔認証 (Face Recognition)	カオニンショウ	顔の目・鼻・口の位置情報を利用して本人認証する方式。顔画像を撮像する環境を一定にするという課題があるが, その使いやすさから普及が進んでいる。
画像処理 (Image Processing)	ガゾウショリ	生体認証技術などで狭義に用いられる場合は, 生体認証テンプレートを作成するために画像に対して行われる前処理。
クライアント認証モデル	クライアントニンショウモデル	生体認証を実現する方法のひとつ。データ取得と照合処理をクライアント側で行う。データ保管はクライアントとサーバのどちらで行ってもよい。

用　語	カナ表記	内　容
子羊 (Lambs)	コヒツジ (ラム)	誤認証のきわめて大きい一部の対象者によって全体の認証性能が決まる現象があり，これを一般に「Sheep and Goats現象」と呼ぶ。このような特殊な現象を起こす原因となる対象者で，他人が真似しやすい特徴を持つ一部の者をいう。このほかに，羊，山羊，狼がある。
サーバ認証モデル	サーバニンショウモデル	生体認証を実現する方法のひとつ。データを取得する場所と，データ保管と照合処理を行う場所が，ネットワークなどを介して離れた場所にある。データ取得は利用者（クライアント）により行われる。一方，データ保管および照合処理はサーバなどにより集中管理される。データ保管をクライアント側で行う場合もある。
サウンドスペクトログラム (Sound Spectrogram)	サウンドスペクトログラム	音声信号あるいは音響信号を周波数分析して得られる短時間スペクトルの時系列の濃淡表示。
シープ アンド ゴーツ (Sheep and Goats) 現象	シープ アンド ゴーツ ゲンショウ	声紋認証の精度には，話者による大きな偏りがあり，誤認識のきわめて大きい，一部の話者によって全体の認証性能が決まってしまうことがよく知られている。このように誤認識のきわめて大きい一部の対象者によって全体の認証性能が決まる現象があり，これを一般に「Sheep and Goats現象」と呼ぶ。
耳介認証 (Earshape)	ジカイニンショウ	人間の耳は18の要素に分けられ，隆起・陥没・平坦の3種類に分けられることを利用し，これら閉領域の面積で測定した特徴を利用して本人認証する方式。また，隆起部が作る稜線に個人特徴をみつける方法もある。
しきい値 (Threshold)	シキイチ	照合を行うときの基準となる値。他人の受け入れをより少なくするかどうかを調節するパラメータ（他人受入率を改善すると，本人拒否率は悪化し，この逆も成り立つ）。言い換えると，照合結果として得られた類似度または距離に対して，登録データと照合データが一致か不一致かを区別する値。類似度または距離と，しきい値の大小関係により，登録データと照合データの一致・不一致が判定される。しきい値は一般的には運用ノウハウによって決定される。
識別 (Identification)	シキベツ	たくさんの人の中からAさん（特定の人物）であると判定すること。一般に1:n照合処理をいう。提示された生体認証サンプルに対して，1つのテンプレートと比較するのではなく，データベース全体と比較すること。AFISなどの識別システムは，類似度の高い人のリストを返す。

10章

用　語	カナ表記	内　容
指紋認証 (Fingerprint)	シモンニンショウ	人間の指には, 特徴点といわれる「端点」「分岐点」などが約100か所あり, そのうちの合致する数によって本人認証する方式。指紋画像の周波数特性の計測値から判断する方式もある。指紋採取センサ機器が小型で安価に製造できる。
掌形認証 (Hand Geometry)	ショウケイニンショウ	手の形から, 指の長さの比率等を求め, それを利用して本人認証する方式。操作が簡単である。
照合 (Matching)	ショウゴウ	2つの生体認証データの一致を調べることをいう。
静脈認証 (Vascular)	ジョウミャクニンショウ	身体に近赤外線を当て, ヘモグロビンが静脈血に吸収されることで得られる静脈の血管パターンの形状を利用して本人認証する方式。 現在商品化された利用する体の部位として指・手のひら・手の甲の3か所がある。
スコア (Score)	スコア	提示された生体認証サンプルと, 認証要求しているユーザのテンプレートとの相違を数値で表したもの。どれだけ離れているかと, どれだけ近寄っているかの2通りの数値があり, 正反対の意味となる。しきい値にも関係している。類似度と同様の意味。
脆弱性 (Vulnerability)	ゼイジャクセイ	生体認証の品質を述べるうえでの重要な項目。生体認証は非接触獲得が可能で, コピーされる可能性が皆無ではないので, なりすまし攻撃耐性がどのレベルまであるか把握することが重要である。
生体認証 (バイオメトリクス) (Biometrics)	セイタイニンショウ	指紋, 網膜, 人相や声紋, 署名といった各個人固有の身体的・行動的特徴をもとに本人認証を行う技術。認証方式としては指紋, 静脈, 顔, 虹彩(アイリス), 声紋, 掌形, サイン, DNAなどがある。
生体認証サンプル (Biometric Sample)	セイタイニンショウサンプル	生体認証装置に入力可能な, 生体情報データ。単にサンプルともいう。
生体認証モデル	セイタイニンショウモデル	センサからのデータ入力, 特徴抽出などの前処理の後, 事前に登録しておいた生体情報(テンプレートという)との照合処理により類似度を算出する。類似度とは, 入力データがテンプレートにどれだけ似ているかを表わすもの。
精度 (Accuracy)	セイド	生体認証装置における性能を表すひとつのパラメータ。一般的には本人拒否率と他人受入率で表すことが多い。DETカーブで表現すると, より明示的なシステム精度となる。

用　語	カナ表記	内　容
声紋認証 (Voiceprint)	セイモンニンショウ	サウンドスペクトログラムあるいはこれと等価な音声特徴を利用して本人認証する方式。ノイズ除去，なりすましの発見など課題が多いが，ユーザビリティが高い方法である。
耐タンパ性 (Tamper Proof)	タイタンパセイ	内部情報への不正アクセスなどに対する防御機能。
端点 (Ridge ending)	タンテン	指紋の紋様において，皮膚の盛り上がった隆線は，始まりと終わりのあるものがあり，この始まりあるいは終わりの部分のことをいう。
チャレンジレスポンス認証 (Challenge Response Authentication)	チャレンジレスポンスニンショウ	利用者の認証を行う際に，パスワードなどの秘密の情報を直接やりとりすることなく確認する方式のひとつ。暗号学的ハッシュ関数の性質を利用して，パスワードそのものは回線に流さずにパスワードを知っていることを証明する方式。
テンプレート (Template)	テンプレート	生体認証技術を応用した認証システムで，自分が本人であることを証明するために用いられる，前もって登録されているデータのことをテンプレートという。 サーバ，クライアントマシン，ICカードなど格納場所はいろいろ工夫されている。
動的署名認証 (Signature)	ドウテキショメイニンショウ	サイン（自著）の特徴（サインの格好，署名時間，筆圧など）を利用して本人認証する方式。 日本では，芸能人や絵画などでサインが使われるが，実生活では印鑑が利用されている。欧米諸国では，本人認証用に広く使われている。
登録 (Enrolment)	トウロク	個人から生体認証サンプルを取得すること。登録処理とは，生体認証サンプルと個人情報を取得しテンプレートとして保存することをいう。
トークン (Token)	トークン	デジタル署名や証明書または暗号鍵などを格納したデバイス（ICカード，USBメモリなど）を指す。
特徴点 (Minutia)	トクチョウテン （マニューシャ）	指紋の紋様において，盛り上がった部分が2つに分岐している部分（分岐点）と，途中で終わっている部分（端点）の総称。
認証 (Verification)	ニンショウ	提示された生体認証サンプルと，認証要求しているユーザのテンプレートを比較し，一致しているか否かを決定する処理。
ネガティブアイデンティフィケーション (Negative Identification)	ネガティブアイデンティフィケーション	複数の登録データに対して照合を行い，入力した生体情報が含まれていないことを確認する技術。

10 章

用　語	カナ表記	内　容
羊 (Sheep)	ヒツジ (シープ)	誤認証のきわめて大きい一部の対象者によって全体の認証性能が決まる現象があり, これを一般に「Sheep and Goats現象」と呼ぶ。このような特殊な現象の際の対象者で, 誤認識の少ない特徴を持つ大多数の者をいう。このほかに, 山羊, 子羊, 狼がある。
プライバシーフレームワーク	プライバシーフレームワーク	プライバシー保護の枠組みおよび原則となる考え方であり, 11原則が必要とされている。ISO/IEC 29100 (JIS X 9250) で規定されている。
分岐点 (Ridge bifurcation)	ブンキテン	指紋の紋様において, 1つの線が2つに分かれて, 2本になる箇所のこと。
ポジティブアイデンティフィケーション (Positive Identification)	ポジティブアイデンティフィケーション	複数の登録データに対して照合を行い, 入力した生体情報がどの登録データに一致するかを識別する技術。
ボラタイル (Volatiles)	ボラタイル	人物の匂いを区別できる化学成分。
本人認証 (Authentication)	ホンニンニンショウ	改ざん, なりすまし, 否認などの不正行為を排除するために暗号技術を用いて端末装置, 要求元または個人を識別したり, メッセージの完全性を確認したり, 正当性を確立したりするためのプロセス。
マルチモーダル生体認証技術 (Multimodal biometrics)	マルチモーダルセイタイニンショウギジュツ	指紋, 顔, 虹彩, 署名, 静脈, 声紋などの身体的・行動的特徴を複数用い本人認証を行う技術。
網膜認証 (Retina authentication)	モウマクニンショウ	近赤外線を網膜に照射して, 網膜上の血管パターンを取り込み, それを利用して本人認証する方式。人間の一生の中で変化せず, 同一人物でも左右で異なる。
山羊 (Goats)	ヤギ (ゴーツ)	誤認証のきわめて大きい一部の対象者によって全体の認証性能が決まる現象があり, これを一般に「Sheep and Goats現象」と呼ぶ。このような特殊な現象を起こす原因となる対象者で, 誤認識のきわめて大きい特徴を持つ一部の者をいう。このほかに, 羊, 子羊, 狼がある。
隆線 (Ridge)	リュウセン	指紋の紋様において, 皮膚の盛り上がった部分のこと。
類似度 (Similarity)	ルイジド	「スコア」を参照のこと。

10.2 ● 関係サイト

名　称	URL	備　考
BI	https://www.biometricsinstitute.org/	Biometrics Institute
BioSIG	https://ieeexplore.ieee.org/document/6617139/	Biometrics special interest group
BioX研 (電子情報通信学会 バイオメトリクス研究会)	http://www.ieice.org/~biox/	
EAB	https://www.eab.org/	European Association for Biometrics
FIDO Alliance	https://fidoalliance.org/?lang=ja	FIDO Alliance
ICAO (国際民間航空機関)	http://www.icao.int/	International Civil Aviation Organization
IPA (独立行政法人 情報処理推進機構)	http://www.ipa.go.jp/	Information Technology Promotion Agency, Japan
JAISA (日本自動認識システム協会)	http://www.jaisa.jp/	Japan Automatic Identification Systems Association
JSA (日本規格協会)	https://www.jsa.or.jp/	Japanese Standards Association
KISA	https://www.kisa.or.kr/eng/main.jsp	Korea Internet & Security Agency
NICT (国立研究開発法人 情報通信研究機構)	http://www.nict.go.jp/	National Institute of Information and Communications Technology
NIST	https://www.nist.gov/	National Institute of Standards and Technology
NMDA (一般財団法人 ニューメディア開発協会)	http://www2.nmda.or.jp/	New Media Development Association
一般社団法人 全国銀行協会	https://www.zenginkyo.or.jp/	
公益社団法人 日本防犯設備協会	https://www.ssaj.or.jp/	

10章

名　称	URL	備　考
産総研 (AIST) (国立研究開発法人 産業技術総合研究所)	https://www.aist.go.jp/	National Institute of Advanced Industrial Science And Technology
経済産業省	http://www.meti.go.jp/	生体認証・導入のためのガイドライン 新産業構造ビジョン
個人情報保護委員会	https://www.ppc.go.jp/	個人情報保護関係法令ガイドライン
総務省	http://www.soumu.go.jp/	Society5.0を見据えた個人認証基盤のあり方懇談会
法務省	http://www.moj.go.jp/	入出国管理
NEC	https://jpn.nec.com/	指紋認証, 顔認証
日立製作所	http://www.hitachi.co.jp/	指静脈認証
富士通	http://www.fujitsu.com/jp/	手のひら静脈認証, 指紋認証
モフィリア	https://www.mofiria.com/	指静脈認証

索 引

<編者紹介>

一般社団法人 日本自動認識システム協会

自動認識システム等に関する調査研究，規格の立案および標準化の推進，普及および啓発等を行うことにより，生産，物流，流通等のシステムの効率化および高度化の推進に貢献する協会。

［所在地］　〒101-0032 東京都千代田区岩本町1-9-5，FKビル7階
　　　　　　電話 03 (5825) 6651，FAX 03 (5825) 6653
　　　　　　http://www.jaisa.or.jp/

よくわかる生体認証

2019年4月23日　　　第1版第1刷発行
2023年8月25日　　　第1版第4刷発行

編　　者　　一般社団法人 日本自動認識システム協会
発 行 者　　村 上 和 夫
発 行 所　　株式会社 オ ー ム 社
　　　　　　郵便番号 101-8460
　　　　　　東京都千代田区神田錦町3-1
　　　　　　電話 03 (3233) 0641 (代表)
　　　　　　URL https://www.ohmsha.co.jp/

©一般社団法人 日本自動認識システム協会 2019

印刷・製本　報光社
ISBN978-4-274-50726-7　Printed in Japan

よくわかる RFID（改訂2版）
―電子タグのすべて―

一般社団法人
日本自動認識システム協会 編

A 5 ・248頁

RFID（Radio Frequency Identification）とは，電波を用いて非接触によりデータの読み取り，書き込みなどができるもので，FA や物流などで効率化を図ることができる技術である。本書は，RFID の原理や特徴，標準化の動向，アプリケーション，応用例など，RFID を導入するにあたって知っておきたい事項について収録している。また，RFID 新周波数帯に対応した内容としている。

【主要目次】RFID とは/RFID の基礎用語/RFID の原理と特徴/RF タグ/リーダ・ライタ/電波法とその他の法規・規格/使用上の留意点と活用法/RFID 国際標準化の動向/RFID のアプリケーションの標準化動向/RFID の応用例

よくわかる バーコード・二次元シンボル

一般社団法人
日本自動認識システム協会 編

A 5 ・260頁

自動認識技術で最もよく用いられているのは，バーコード，すなわち一次元シンボルおよび二次元シンボルである。

本書は，一次元シンボルおよび二次元シンボルの種類・特徴，バーコードプリンタ，バーコードリーダなどの周辺機器，さらにダイレクトマーキング，バーコード印字品質，検証器など，バーコードに関連する技術のすべてを網羅・収録している。

専門技術者はもちろん，初級技術者にも理解できるよう平易に解説している。

【主要目次】バーコードとは/一次元シンボル体系/二次元シンボル体系/バーコードプリンタ/バーコードリーダ/一次元シンボル体系Ⅱ/二次元シンボル体系Ⅱ/バーコードプリンタⅡ/印字品質評価および検証器/バーコードリーダⅡ/バーコード応用事例